新时代发展方略党政干部参考读本

美丽中国建设

政策解读与经验集萃

中国政策研究网编辑组 编

SH 中国言实出版社

图书在版编目（CIP）数据

美丽中国建设：政策解读与经验集萃／中国政策研究网编辑组
编．--北京：中国言实出版社，2019.1
（新时代发展方略党政干部参考读本）
ISBN 978-7-5171-3075-8

Ⅰ．①美…Ⅱ．①中…Ⅲ．①污染防治－中国－干部
教育－教学参考资料 Ⅳ．① X505

中国版本图书馆 CIP 数据核字（2019）第 011329 号

出 版 人　王昕朋
总 监 制　朱艳华
责任编辑　敖　华
责任校对　史会美
出版统筹　刘　力
责任印制　佟贵兆
封面设计　薄　璐

出版发行 中国言实出版社
　　　地　址：北京市朝阳区北苑路 180 号加利大厦 5 号楼 105 室
　　　邮　编：100101
　　　编辑部：北京市海淀区北太平庄路甲 1 号
　　　邮　编：100088
　　　电　话：64924853（总编室）　64924716（发行部）
　　　网　址：www.zgyscbs.cn
　　　E-mail：zgyscbs@263.net
经　销　新华书店
印　刷　北京温林源印刷有限公司
版　次　2020 年 1 月第 1 版　 2020 年 1 月第 1 次印刷
规　格　710 毫米 ×1000 毫米　1/16　23 印张
字　数　320 千字
定　价　58.00 元　 ISBN 978-7-5171-3075-8

我们要建设的现代化是人与自然和谐共生的现代化，既要创造更多物质财富和精神财富以满足人民日益增长的美好生活需要，也要提供更多优质生态产品以满足人民日益增长的优美生态环境需要。必须坚持节约优先、保护优先、自然恢复为主的方针，形成节约资源和保护环境的空间格局、产业结构、生产方式、生活方式，还自然以宁静、和谐、美丽。

——摘自习近平在中国共产党第十九次全国代表大会上的报告

（2017年10月18日）

目　录

第一部分　相关政策

第二部分 政策解读

第三部分　地方创新

第四部分　国际经验

第一部分
相关政策

中共中央、国务院
关于加快推进生态文明建设的意见
（2015 年 4 月 25 日）

生态文明建设是中国特色社会主义事业的重要内容，关系人民福祉，关乎民族未来，事关"两个一百年"奋斗目标和中华民族伟大复兴中国梦的实现。党中央、国务院高度重视生态文明建设，先后出台了一系列重大决策部署，推动生态文明建设取得了重大进展和积极成效。但总体上看我国生态文明建设水平仍滞后于经济社会发展，资源约束趋紧，环境污染严重，生态系统退化，发展与人口资源环境之间的矛盾日益突出，已成为经济社会可持续发展的重大瓶颈制约。

加快推进生态文明建设是加快转变经济发展方式、提高发展质量和效益的内在要求，是坚持以人为本、促进社会和谐的必然选择，是全面建成小康社会、实现中华民族伟大复兴中国梦的时代抉择，是积极应对气候变化、维护全球生态安全的重大举措。要充分认识加快推进生态文明建设的极端重要性和紧迫性，切实增强责任感和使命感，牢固树立尊重自然、顺应自然、保护自然的理念，坚持绿水青山就是金山银山，动员全党、全社会积极行动、深入持久地推进生态文明建设，加快形成人与自然和谐发展的现代化建设新格局，开创社会主义生态文明新时代。

一、总体要求

（一）指导思想。以邓小平理论、"三个代表"重要思想、科学发展观为指导，全面贯彻党的十八大和十八届二中、三中、四中全会精神，深入贯彻习近平总书记系列重要讲话精神，认真落实党中央、国务院的决策部署，坚持以人为本、依法推进，坚持节约资源和保护环境的基本国策，把生态文明建设放在突出的战略位置，融入经济建设、政治建设、文化建设、社会建设各方面和全过程，协同推进新型工业化、信息化、城镇化、农业现代化和绿色化，以健全生态文明制度体系为重点，优化国土空间开发格局，全面促进资源节约利用，加大自然生态系统和环境保护力度，大力推进绿色发展、循环发展、低碳发展，弘扬生态文化，倡导绿色生活，加快建设美丽中国，使蓝天常在、青山常在、绿水常在，实现中华民族永续发展。

（二）基本原则

坚持把节约优先、保护优先、自然恢复为主作为基本方针。在资源开发与节约中，把节约放在优先位置，以最少的资源消耗支撑经济社会持续发展；在环境保护与发展中，把保护放在优先位置，在发展中保护、在保护中发展；在生态建设与修复中，以自然恢复为主，与人工修复相结合。

坚持把绿色发展、循环发展、低碳发展作为基本途径。经济社会发展必须建立在资源得到高效循环利用、生态环境受到严格保护的基础上，与生态文明建设相协调，形成节约资源和保护环境的空间格局、产业结构、生产方式。

坚持把深化改革和创新驱动作为基本动力。充分发挥市场配置资源的决定性作用和更好发挥政府作用，不断深化制度改革和科技创新，建立系统完整的生态文明制度体系，强化科技创新引领作用，为生态文明建设注入强大动力。

坚持把培育生态文化作为重要支撑。将生态文明纳入社会主义核心价值体系，加强生态文化的宣传教育，倡导勤俭节约、绿色低碳、文明健康的生活方式和消费模式，提高全社会生态文明意识。

坚持把重点突破和整体推进作为工作方式。既立足当前，着力解决对经济社会可持续发展制约性强、群众反映强烈的突出问题，打好生态文明建设攻坚战；又着眼长远，加强顶层设计与鼓励基层探索相结合，持之以恒全面推进生态文明建设。

（三）主要目标

到2020年，资源节约型和环境友好型社会建设取得重大进展，主体功能区布局基本形成，经济发展质量和效益显著提高，生态文明主流价值观在全社会得到推行，生态文明建设水平与全面建成小康社会目标相适应。

——国土空间开发格局进一步优化。经济、人口布局向均衡方向发展，陆海空间开发强度、城市空间规模得到有效控制，城乡结构和空间布局明显优化。

——资源利用更加高效。单位国内生产总值二氧化碳排放强度比 2005 年下降 40%—45%，能源消耗强度持续下降，资源产出率大幅提高，用水总量力争控制在 6700 亿立方米以内，万元工业增加值用水量降低到 65 立方米以下，农田灌溉水有效利用系数提高到 0.55 以上，非化石能源占一次能源消费比重达到 15% 左右。

——生态环境质量总体改善。主要污染物排放总量继续减少，大气环境质量、重点流域和近岸海域水环境质量得到改善，重要江河湖泊水功能区水质达标率提高到 80% 以上，饮用水安全保障水平持续提升，土壤环境质量总体保持稳定，环境风险得到有效控制。森林覆盖率达到 23% 以上，草原综合植被覆盖度达到 56%，湿地面积不低于 8 亿亩，50% 以上可治理沙化土地得到治理，自然岸线保有率不低于 35%，生物多样性丧失速度得到基本控制，全国生态系统稳定性明显增强。

——生态文明重大制度基本确立。基本形成源头预防、过程控制、损害赔偿、责任追究的生态文明制度体系，自然资源资产产权和用途管制、生态保护红线、生态保护补偿、生态环境保护管理体制等关键制度建设取得决定性成果。

二、强化主体功能定位，优化国土空间开发格局

国土是生态文明建设的空间载体。要坚定不移地实施主体功能区战略，健全空间规划体系，科学合理布局和整治生产空间、生活空间、生态空间。

（四）积极实施主体功能区战略。全面落实主体功能区规划，健全财政、投资、产业、土地、人口、环境等配套政策和各有侧重的绩效考核评价体系。推进市县落实主体功能定位，推动经济社会发展、城乡、土地利用、生态环境保护等规划"多规合一"，形成一个市县一本规划、一张蓝图。区域规划编制、重大项目布局必须符合主体功能定位。对不同主体功能区的产业项目实行差别化市场准入政

策，明确禁止开发区域、限制开发区域准入事项，明确优化开发区域、重点开发区域禁止和限制发展的产业。编制实施全国国土规划纲要，加快推进国土综合整治。构建平衡适宜的城乡建设空间体系，适当增加生活空间、生态用地，保护和扩大绿地、水域、湿地等生态空间。

（五）大力推进绿色城镇化。认真落实《国家新型城镇化规划（2014—2020年）》，根据资源环境承载能力，构建科学合理的城镇化宏观布局，严格控制特大城市规模，增强中小城市承载能力，促进大中小城市和小城镇协调发展。尊重自然格局，依托现有山水脉络、气象条件等，合理布局城镇各类空间，尽量减少对自然的干扰和损害。保护自然景观，传承历史文化，提倡城镇形态多样性，保持特色风貌，防止"千城一面"。科学确定城镇开发强度，提高城镇土地利用效率、建成区人口密度，划定城镇开发边界，从严供给城市建设用地，推动城镇化发展由外延扩张式向内涵提升式转变。严格新城、新区设立条件和程序。强化城镇化过程中的节能理念，大力发展绿色建筑和低碳、便捷的交通体系，推进绿色生态城区建设，提高城镇供排水、防涝、雨水收集利用、供热、供气、环境等基础设施建设水平。所有县城和重点镇都要具备污水、垃圾处理能力，提高建设、运行、管理水平。加强城乡规划"三区四线"（禁建区、限建区和适建区，绿线、蓝线、紫线和黄线）管理，维护城乡规划的权威性、严肃性，杜绝大拆大建。

（六）加快美丽乡村建设。完善县域村庄规划，强化规划的科学性和约束力。加强农村基础设施建设，强化山水林田路综合治理，加快农村危旧房改造，支持农村环境集中连片整治，开展农村垃圾专项治理，加大农村污水处理和改厕力度。加快转变农业发展方式，推进农业结构调整，大力发展农业循环经济，治理农业污染，提升农产品质量安全水平。依托乡村生态资源，在保护生态环境的前提下，加快发展乡村旅游休闲业。引导农民在房前屋后、道路两旁植树护绿。加强农村精神文明建设，以环境整治和民风建设为重点，扎实推进文明村镇创建。

（七）加强海洋资源科学开发和生态环境保护。根据海洋资源环境承载力，科学编制海洋功能区划，确定不同海域主体功能。坚持"点上开发、面上保护"，控制海洋开发强度，在适宜开发的海洋区域，加快调整经济结构和产业布局，积极发展海洋战略性新兴产业，严格生态环境评价，提高资源集约节约利用和综合开发水平，最大程度减少对海域生态环境的影响。严格控制陆源污染物排海总量，建立并实施重点海域排污总量控制制度，加强海洋环境治理、海域海岛综合整治、生态保护修复，有效保护重要、敏感和脆弱海洋生态系统。加强船舶港口污染控制，积极治理船舶污染，增强港口码头污染防治能力。控制发展海水养殖，科学养护海洋渔业资源。开展海洋资源和生态环境综合评估。实施严格的围填海总量控制制度、自然岸线控制制度，建立陆海统筹、区域联动的海洋生态环境保护修复机制。

三、推动技术创新和结构调整，提高发展质量和效益

从根本上缓解经济发展与资源环境之间的矛盾，必须构建科技含量高、资源消耗低、环境污染少的产业结构，加快推动生产方式绿色化，大幅提高经济绿色化程度，有效降低发展的资源环境代价。

（八）推动科技创新。结合深化科技体制改革，建立符合生态文明建设领域科研活动特点的管理制度和运行机制。加强重大科学技术问题研究，开展能源节约、资源循环利用、新能源开发、污染治理、生态修复等领域关键技术攻关，在基础研究和前沿技术研发方面取得突破。强化企业技术创新主体地位，充分发挥市场对绿色产业发展方向和技术路线选择的决定性作用。完善技术创新体系，提高综合集成创新能力，加强工艺创新与试验。支持生态文明领域工程技术类研究中心、实验室和实验基地建设，完善科技创新成果转化机制，形成一批成果转化平台、中介服务机构，加快成熟适用技术的示范和推广。加强生态文明基础研究、试验研发、工程应用和市场服务等科技人才队伍建设。

（九）调整优化产业结构。推动战略性新兴产业和先进制造业健康发展，采用先进适用节能低碳环保技术改造提升传统产业，发展壮大服务业，合理布局建设基础设施和基础产业。积极化解产能严重过剩矛盾，加强预警调控，适时调整产能严重过剩行业名单，严禁核准产能严重过剩行业新增产能项目。加快淘汰落后产能，逐步提高淘汰标准，禁止落后产能向中西部地区转移。做好化解产能

过剩和淘汰落后产能企业职工安置工作。推动要素资源全球配置，鼓励优势产业走出去，提高参与国际分工的水平。调整能源结构，推动传统能源安全绿色开发和清洁低碳利用，发展清洁能源、可再生能源，不断提高非化石能源在能源消费结构中的比重。

（十）发展绿色产业。大力发展节能环保产业，以推广节能环保产品拉动消费需求，以增强节能环保工程技术能力拉动投资增长，以完善政策机制释放市场潜在需求，推动节能环保技术、装备和服务水平显著提升，加快培育新的经济增长点。实施节能环保产业重大技术装备产业化工程，规划建设产业化示范基地，规范节能环保市场发展，多渠道引导社会资金投入，形成新的支柱产业。加快核电、风电、太阳能光伏发电等新材料、新装备的研发和推广，推进生物质发电、生物质能源、沼气、地热、浅层地温能、海洋能等应用，发展分布式能源，建设智能电网，完善运行管理体系。大力发展节能与新能源汽车，提高创新能力和产业化水平，加强配套基础设施建设，加大推广普及力度。发展有机农业、生态农业，以及特色经济林、林下经济、森林旅游等林产业。

四、全面促进资源节约循环高效使用，推动利用方式根本转变

节约资源是破解资源瓶颈约束、保护生态环境的首要之策。要深入推进全社会节能减排，在生产、流通、消费各环节大力发展循环经济，实现各类资源节约高效利用。

（十一）推进节能减排。发挥节能与减排的协同促进作用，全面推动重点领域节能减排。开展重点用能单位节能低碳行动，实施重点产业能效提升计划。严格执行建筑节能标准，加快推进既有建筑节能和供热计量改造，从标准、设计、建设等方面大力推广可再生能源在建筑上的应用，鼓励建筑工业化等建设模式。优先发展公共交通，优化运输方式，推广节能与新能源交通运输装备，发展甩挂运输。鼓励使用高效节能农业生产设备。开展节约型公共机构示范创建活动。强化结构、工程、管理减排，继续削减主要污染物排放总量。

（十二）发展循环经济。按照减量化、再利用、资源化的原则，加快建立

循环型工业、农业、服务业体系，提高全社会资源产出率。完善再生资源回收体系，实行垃圾分类回收，开发利用"城市矿产"，推进秸秆等农林废弃物以及建筑垃圾、餐厨废弃物资源化利用，发展再制造和再生利用产品，鼓励纺织品、汽车轮胎等废旧物品回收利用。推进煤矸石、矿渣等大宗固体废弃物综合利用。组织开展循环经济示范行动，大力推广循环经济典型模式。推进产业循环式组合，促进生产和生活系统的循环链接，构建覆盖全社会的资源循环利用体系。

（十三）加强资源节约。节约集约利用水、土地、矿产等资源，加强全过程管理，大幅降低资源消耗强度。加强用水需求管理，以水定需、量水而行，抑制不合理用水需求，促进人口、经济等与水资源相均衡，建设节水型社会。推广高效节水技术和产品，发展节水农业，加强城市节水，推进企业节水改造。积极开发利用再生水、矿井水、空中云水、海水等非常规水源，严控无序调水和人造水景工程，提高水资源安全保障水平。按照严控增量、盘活存量、优化结构、提高效率的原则，加强土地利用的规划管控、市场调节、标准控制和考核监管，严格土地用途管制，推广应用节地技术和模式。发展绿色矿业，加快推进绿色矿山建设，促进矿产资源高效利用，提高矿产资源开采回采率、选矿回收率和综合利用率。

五、加大自然生态系统和环境保护力度，切实改善生态环境质量

良好生态环境是最公平的公共产品，是最普惠的民生福祉。要严格源头预防、不欠新账，加快治理突出生态环境问题、多还旧账，让人民群众呼吸新鲜的空气，喝上干净的水，在良好的环境中生产生活。

（十四）保护和修复自然生态系统。加快生态安全屏障建设，形成以青藏高原、黄土高原—川滇、东北森林带、北方防沙带、南方丘陵山地带、近岸近海生态区以及大江大河重要水系为骨架，以其他重点生态功能区为重要支撑，以禁止开发区域为重要组成的生态安全战略格局。实施重大生态修复工程，扩大森林、湖泊、湿地面积，提高沙区、草原植被覆盖率，有序实现休养生息。加强森林保护，将天然林资源保护范围扩大到全国；大力开展植树造林和森林经营，稳定和

扩大退耕还林范围，加快重点防护林体系建设；完善国有林场和国有林区经营管理体制，深化集体林权制度改革。严格落实禁牧休牧和草畜平衡制度，加快推进基本草原划定和保护工作；加大退牧还草力度，继续实行草原生态保护补助奖励政策；稳定和完善草原承包经营制度。启动湿地生态效益补偿和退耕还湿。加强水生生物保护，开展重要水域增殖放流活动。继续推进京津风沙源治理、黄土高原地区综合治理、石漠化综合治理，开展沙化土地封禁保护试点。加强水土保持，因地制宜推进小流域综合治理。实施地下水保护和超采漏斗区综合治理，逐步实现地下水采补平衡。强化农田生态保护，实施耕地质量保护与提升行动，加大退化、污染、损毁农田改良和修复力度，加强耕地质量调查监测与评价。实施生物多样性保护重大工程，建立监测评估与预警体系，健全国门生物安全查验机制，有效防范物种资源丧失和外来物种入侵，积极参加生物多样性国际公约谈判和履约工作。加强自然保护区建设与管理，对重要生态系统和物种资源实施强制性保护，切实保护珍稀濒危野生动植物、古树名木及自然生境。建立国家公园体制，实行分级、统一管理，保护自然生态和自然文化遗产原真性、完整性。研究建立江河湖泊生态水量保障机制。加快灾害调查评价、监测预警、防治和应急等防灾减灾体系建设。

（十五）全面推进污染防治。按照以人为本、防治结合、标本兼治、综合施策的原则，建立以保障人体健康为核心、以改善环境质量为目标、以防控环境风险为基线的环境管理体系，健全跨区域污染防治协调机制，加快解决人民群众反映强烈的大气、水、土壤污染等突出环境问题。继续落实大气污染防治行动计划，逐渐消除重污染天气，切实改善大气环境质量。实施水污染防治行动计划，严格饮用水源保护，全面推进涵养区、源头区等水源地环境整治，加强供水全过程管理，确保饮用水安全；加强重点流域、区域、近岸海域水污染防治和良好湖泊生态环境保护，控制和规范淡水养殖，严格入河（湖、海）排污管理；推进地下水污染防治。制定实施土壤污染防治行动计划，优先保护耕地土壤环境，强化工业污染场地治理，开展土壤污染治理与修复试点。加强农业面源污染防治，加大种养业特别是规模化畜禽养殖污染防治力度，科学施用化肥、农药，推广节能环保型炉灶，净化农产品产地和农村居民生活环境。加大城乡环境综合整治力度。推进重金属污染治理。开展矿山地质环境恢复和综合治理，推进尾矿安全、环保存放，妥善处理处置矿渣等大宗固体废物。建立健全化学品、持久性有机污染物、危险废物等环境风险防范与应急管理工作机制。切实加强核设施运行监管，确保核安全万无一失。

（十六）积极应对气候变化。坚持当前长远相互兼顾、减缓适应全面推进，通过节约能源和提高能效，优化能源结构，增加森林、草原、湿地、海洋碳汇等手段，有效控制二氧化碳、甲烷、氢氟碳化物、全氟化碳、六氟化硫等温室气体排放。提高适应气候变化特别是应对极端天气和气候事件能力，加强监测、预警和预防，提高农业、林业、水资源等重点领域和生态脆弱地区适应气候变化的水平。扎实推进低碳省区、城市、城镇、产业园区、社区试点。坚持共同但有区别的责任原则、公平原则、各自能力原则，积极建设性地参与应对气候变化国际谈判，推动建立公平合理的全球应对气候变化格局。

六、健全生态文明制度体系

加快建立系统完整的生态文明制度体系，引导、规范和约束各类开发、利用、保护自然资源的行为，用制度保护生态环境。

（十七）健全法律法规。全面清理现行法律法规中与加快推进生态文明建设不相适应的内容，加强法律法规间的衔接。研究制定节能评估审查、节水、应对气候变化、生态补偿、湿地保护、生物多样性保护、土壤环境保护等方面的法律法规，修订土地管理法、大气污染防治法、水污染防治法、节约能源法、循环经济促进法、矿产资源法、森林法、草原法、野生动物保护法等。

（十八）完善标准体系。加快制定修订一批能耗、水耗、地耗、污染物排放、环境质量等方面的标准，实施能效和排污强度"领跑者"制度，加快标准升级步伐。提高建筑物、道路、桥梁等建设标准。环境容量较小、生态环境脆弱、环境风险高的地区要执行污染物特别排放限值。鼓励各地区依法制定更加严格的地方标准。建立与国际接轨、适应我国国情的能效和环保标识认证制度。

（十九）健全自然资源资产产权制度和用途管制制度。对水流、森林、山岭、草原、荒地、滩涂等自然生态空间进行统一确权登记，明确国土空间的自然资源资产所有者、监管者及其责任。完善自然资源资产用途管制制度，明确各类国土空间开发、利用、保护边界，实现能源、水资源、矿产资源按质量分级、梯级利用。严格节能评估审查、水资源论证和取水许可制度。坚持并完善最严格的耕地保护和节约用地制度，强化土地利用总体规划和年度计划管控，加强土地用途转用许可管理。完善矿产资源规划制度，强化矿产开发准入管理。有序推进国家自然资源资产管理体制改革。

（二十）完善生态环境监管制度。建立严格监管所有污染物排放的环境保护管理制度。完善污染物排放许可证制度，禁止无证排污和超标准、超总量排污。违法排放污染物、造成或可能造成严重污染的，要依法查封扣押排放污染物的设施设备。对严重污染环境的工艺、设备和产品实行淘汰制度。实行企事业单位污染物排放总量控制制度，适时调整主要污染物指标种类，纳入约束性指标。健全环境影响评价、清洁生产审核、环境信息公开等制度。建立生态保护修复和污染防治区域联动机制。

（二十一）严守资源环境生态红线。树立底线思维，设定并严守资源消耗上限、环境质量底线、生态保护红线，将各类开发活动限制在资源环境承载能力之内。合理设定资源消耗"天花板"，加强能源、水、土地等战略性资源管控，强化能源消耗强度控制，做好能源消费总量管理。继续实施水资源开发利用控制、用水效率控制、水功能区限制纳污三条红线管理。划定永久基本农田，严格实施永久保护，对新增建设用地占用耕地规模实行总量控制，落实耕地占补平衡，确保耕地数量不下降、质量不降低。严守环境质量底线，将大气、水、土壤等环境质量"只能更好、不能变坏"作为地方各级政府环保责任红线，相应确定污染物排放总量限值和环境风险防控措施。在重点生态功能区、生态环境敏感区和脆弱区等区域划定生态红线，确保生态功能不降低、面积不减少、性质不改变；科学划定森林、草原、湿地、海洋等领域生态红线，严格自然生态空间征（占）用管理，有效遏制生态系统退化的趋势。探索建立资源环境承载能力监测预警机制，对资源消耗和环境容量接近或超过承载能力的地区，及时采取区域限批等限制性措施。

（二十二）完善经济政策。健全价格、财税、金融等政策，激励、引导各类主体积极投身生态文明建设。深化自然资源及其产品价格改革，凡是能由市场形成价格的都交给市场，政府定价要体现基本需求与非基本需求以及资源利用效率高低的差异，体现生态环境损害成本和修复效益。进一步深化矿产资源有偿使用制度改革，调整矿业权使用费征收标准。加大财政资金投入，统筹有关资金，对资源节约和循环利用、新能源和可再生能源开发利用、环境基础设施建设、生态修复与建设、先进适用技术研发示范等给予支持。将高耗能、高污染产品纳入消费税征收范围。推动环境保护费改税。加快资源税从价计征改革，清理取消相关收费基金，逐步将资源税征收范围扩展到占用各种自然生态空间。完善节能环保、新能源、生态建设的税收优惠政策。推广绿色信贷，支持符合条件的项目通过资本市场融资。探索排污权抵押等融资模式。深化环境污染责任保险试点，研究建立巨灾保险制度。

（二十三）推行市场化机制。加快推行合同能源管理、节能低碳产品和有机产品认证、能效标识管理等机制。推进节能发电调度，优先调度可再生能源发电资源，按机组能耗和污染物排放水平依次调用化石类能源发电资源。建立节能量、碳排放权交易制度，深化交易试点，推动建立全国碳排放权交易市场。加快水权交易试点，培育和规范水权市场。全面推进矿业权市场建设。扩大排污权有偿使用和交易试点范围，发展排污权交易市场。积极推进环境污染第三方治理，引入社会力量投入环境污染治理。

（二十四）健全生态保护补偿机制。科学界定生态保护者与受益者权利义务，加快形成生态损害者赔偿、受益者付费、保护者得到合理补偿的运行机制。结合深化财税体制改革，完善转移支付制度，归并和规范现有生态保护补偿渠道，加大对重点生态功能区的转移支付力度，逐步提高其基本公共服务水平。建立地区间横向生态保护补偿机制，引导生态受益地区与保护地区之间、流域上游与下游之间，通过资金补助、产业转移、人才培训、共建园区等方式实施补偿。建立独立公正的生态环境损害评估制度。

（二十五）健全政绩考核制度。建立体现生态文明要求的目标体系、考核办法、奖惩机制。把资源消耗、环境损害、生态效益等指标纳入经济社会发展综合评价体系，大幅增加考核权重，强化指标约束，不唯经济增长论英雄。完善政绩考核办法，根据区域主体功能定位，实行差别化的考核制度。对限制开发区域、禁止开发区域和生态脆弱的国家扶贫开发工作重点县，取消地区生产总值考核；对农产品主产区和重点生态功能区，分别实行农业优先和生态保护优先的绩效评价；对禁止开发的重点生态功能区，重点评价其自然文化资源的原真性、完整性。根据考核评价结果，对生态文明建设成绩突出的地区、单位和个人给予表彰奖励。探索编制自然资源资产负债表，对领导干部实行自然资源资产和环境责任离任审计。

（二十六）完善责任追究制度。建立领导干部任期生态文明建设责任制，完善节能减排目标责任考核及问责制度。严格责任追究，对违背科学发展要求、造成资源环境生态严重破坏的要记录在案，实行终身追责，不得转任重要职务或提拔使用，已经调离的也要问责。对推动生态文明建设工作不力的，要及时诫勉谈话；对不顾资源和生态环境盲目决策、造成严重后果的，要严肃追究有关人员的领导责任；对履职不力、监管不严、失职渎职的，要依纪依法追究有关人员的监管责任。

七、加强生态文明建设统计监测和执法监督

坚持问题导向，针对薄弱环节，加强统计监测、执法监督，为推进生态文明建设提供有力保障。

（二十七）加强统计监测。建立生态文明综合评价指标体系。加快推进对能源、矿产资源、水、大气、森林、草原、湿地、海洋和水土流失、沙化土地、土壤环境、地质环境、温室气体等的统计监测核算能力建设，提升信息化水平，提高准确性、及时性，实现信息共享。加快重点用能单位能源消耗在线监测体系建设。建立循环经济统计指标体系、矿产资源合理开发利用评价指标体系。利用卫星遥感等技术手段，对自然资源和生态环境保护状况开展全天候监测，健全覆

盖所有资源环境要素的监测网络体系。提高环境风险防控和突发环境事件应急能力，健全环境与健康调查、监测和风险评估制度。定期开展全国生态状况调查和评估。加大各级政府预算内投资等财政性资金对统计监测等基础能力建设的支持力度。

（二十八）强化执法监督。加强法律监督、行政监察，对各类环境违法违规行为实行"零容忍"，加大查处力度，严厉惩处违法违规行为。强化对浪费能源资源、违法排污、破坏生态环境等行为的执法监察和专项督察。资源环境监管机构独立开展行政执法，禁止领导干部违法违规干预执法活动。健全行政执法与刑事司法的衔接机制，加强基层执法队伍、环境应急处置救援队伍建设。强化对资源开发和交通建设、旅游开发等活动的生态环境监管。

八、加快形成推进生态文明建设的良好社会风尚

生态文明建设关系各行各业、千家万户。要充分发挥人民群众的积极性、主动性、创造性，凝聚民心、集中民智、汇集民力，实现生活方式绿色化。

（二十九）提高全民生态文明意识。积极培育生态文化、生态道德，使生态文明成为社会主流价值观，成为社会主义核心价值观的重要内容。从娃娃和青少年抓起，从家庭、学校教育抓起，引导全社会树立生态文明意识。把生态文明教育作为素质教育的重要内容，纳入国民教育体系和干部教育培训体系。将生态文化作为现代公共文化服务体系建设的重要内容，挖掘优秀传统生态文化思想和资源，创作一批文化作品，创建一批教育基地，满足广大人民群众对生态文化的需求。通过典型示范、展览展示、岗位创建等形式，广泛动员全民参与生态文明建设。组织好世界地球日、世界环境日、世界森林日、世界水日、世界海洋日和全国节能宣传周等主题宣传活动。充分发挥新闻媒体作用，树立理性、积极的舆论导向，加强资源环境国情宣传，普及生态文明法律法规、科学知识等，报道先进典型，曝光反面事例，提高公众节约意识、环保意识、生态意识，形成人人、事事、时时崇尚生态文明的社会氛围。

（三十）培育绿色生活方式。倡导勤俭节约的消费观。广泛开展绿色生活

行动，推动全民在衣、食、住、行、游等方面加快向勤俭节约、绿色低碳、文明健康的方式转变，坚决抵制和反对各种形式的奢侈浪费、不合理消费。积极引导消费者购买节能与新能源汽车、高能效家电、节水型器具等节能环保低碳产品，减少一次性用品的使用，限制过度包装。大力推广绿色低碳出行，倡导绿色生活和休闲模式，严格限制发展高耗能、高耗水服务业。在餐饮企业、单位食堂、家庭全方位开展反食品浪费行动。党政机关、国有企业要带头厉行勤俭节约。

（三十一）鼓励公众积极参与。完善公众参与制度，及时准确披露各类环境信息，扩大公开范围，保障公众知情权，维护公众环境权益。健全举报、听证、舆论和公众监督等制度，构建全民参与的社会行动体系。建立环境公益诉讼制度，对污染环境、破坏生态的行为，有关组织可提起公益诉讼。在建设项目立项、实施、后评价等环节，有序增强公众参与程度。引导生态文明建设领域各类社会组织健康有序发展，发挥民间组织和志愿者的积极作用。

九、切实加强组织领导

健全生态文明建设领导体制和工作机制，勇于探索和创新，推动生态文明建设蓝图逐步成为现实。

（三十二）强化统筹协调。各级党委和政府对本地区生态文明建设负总责，要建立协调机制，形成有利于推进生态文明建设的工作格局。各有关部门要按照职责分工，密切协调配合，形成生态文明建设的强大合力。

（三十三）探索有效模式。抓紧制定生态文明体制改革总体方案，深入开展生态文明先行示范区建设，研究不同发展阶段、资源环境禀赋、主体功能定位地区生态文明建设的有效模式。各地区要抓住制约本地区生态文明建设的瓶颈，在生态文明制度创新方面积极实践，力争取得重大突破。及时总结有效做法和成功经验，完善政策措施，形成有效模式，加大推广力度。

（三十四）广泛开展国际合作。统筹国内国际两个大局，以全球视野加快推进生态文明建设，树立负责任大国形象，把绿色发展转化为新的综合国力、综合影响力和国际竞争新优势。发扬包容互鉴、合作共赢的精神，加强与世界各国在生态文明领域的对话交流和务实合作，引进先进技术装备和管理经验，促进全球生态安全。加强南南合作，开展绿色援助，对其他发展中国家提供支持和帮助。

（三十五）抓好贯彻落实。各级党委和政府及中央有关部门要按照本意见要求，抓紧提出实施方案，研究制定与本意见相衔接的区域性、行业性和专题性规划，明确目标任务、责任分工和时间要求，确保各项政策措施落到实处。各地区各部门贯彻落实情况要及时向党中央、国务院报告，同时抄送国家发展改革委。中央就贯彻落实情况适时组织开展专项监督检查。

（新华社 2015 年 5 月 5 日电）

中共中央、国务院印发《生态文明体制改革总体方案》

（2015 年 9 月 11 日）

为加快建立系统完整的生态文明制度体系，加快推进生态文明建设，增强生态文明体制改革的系统性、整体性、协同性，制定本方案。

一、生态文明体制改革的总体要求

（一）生态文明体制改革的指导思想。全面贯彻党的十八大和十八届二中、三中、四中全会精神，以邓小平理论、"三个代表"重要思想、科学发展观为指导，深入贯彻落实习近平总书记系列重要讲话精神，按照党中央、国务院决策部署，坚持节约资源和保护环境基本国策，坚持节约优先、保护优先、自然恢复为主方针，立足我国社会主义初级阶段的基本国情和新的阶段性特征，以建设美丽中国为目标，以正确处理人与自然关系为核心，以解决生态环境领域突出问题为导向，保障国家生态安全，改善环境质量，提高资源利用效率，推动形成人与自然和谐发展的现代化建设新格局。

（二）生态文明体制改革的理念

树立尊重自然、顺应自然、保护自然的理念，生态文明建设不仅影响经济持续健康发展，也关系政治和社会建设，必须放在突出地位，融入经济建设、政治建设、文化建设、社会建设各方面和全过程。

树立发展和保护相统一的理念，坚持发展是硬道理的战略思想，发展必须是绿色发展、循环发展、低碳发展，平衡好发展和保护的关系，按照主体功能定位控制开发强度，调整空间结构，给子孙后代留下天蓝、地绿、水净的美好家园，实现发展与保护的内在统一、相互促进。

树立绿水青山就是金山银山的理念，清新空气、清洁水源、美丽山川、肥沃土地、生物多样性是人类生存必需的生态环境，坚持发展是第一要务，必须保护森林、草原、河流、湖泊、湿地、海洋等自然生态。

树立自然价值和自然资本的理念，自然生态是有价值的，保护自然就是增值自然价值和自然资本的过程，就是保护和发展生产力，就应得到合理回报和经济补偿。

树立空间均衡的理念，把握人口、经济、资源环境的平衡点推动发展，人口规模、产业结构、增长速度不能超出当地水土资源承载能力和环境容量。

树立山水林田湖是一个生命共同体的理念，按照生态系统的整体性、系统性及其内在规律，统筹考虑自然生态各要素、山上山下、地上地下、陆地海洋以及流域上下游，进行整体保护、系统修复、综合治理，增强生态系统循环能力，维护生态平衡。

（三）生态文明体制改革的原则

坚持正确改革方向，健全市场机制，更好发挥政府的主导和监管作用，发挥企业的积极性和自我约束作用，发挥社会组织和公众的参与和监督作用。

坚持自然资源资产的公有性质，创新产权制度，落实所有权，区分自然资源资产所有者权利和管理者权力，合理划分中央地方事权和监管职责，保障全体人民分享全民所有自然资源资产收益。

坚持城乡环境治理体系统一，继续加强城市环境保护和工业污染防治，加大生态环境保护工作对农村地区的覆盖，建立健全农村环境治理体制机制，加大对农村污染防治设施建设和资金投入力度。

坚持激励和约束并举，既要形成支持绿色发展、循环发展、低碳发展的利益导向机制，又要坚持源头严防、过程严管、损害严惩、责任追究，形成对各类市场主体的有效约束，逐步实现市场化、法治化、制度化。

坚持主动作为和国际合作相结合，加强生态环境保护是我们的自觉行为，同时要深化国际交流和务实合作，充分借鉴国际上的先进技术和体制机制建设有益经验，积极参与全球环境治理，承担并履行好同发展中大国相适应的国际责任。

坚持鼓励试点先行和整体协调推进相结合，在党中央、国务院统一部署下，先易后难、分步推进，成熟一项推出一项。支持各地区根据本方案确定的基本方向，因地制宜，大胆探索、大胆试验。

（四）生态文明体制改革的目标。到 2020 年，构建起由自然资源资产产权制度、国土空间开发保护制度、空间规划体系、资源总量管理和全面节约制度、资源有偿使用和生态补偿制度、环境治理体系、环境治理和生态保护市场体系、生态文明绩效评价考核和责任追究制度等八项制度构成的产权清晰、多元参与、激励约束并重、系统完整的生态文明制度体系，推进生态文明领域国家治理体系和治理能力现代化，努力走向社会主义生态文明新时代。

构建归属清晰、权责明确、监管有效的自然资源资产产权制度，着力解决自然资源所有者不到位、所有权边界模糊等问题。

构建以空间规划为基础、以用途管制为主要手段的国土空间开发保护制度，着力解决因无序开发、过度开发、分散开发导致的优质耕地和生态空间占用过多、生态破坏、环境污染等问题。

构建以空间治理和空间结构优化为主要内容，全国统一、相互衔接、分级管理的空间规划体系，着力解决空间性规划重叠冲突、部门职责交叉重复、地方规划朝令夕改等问题。

构建覆盖全面、科学规范、管理严格的资源总量管理和全面节约制度，着力解决资源使用浪费严重、利用效率不高等问题。

构建反映市场供求和资源稀缺程度、体现自然价值和代际补偿的资源有偿使用和生态补偿制度，着力解决自然资源及其产品价格偏低、生产开发成本低于社会成本、保护生态得不到合理回报等问题。

构建以改善环境质量为导向，监管统一、执法严明、多方参与的环境治理体系，着力解决污染防治能力弱、监管职能交叉、权责不一致、违法成本过低等问题。

构建更多运用经济杠杆进行环境治理和生态保护的市场体系，着力解决市场主体和市场体系发育滞后、社会参与度不高等问题。

构建充分反映资源消耗、环境损害和生态效益的生态文明绩效评价考核和责任追究制度，着力解决发展绩效评价不全面、责任落实不到位、损害责任追究缺失等问题。

二、健全自然资源资产产权制度

（五）建立统一的确权登记系统。坚持资源公有、物权法定，清晰界定全部国土空间各类自然资源资产的产权主体。对水流、森林、山岭、草原、荒地、滩涂等所有自然生态空间统一进行确权登记，逐步划清全民所有和集体所有之间的边界，划清全民所有、不同层级政府行使所有权的边界，划清不同集体所有者的边界。推进确权登记法治化。

（六）建立权责明确的自然资源产权体系。制定权利清单，明确各类自然资源产权主体权利。处理好所有权与使用权的关系，创新自然资源全民所有权和集体所有权的实现形式，除生态功能重要的外，可推动所有权和使用权相分离，明确占有、使用、收益、处分等权利归属关系和权责，适度扩大使用权的出让、转让、出租、抵押、担保、入股等权能。明确国有农场、林场和牧场土地所有者与使用者权能。全面建立覆盖各类全民所有自然资源资产的有偿出让制度，严禁无偿或低价出让。统筹规划，加强自然资源资产交易平台建设。

（七）健全国家自然资源资产管理体制。按照所有者和监管者分开和一件事情由一个部门负责的原则，整合分散的全民所有自然资源资产所有者职责，组建对全民所有的矿藏、水流、森林、山岭、草原、荒地、海域、滩涂等各类自然资源统一行使所有权的机构，负责全民所有自然资源的出让等。

（八）探索建立分级行使所有权的体制。对全民所有的自然资源资产，按照不同资源种类和在生态、经济、国防等方面的重要程度，研究实行中央和地方政府分级代理行使所有权职责的体制，实现效率和公平相统一。分清全民所有中央政府直接行使所有权、全民所有地方政府行使所有权的资源清单和空间范围。中央政府主要对石油天然气、贵重稀有矿产资源、重点国有林区、大江大河大湖和跨境河流、生态功能重要的湿地草原、海域滩涂、珍稀野生动植物种和部分国家公园等直接行使所有权。

（九）开展水流和湿地产权确权试点。探索建立水权制度，开展水域、岸线等水生态空间确权试点，遵循水生态系统性、整体性原则，分清水资源所有权、使用权及使用量。在甘肃、宁夏等地开展湿地产权确权试点。

三、建立国土空间开发保护制度

（十）完善主体功能区制度。统筹国家和省级主体功能区规划，健全基于主体功能区的区域政策，根据城市化地区、农产品主产区、重点生态功能区的不同定位，加快调整完善财政、产业、投资、人口流动、建设用地、资源开发、环境保护等政策。

（十一）健全国土空间用途管制制度。简化自上而下的用地指标控制体系，调整按行政区和用地基数分配指标的做法。将开发强度指标分解到各县级行政区，作为约束性指标，控制建设用地总量。将用途管制扩大到所有自然生态空间，划定并严守生态红线，严禁任意改变用途，防止不合理开发建设活动对生态红线的破坏。完善覆盖全部国土空间的监测系统，动态监测国土空间变化。

（十二）建立国家公园体制。加强对重要生态系统的保护和永续利用，改革各部门分头设置自然保护区、风景名胜区、文化自然遗产、地质公园、森林公园等的体制，对上述保护地进行功能重组，合理界定国家公园范围。国家公园实行更严格保护，除不损害生态系统的原住民生活生产设施改造和自然观光科研教育旅游外，禁止其他开发建设，保护自然生态和自然文化遗产原真性、完整性。加强对国家公园试点的指导，在试点基础上研究制定建立国家公园体制总体方案。构建保护珍稀野生动植物的长效机制。

（十三）完善自然资源监管体制。将分散在各部门的有关用途管制职责，逐步统一到一个部门，统一行使所有国土空间的用途管制职责。

四、建立空间规划体系

（十四）编制空间规划。整合目前各部门分头编制的各类空间性规划，编制统一的空间规划，实现规划全覆盖。空间规划是国家空间发展的指南、可持续发展的空间蓝图，是各类开发建设活动的基本依据。空间规划分为国家、省、市县（设区的市空间规划范围为市辖区）三级。研究建立统一规范的空间规划编制机制。鼓励开展省级空间规划试点。编制京津冀空间规划。

（十五）推进市县"多规合一"。支持市县推进"多规合一"，统一编制市县空间规划，逐步形成一个市县一个规划、一张蓝图。市县空间规划要统一土地分类标准，根据主体功能定位和省级空间规划要求，划定生产空间、生活空间、生态空间，明确城镇建设区、工业区、农村居民点等的开发边界，以及耕地、林地、草原、河流、湖泊、湿地等的保护边界，加强对城市地下空间的统筹规划。加强对市县"多规合一"试点的指导，研究制定市县空间规划编制指引和技术规范，形成可复制、能推广的经验。

（十六）创新市县空间规划编制方法。探索规范化的市县空间规划编制程序，扩大社会参与，增强规划的科学性和透明度。鼓励试点地区进行规划编制部门整合，由一个部门负责市县空间规划的编制，可成立由专业人员和有关方面代表组成的规划评议委员会。规划编制前应当进行资源环境承载能力评价，以评价结果作为规划的基本依据。规划编制过程中应当广泛征求各方面意见，全文公布规划草案，充分听取当地居民意见。规划经评议委员会论证通过后，由当地人民代表大会审议通过，并报上级政府部门备案。规划成果应当包括规划文本和较高精度的规划图，并在网络和其他本地媒体公布。鼓励当地居民对规划执行进行监督，对违反规划的开发建设行为进行举报。当地人民代表大会及其常务委员会定期听取空间规划执行情况报告，对当地政府违反规划行为进行问责。

五、完善资源总量管理和全面节约制度

（十七）完善最严格的耕地保护制度和土地节约集约利用制度。完善基本农田保护制度，划定永久基本农田红线，按照面积不减少、质量不下降、用途不改变的要求，将基本农田落地到户、上图入库，实行严格保护，除法律规定的国家重点建设项目选址确实无法避让外，其他任何建设不得占用。加强耕地质量等级评定与监测，强化耕地质量保护与提升建设。完善耕地占补平衡制度，对新增

建设用地占用耕地规模实行总量控制，严格实行耕地占一补一、先补后占、占优补优。实施建设用地总量控制和减量化管理，建立节约集约用地激励和约束机制，调整结构，盘活存量，合理安排土地利用年度计划。

（十八）完善最严格的水资源管理制度。按照节水优先、空间均衡、系统治理、两手发力的方针，健全用水总量控制制度，保障水安全。加快制定主要江河流域水量分配方案，加强省级统筹，完善省市县三级取用水总量控制指标体系。建立健全节约集约用水机制，促进水资源使用结构调整和优化配置。完善规划和建设项目水资源论证制度。主要运用价格和税收手段，逐步建立农业灌溉用水量控制和定额管理、高耗水工业企业计划用水和定额管理制度。在严重缺水地区建立用水定额准入门槛，严格控制高耗水项目建设。加强水产品产地保护和环境修复，控制水产养殖，构建水生动植物保护机制。完善水功能区监督管理，建立促进非常规水源利用制度。

（十九）建立能源消费总量管理和节约制度。坚持节约优先，强化能耗强度控制，健全节能目标责任制和奖励制。进一步完善能源统计制度。健全重点用能单位节能管理制度，探索实行节能自愿承诺机制。完善节能标准体系，及时更新用能产品能效、高耗能行业能耗限额、建筑物能效等标准。合理确定全国能源消费总量目标，并分解落实到省级行政区和重点用能单位。健全节能低碳产品和技术装备推广机制，定期发布技术目录。强化节能评估审查和节能监察。加强对可再生能源发展的扶持，逐步取消对化石能源的普遍性补贴。逐步建立全国碳排放总量控制制度和分解落实机制，建立增加森林、草原、湿地、海洋碳汇的有效机制，加强应对气候变化国际合作。

（二十）建立天然林保护制度。将所有天然林纳入保护范围。建立国家用材林储备制度。逐步推进国有林区政企分开，完善以购买服务为主的国有林场公益林管护机制。完善集体林权制度，稳定承包权，拓展经营权能，健全林权抵押贷款和流转制度。

（二十一）建立草原保护制度。稳定和完善草原承包经营制度，实现草原承包地块、面积、合同、证书"四到户"，规范草原经营权流转。实行基本草原保护制度，确保基本草原面积不减少、质量不下降、用途不改变。健全草原生态保护补奖机制，实施禁牧休牧、划区轮牧和草畜平衡等制度。加强对草原征用使用审核审批的监管，严格控制草原非牧使用。

（二十二）建立湿地保护制度。将所有湿地纳入保护范围，禁止擅自征用占用国际重要湿地、国家重要湿地和湿地自然保护区。确定各类湿地功能，规范保护利用行为，建立湿地生态修复机制。

（二十三）建立沙化土地封禁保护制度。将暂不具备治理条件的连片沙化土地划为沙化土地封禁保护区。建立严格保护制度，加强封禁和管护基础设施建设，加强沙化土地治理，增加植被，合理发展沙产业，完善以购买服务为主的管护机制，探索开发与治理结合新机制。

（二十四）健全海洋资源开发保护制度。实施海洋主体功能区制度，确定近海海域海岛主体功能，引导、控制和规范各类用海用岛行为。实行围填海总量控制制度，对围填海面积实行约束性指标管理。建立自然岸线保有率控制制度。完善海洋渔业资源总量管理制度，严格执行休渔禁渔制度，推行近海捕捞限额管理，控制近海和滩涂养殖规模。健全海洋督察制度。

（二十五）健全矿产资源开发利用管理制度。建立矿产资源开发利用水平调查评估制度，加强矿产资源查明登记和有偿计时占用登记管理。建立矿产资源集约开发机制，提高矿区企业集中度，鼓励规模化开发。完善重要矿产资源开采回采率、选矿回收率、综合利用率等国家标准。健全鼓励提高矿产资源利用水平的经济政策。建立矿山企业高效和综合利用信息公示制度，建立矿业权人"黑名单"制度。完善重要矿产资源回收利用的产业化扶持机制。完善矿山地质环境保护和土地复垦制度。

（二十六）完善资源循环利用制度。建立健全资源产出率统计体系。实行生产者责任延伸制度，推动生产者落实废弃产品回收处理等责任。建立种养业废弃物资源化利用制度，实现种养业有机结合、循环发展。加快建立垃圾强制分类制度。制定再生资源回收目录，对复合包装物、电池、农膜等低值废弃物实行强制回收。加快制定资源分类回收利用标准。建立资源再生产品和原料推广使用制度，相关原材料消耗企业要使用一定比例的资源再生产品。完善限制一次性用品使用制度。落实并完善资源综合利用和促进循环经济发展的税收政策。制定循环经济技术目录，实行政府优先采购、贷款贴息等政策。

六、健全资源有偿使用和生态补偿制度

（二十七）加快自然资源及其产品价格改革。按照成本、收益相统一的原则，充分考虑社会可承受能力，建立自然资源开发使用成本评估机制，将资源所有者权益和生态环境损害等纳入自然资源及其产品价格形成机制。加强对自然垄断环节的价格监管，建立定价成本监审制度和价格调整机制，完善价格决策程序和信息公开制度。推进农业水价综合改革，全面实行非居民用水超计划、超定额累进加价制度，全面推行城镇居民用水阶梯价格制度。

（二十八）完善土地有偿使用制度。扩大国有土地有偿使用范围，扩大招拍挂出让比例，减少非公益性用地划拨，国有土地出让收支纳入预算管理。改革完善工业用地供应方式，探索实行弹性出让年限以及长期租赁、先租后让、租让结合供应。完善地价形成机制和评估制度，健全土地等级价体系，理顺与土地相关的出让金、租金和税费关系。建立有效调节工业用地和居住用地合理比价机制，提高工业用地出让地价水平，降低工业用地比例。探索通过土地承包经营、出租等方式，健全国有农用地有偿使用制度。

（二十九）完善矿产资源有偿使用制度。完善矿业权出让制度，建立符合市场经济要求和矿业规律的探矿权采矿权出让方式，原则上实行市场化出让，国有矿产资源出让收支纳入预算管理。理清有偿取得、占用和开采中所有者、投资者、使用者的产权关系，研究建立矿产资源国家权益金制度。调整探矿权采矿权使用费标准、矿产资源最低勘查投入标准。推进实现全国统一的矿业权交易平台建设，加大矿业权出让转让信息公开力度。

（三十）完善海域海岛有偿使用制度。建立海域、无居民海岛使用金征收标准调整机制。建立健全海域、无居民海岛使用权招拍挂出让制度。

（三十一）加快资源环境税费改革。理顺自然资源及其产品税费关系，明

确各自功能，合理确定税收调控范围。加快推进资源税从价计征改革，逐步将资源税扩展到占用各种自然生态空间，在华北部分地区开展地下水征收资源税改革试点。加快推进环境保护税立法。

（三十二）完善生态补偿机制。探索建立多元化补偿机制，逐步增加对重点生态功能区转移支付，完善生态保护成效与资金分配挂钩的激励约束机制。制定横向生态补偿机制办法，以地方补偿为主，中央财政给予支持。鼓励各地区开展生态补偿试点，继续推进新安江水环境补偿试点，推动在京津冀水源涵养区、广西广东九洲江、福建广东汀江—韩江等开展跨地区生态补偿试点，在长江流域水环境敏感地区探索开展流域生态补偿试点。

（三十三）完善生态保护修复资金使用机制。按照山水林田湖系统治理的要求，完善相关资金使用管理办法，整合现有政策和渠道，在深入推进国土江河综合整治的同时，更多用于青藏高原生态屏障、黄土高原—川滇生态屏障、东北森林带、北方防沙带、南方丘陵山地带等国家生态安全屏障的保护修复。

（三十四）建立耕地草原河湖休养生息制度。编制耕地、草原、河湖休养生息规划，调整严重污染和地下水严重超采地区的耕地用途，逐步将 25 度以上不适宜耕种且有损生态的陡坡地退出基本农田。建立巩固退耕还林还草、退牧还草成果长效机制。开展退田还湖还湿试点，推进长株潭地区土壤重金属污染修复试点、华北地区地下水超采综合治理试点。

七、建立健全环境治理体系

（三十五）完善污染物排放许可制。尽快在全国范围建立统一公平、覆盖所有固定污染源的企业排放许可制，依法核发排污许可证，排污者必须持证排污，禁止无证排污或不按许可证规定排污。

（三十六）建立污染防治区域联动机制。完善京津冀、长三角、珠三角等重点区域大气污染防治联防联控协作机制，其他地方要结合地理特征、污染程度、城市空间分布以及污染物输送规律，建立区域协作机制。在部分地区开展环境保护管理体制创新试点，统一规划、统一标准、统一环评、统一监测、统一执法。

开展按流域设置环境监管和行政执法机构试点，构建各流域内相关省级涉水部门参加、多形式的流域水环境保护协作机制和风险预警防控体系。建立陆海统筹的污染防治机制和重点海域污染物排海总量控制制度。完善突发环境事件应急机制，提高与环境风险程度、污染物种类等相匹配的突发环境事件应急处置能力。

（三十七）建立农村环境治理体制机制。建立以绿色生态为导向的农业补贴制度，加快制定和完善相关技术标准和规范，加快推进化肥、农药、农膜减量化以及畜禽养殖废弃物资源化和无害化，鼓励生产使用可降解农膜。完善农作物秸秆综合利用制度。健全化肥农药包装物、农膜回收贮运加工网络。采取财政和村集体补贴、住户付费、社会资本参与的投入运营机制，加强农村污水和垃圾处理等环保设施建设。采取政府购买服务等多种扶持措施，培育发展各种形式的农业面源污染治理、农村污水垃圾处理市场主体。强化县乡两级政府的环境保护职责，加强环境监管能力建设。财政支农资金的使用要统筹考虑增强农业综合生产能力和防治农村污染。

（三十八）健全环境信息公开制度。全面推进大气和水等环境信息公开、排污单位环境信息公开、监管部门环境信息公开，健全建设项目环境影响评价信息公开机制。健全环境新闻发言人制度。引导人民群众树立环保意识，完善公众参与制度，保障人民群众依法有序行使环境监督权。建立环境保护网络举报平台和举报制度，健全举报、听证、舆论监督等制度。

（三十九）严格实行生态环境损害赔偿制度。强化生产者环境保护法律责任，大幅度提高违法成本。健全环境损害赔偿方面的法律制度、评估方法和实施机制，对违反环保法律法规的，依法严惩重罚；对造成生态环境损害的，以损害程度等因素依法确定赔偿额度；对造成严重后果的，依法追究刑事责任。

（四十）完善环境保护管理制度。建立和完善严格监管所有污染物排放的环境保护管理制度，将分散在各部门的环境保护职责调整到一个部门，逐步实行城乡环境保护工作由一个部门进行统一监管和行政执法的体制。有序整合不同领域、不同部门、不同层次的监管力量，建立权威统一的环境执法体制，充实执法队伍，赋予环境执法强制执行的必要条件和手段。完善行政执法和环境司法的衔接机制。

八、健全环境治理和生态保护市场体系

（四十一）培育环境治理和生态保护市场主体。采取鼓励发展节能环保产业的体制机制和政策措施。废止妨碍形成全国统一市场和公平竞争的规定和做法，鼓励各类投资进入环保市场。能由政府和社会资本合作开展的环境治理和生态保护事务，都可以吸引社会资本参与建设和运营。通过政府购买服务等方式，加大对环境污染第三方治理的支持力度。加快推进污水垃圾处理设施运营管理单位向独立核算、自主经营的企业转变。组建或改组设立国有资本投资运营公司，推动国有资本加大对环境治理和生态保护等方面的投入。支持生态环境保护领域国有企业实行混合所有制改革。

（四十二）推行用能权和碳排放权交易制度。结合重点用能单位节能行动和新建项目能评审查，开展项目节能量交易，并逐步改为基于能源消费总量管理下的用能权交易。建立用能权交易系统、测量与核准体系。推广合同能源管理。深化碳排放权交易试点，逐步建立全国碳排放权交易市场，研究制定全国碳排放权交易总量设定与配额分配方案。完善碳交易注册登记系统，建立碳排放权交易市场监管体系。

（四十三）推行排污权交易制度。在企业排污总量控制制度基础上，尽快完善初始排污权核定，扩大涵盖的污染物覆盖面。在现行以行政区为单元层层分解机制基础上，根据行业先进排污水平，逐步强化以企业为单元进行总量控制、通过排污权交易获得减排收益的机制。在重点流域和大气污染重点区域，合理推进跨行政区排污权交易。扩大排污权有偿使用和交易试点，将更多条件成熟地区纳入试点。加强排污权交易平台建设。制定排污权核定、使用费收取使用和交易价格等规定。

（四十四）推行水权交易制度。结合水生态补偿机制的建立健全，合理界定和分配水权，探索地区间、流域间、流域上下游、行业间、用水户间等水权交易方式。研究制定水权交易管理办法，明确可交易水权的范围和类型、交易主体

和期限、交易价格形成机制、交易平台运作规则等。开展水权交易平台建设。

（四十五）建立绿色金融体系。推广绿色信贷，研究采取财政贴息等方式加大扶持力度，鼓励各类金融机构加大绿色信贷的发放力度，明确贷款人的尽职免责要求和环境保护法律责任。加强资本市场相关制度建设，研究设立绿色股票指数和发展相关投资产品，研究银行和企业发行绿色债券，鼓励对绿色信贷资产实行证券化。支持设立各类绿色发展基金，实行市场化运作。建立上市公司环保信息强制性披露机制。完善对节能低碳、生态环保项目的各类担保机制，加大风险补偿力度。在环境高风险领域建立环境污染强制责任保险制度。建立绿色评级体系以及公益性的环境成本核算和影响评估体系。积极推动绿色金融领域各类国际合作。

（四十六）建立统一的绿色产品体系。将目前分头设立的环保、节能、节水、循环、低碳、再生、有机等产品统一整合为绿色产品，建立统一的绿色产品标准、认证、标识等体系。完善对绿色产品研发生产、运输配送、购买使用的财税金融支持和政府采购等政策。

九、完善生态文明绩效评价考核和责任追究制度

（四十七）建立生态文明目标体系。研究制定可操作、可视化的绿色发展指标体系。制定生态文明建设目标评价考核办法，把资源消耗、环境损害、生态效益纳入经济社会发展评价体系。根据不同区域主体功能定位，实行差异化绩效评价考核。

（四十八）建立资源环境承载能力监测预警机制。研究制定资源环境承载能力监测预警指标体系和技术方法，建立资源环境监测预警数据库和信息技术平台，定期编制资源环境承载能力监测预警报告，对资源消耗和环境容量超过或接近承载能力的地区，实行预警提醒和限制性措施。

（四十九）探索编制自然资源资产负债表。制定自然资源资产负债表编制指南，构建水资源、土地资源、森林资源等的资产和负债核算方法，建立实物量核算账户，明确分类标准和统计规范，定期评估自然资源资产变化状况。在市县

层面开展自然资源资产负债表编制试点，核算主要自然资源实物量账户并公布核算结果。

（五十）对领导干部实行自然资源资产离任审计。在编制自然资源资产负债表和合理考虑客观自然因素基础上，积极探索领导干部自然资源资产离任审计的目标、内容、方法和评价指标体系。以领导干部任期内辖区自然资源资产变化状况为基础，通过审计，客观评价领导干部履行自然资源资产管理责任情况，依法界定领导干部应当承担的责任，加强审计结果运用。在内蒙古呼伦贝尔市、浙江湖州市、湖南娄底市、贵州赤水市、陕西延安市开展自然资源资产负债表编制试点和领导干部自然资源资产离任审计试点。

（五十一）建立生态环境损害责任终身追究制。实行地方党委和政府领导成员生态文明建设一岗双责制。以自然资源资产离任审计结果和生态环境损害情况为依据，明确对地方党委和政府领导班子主要负责人、有关领导人员、部门负责人的追责情形和认定程序。区分情节轻重，对造成生态环境损害的，予以诫勉、责令公开道歉、组织处理或党纪政纪处分，对构成犯罪的依法追究刑事责任。对领导干部离任后出现重大生态环境损害并认定其需要承担责任的，实行终身追责。建立国家环境保护督察制度。

十、生态文明体制改革的实施保障

（五十二）加强对生态文明体制改革的领导。各地区各部门要认真学习领会中央关于生态文明建设和体制改革的精神，深刻认识生态文明体制改革的重大意义，增强责任感、使命感、紧迫感，认真贯彻党中央、国务院决策部署，确保本方案确定的各项改革任务加快落实。各有关部门要按照本方案要求抓紧制定单项改革方案，明确责任主体和时间进度，密切协调配合，形成改革合力。

（五十三）积极开展试点试验。充分发挥中央和地方两个积极性，鼓励各地区按照本方案的改革方向，从本地实际出发，以解决突出生态环境问题为重点，发挥主动性，积极探索和推动生态文明体制改革，其中需要法律授权的按法定程序办理。将各部门自行开展的综合性生态文明试点统一为国家试点试验，各部门要根据各自职责予以指导和推动。

（五十四）完善法律法规。制定完善自然资源资产产权、国土空间开发保护、国家公园、空间规划、海洋、应对气候变化、耕地质量保护、节水和地下水管理、草原保护、湿地保护、排污许可、生态环境损害赔偿等方面的法律法规，为生态文明体制改革提供法治保障。

（五十五）加强舆论引导。面向国内外，加大生态文明建设和体制改革宣传力度，统筹安排、正确解读生态文明各项制度的内涵和改革方向，培育普及生态文化，提高生态文明意识，倡导绿色生活方式，形成崇尚生态文明、推进生态文明建设和体制改革的良好氛围。

（五十六）加强督促落实。中央全面深化改革领导小组办公室、经济体制和生态文明体制改革专项小组要加强统筹协调，对本方案落实情况进行跟踪分析和督促检查，正确解读和及时解决实施中遇到的问题，重大问题要及时向党中央、国务院请示报告。

（新华社 2015 年 9 月 21 日电）

中共中央、国务院
关于全面加强生态环境保护
坚决打好污染防治攻坚战的意见

（2018 年 6 月 16 日）

良好生态环境是实现中华民族永续发展的内在要求，是增进民生福祉的优先领域。为深入学习贯彻习近平新时代中国特色社会主义思想和党的十九大精神，决胜全面建成小康社会，全面加强生态环境保护，打好污染防治攻坚战，提升生态文明，建设美丽中国，提出如下意见。

一、深刻认识生态环境保护面临的形势

党的十八大以来，以习近平同志为核心的党中央把生态文明建设作为统筹推进"五位一体"总体布局和协调推进"四个全面"战略布局的重要内容，谋划开展了一系列根本性、长远性、开创性工作，推动生态文明建设和生态环境保护从实践到认识发生了历史性、转折性、全局性变化。各地区各部门认真贯彻落实党中央、国务院决策部署，生态文明建设和生态环境保护制度体系加快形成，全面节约资源有效推进，大气、水、土壤污染防治行动计划深入实施，生态系统保护和修复重大工程进展顺利，核与辐射安全得到有效保障，生态文明建设成效显著，美丽中国建设迈出重要步伐，我国成为全球生态文明建设的重要参与者、贡献者、引领者。

同时，我国生态文明建设和生态环境保护面临不少困难和挑战，存在许多不足。一些地方和部门对生态环境保护认识不到位，责任落实不到位；经济社会发展同生态环境保护的矛盾仍然突出，资源环境承载能力已经达到或接近上限；城乡区域统筹不够，新老环境问题交织，区域性、布局性、结构性环境风险凸显，

重污染天气、黑臭水体、垃圾围城、生态破坏等问题时有发生。这些问题，成为重要的民生之患、民心之痛，成为经济社会可持续发展的瓶颈制约，成为全面建成小康社会的明显短板。

进入新时代，解决人民日益增长的美好生活需要和不平衡不充分的发展之间的矛盾对生态环境保护提出许多新要求。当前，生态文明建设正处于压力叠加、负重前行的关键期，已进入提供更多优质生态产品以满足人民日益增长的优美生态环境需要的攻坚期，也到了有条件有能力解决突出生态环境问题的窗口期。必须加大力度、加快治理、加紧攻坚，打好标志性的重大战役，为人民创造良好生产生活环境。

二、深入贯彻习近平生态文明思想

习近平总书记传承中华民族传统文化、顺应时代潮流和人民意愿，站在坚持和发展中国特色社会主义、实现中华民族伟大复兴中国梦的战略高度，深刻回答了为什么建设生态文明、建设什么样的生态文明、怎样建设生态文明等重大理论和实践问题，系统形成了习近平生态文明思想，有力指导生态文明建设和生态环境保护取得历史性成就、发生历史性变革。

坚持生态兴则文明兴。建设生态文明是关系中华民族永续发展的根本大计，功在当代、利在千秋，关系人民福祉，关乎民族未来。

坚持人与自然和谐共生。保护自然就是保护人类，建设生态文明就是造福人类。必须尊重自然、顺应自然、保护自然，像保护眼睛一样保护生态环境，像对待生命一样对待生态环境，推动形成人与自然和谐发展现代化建设新格局，还自然以宁静、和谐、美丽。

坚持绿水青山就是金山银山。绿水青山既是自然财富、生态财富，又是社会财富、经济财富。保护生态环境就是保护生产力，改善生态环境就是发展生产力。必须坚持和贯彻绿色发展理念，平衡和处理好发展与保护的关系，推动形成绿色发展方式和生活方式，坚定不移走生产发展、生活富裕、生态良好的文明发展道路。

坚持良好生态环境是最普惠的民生福祉。生态文明建设同每个人息息相关。环境就是民生，青山就是美丽，蓝天也是幸福。必须坚持以人民为中心，重点解决损害群众健康的突出环境问题，提供更多优质生态产品。

坚持山水林田湖草是生命共同体。生态环境是统一的有机整体。必须按照系统工程的思路，构建生态环境治理体系，着力扩大环境容量和生态空间，全方位、全地域、全过程开展生态环境保护。

坚持用最严格制度最严密法治保护生态环境。保护生态环境必须依靠制度、依靠法治。必须构建产权清晰、多元参与、激励约束并重、系统完整的生态文明制度体系，让制度成为刚性约束和不可触碰的高压线。

坚持建设美丽中国全民行动。美丽中国是人民群众共同参与共同建设共同享有的事业。必须加强生态文明宣传教育，牢固树立生态文明价值观念和行为准则，把建设美丽中国化为全民自觉行动。

坚持共谋全球生态文明建设。生态文明建设是构建人类命运共同体的重要内容。必须同舟共济、共同努力，构筑尊崇自然、绿色发展的生态体系，推动全球生态环境治理，建设清洁美丽世界。

习近平生态文明思想为推进美丽中国建设、实现人与自然和谐共生的现代化提供了方向指引和根本遵循，必须用以武装头脑、指导实践、推动工作。要教育广大干部增强"四个意识"，树立正确政绩观，把生态文明建设重大部署和重要任务落到实处，让良好生态环境成为人民幸福生活的增长点、成为经济社会持续健康发展的支撑点、成为展现我国良好形象的发力点。

三、全面加强党对生态环境保护的领导

加强生态环境保护、坚决打好污染防治攻坚战是党和国家的重大决策部署，各级党委和政府要强化对生态文明建设和生态环境保护的总体设计和组织领导，统筹协调处理重大问题，指导、推动、督促各地区各部门落实党中央、国务院重大政策措施。

（一）落实党政主体责任。落实领导干部生态文明建设责任制，严格实行

党政同责、一岗双责。地方各级党委和政府必须坚决扛起生态文明建设和生态环境保护的政治责任，对本行政区域的生态环境保护工作及生态环境质量负总责，主要负责人是本行政区域生态环境保护第一责任人，至少每季度研究一次生态环境保护工作，其他有关领导成员在职责范围内承担相应责任。各地要制定责任清单，把任务分解落实到有关部门。抓紧出台中央和国家机关相关部门生态环境保护责任清单。各相关部门要履行好生态环境保护职责，制定生态环境保护年度工作计划和措施。各地区各部门落实情况每年向党中央、国务院报告。

健全环境保护督察机制。完善中央和省级环境保护督察体系，制定环境保护督察工作规定，以解决突出生态环境问题、改善生态环境质量、推动高质量发展为重点，夯实生态文明建设和生态环境保护政治责任，推动环境保护督察向纵深发展。完善督查、交办、巡查、约谈、专项督察机制，开展重点区域、重点领域、重点行业专项督察。

（二）强化考核问责。制定对省（自治区、直辖市）党委、人大、政府以及中央和国家机关有关部门污染防治攻坚战成效考核办法，对生态环境保护立法执法情况、年度工作目标任务完成情况、生态环境质量状况、资金投入使用情况、公众满意程度等相关方面开展考核。各地参照制定考核实施细则。开展领导干部自然资源资产离任审计。考核结果作为领导班子和领导干部综合考核评价、奖惩任免的重要依据。

严格责任追究。对省（自治区、直辖市）党委和政府以及负有生态环境保护责任的中央和国家机关有关部门贯彻落实党中央、国务院决策部署不坚决不彻底、生态文明建设和生态环境保护责任制执行不到位、污染防治攻坚任务完成严重滞后、区域生态环境问题突出的，约谈主要负责人，同时责成其向党中央、国务院作出深刻检查。对年度目标任务未完成、考核不合格的市、县，党政主要负责人和相关领导班子成员不得评优评先。对在生态环境方面造成严重破坏负有责任的干部，不得提拔使用或者转任重要职务。对不顾生态环境盲目决策、违法违规审批开发利用规划和建设项目的，对造成生态环境质量恶化、生态严重破坏的，对生态环境事件多发高发、应对不力、群众反映强烈的，对生态环境保护责任没有落实、推诿扯皮、没有完成工作任务的，依纪依法严格问责、终身追责。

四、总体目标和基本原则

（一）总体目标。到 2020 年，生态环境质量总体改善，主要污染物排放总量大幅减少，环境风险得到有效管控，生态环境保护水平同全面建成小康社会目标相适应。

具体指标：全国细颗粒物（PM2.5）未达标地级及以上城市浓度比 2015 年下降 18% 以上，地级及以上城市空气质量优良天数比率达到 80% 以上；全国地表水 I—Ⅲ类水体比例达到 70% 以上，劣 V 类水体比例控制在 5% 以内；近岸海域水质优良（一、二类）比例达到 70% 左右；二氧化硫、氮氧化物排放量比 2015 年减少 15% 以上，化学需氧量、氨氮排放量减少 10% 以上；受污染耕地安全利用率达到 90% 左右，污染地块安全利用率达到 90% 以上；生态保护红线面积占比达到 25% 左右；森林覆盖率达到 23.04% 以上。

通过加快构建生态文明体系，确保到 2035 年节约资源和保护生态环境的空间格局、产业结构、生产方式、生活方式总体形成，生态环境质量实现根本好转，美丽中国目标基本实现。到本世纪中叶，生态文明全面提升，实现生态环境领域国家治理体系和治理能力现代化。

（二）基本原则

——坚持保护优先。落实生态保护红线、环境质量底线、资源利用上线硬约束，深化供给侧结构性改革，推动形成绿色发展方式和生活方式，坚定不移走生产发展、生活富裕、生态良好的文明发展道路。

——强化问题导向。以改善生态环境质量为核心，针对流域、区域、行业特点，聚焦问题、分类施策、精准发力，不断取得新成效，让人民群众有更多获得感。

——突出改革创新。深化生态环境保护体制机制改革，统筹兼顾、系统谋划，强化协调、整合力量，区域协作、条块结合，严格环境标准，完善经济政策，增强科技支撑和能力保障，提升生态环境治理的系统性、整体性、协同性。

——注重依法监管。完善生态环境保护法律法规体系，健全生态环境保护行政执法和刑事司法衔接机制，依法严惩重罚生态环境违法犯罪行为。

——推进全民共治。政府、企业、公众各尽其责、共同发力，政府积极发挥主导作用，企业主动承担环境治理主体责任，公众自觉践行绿色生活。

五、推动形成绿色发展方式和生活方式

坚持节约优先，加强源头管控，转变发展方式，培育壮大新兴产业，推动传统产业智能化、清洁化改造，加快发展节能环保产业，全面节约能源资源，协同推动经济高质量发展和生态环境高水平保护。

（一）促进经济绿色低碳循环发展。对重点区域、重点流域、重点行业和产业布局开展规划环评，调整优化不符合生态环境功能定位的产业布局、规模和结构。严格控制重点流域、重点区域环境风险项目。对国家级新区、工业园区、高新区等进行集中整治，限期进行达标改造。加快城市建成区、重点流域的重污染企业和危险化学品企业搬迁改造，2018 年年底前，相关城市政府就此制定专项计划并向社会公开。促进传统产业优化升级，构建绿色产业链体系。继续化解过剩产能，严禁钢铁、水泥、电解铝、平板玻璃等行业新增产能，对确有必要新建的必须实施等量或减量置换。加快推进危险化学品生产企业搬迁改造工程。提高污染排放标准，加大钢铁等重点行业落后产能淘汰力度，鼓励各地制定范围更广、标准更严的落后产能淘汰政策。构建市场导向的绿色技术创新体系，强化产品全生命周期绿色管理。大力发展节能环保产业、清洁生产产业、清洁能源产业，加强科技创新引领，着力引导绿色消费，大力提高节能、环保、资源循环利用等绿色产业技术装备水平，培育发展一批骨干企业。大力发展节能和环境服务业，推行合同能源管理、合同节水管理，积极探索区域环境托管服务等新模式。鼓励新业态发展和模式创新。在能源、冶金、建材、有色、化工、电镀、造纸、印染、农副食品加工等行业，全面推进清洁生产改造或清洁化改造。

（二）推进能源资源全面节约。强化能源和水资源消耗、建设用地等总量和强度双控行动，实行最严格的耕地保护、节约用地和水资源管理制度。实施国家节水行动，完善水价形成机制，推进节水型社会和节水型城市建设，到2020年，

全国用水总量控制在 6700 亿立方米以内。健全节能、节水、节地、节材、节矿标准体系，大幅降低重点行业和企业能耗、物耗，推行生产者责任延伸制度，实现生产系统和生活系统循环链接。鼓励新建建筑采用绿色建材，大力发展装配式建筑，提高新建绿色建筑比例。以北方采暖地区为重点，推进既有居住建筑节能改造。积极应对气候变化，采取有力措施确保完成 2020 年控制温室气体排放行动目标。扎实推进全国碳排放权交易市场建设，统筹深化低碳试点。

（三）引导公众绿色生活。加强生态文明宣传教育，倡导简约适度、绿色低碳的生活方式，反对奢侈浪费和不合理消费。开展创建绿色家庭、绿色学校、绿色社区、绿色商场、绿色餐馆等行动。推行绿色消费，出台快递业、共享经济等新业态的规范标准，推广环境标志产品、有机产品等绿色产品。提倡绿色居住，节约用水用电，合理控制夏季空调和冬季取暖室内温度。大力发展公共交通，鼓励自行车、步行等绿色出行。

六、坚决打赢蓝天保卫战

编制实施打赢蓝天保卫战三年作战计划，以京津冀及周边、长三角、汾渭平原等重点区域为主战场，调整优化产业结构、能源结构、运输结构、用地结构，强化区域联防联控和重污染天气应对，进一步明显降低 PM2.5 浓度，明显减少重污染天数，明显改善大气环境质量，明显增强人民的蓝天幸福感。

（一）加强工业企业大气污染综合治理。全面整治"散乱污"企业及集群，实行拉网式排查和清单式、台账式、网格化管理，分类实施关停取缔、整合搬迁、整改提升等措施，京津冀及周边区域 2018 年年底前完成，其他重点区域 2019 年年底前完成。坚决关停用地、工商手续不全并难以通过改造达标的企业，限期治理可以达标改造的企业，逾期依法一律关停。强化工业企业无组织排放管理，推进挥发性有机物排放综合整治，开展大气氨排放控制试点。到 2020 年，挥发性有机物排放总量比 2015 年下降 10% 以上。重点区域和大气污染严重城市加大钢铁、铸造、炼焦、建材、电解铝等产能压减力度，实施大气污染物特别排放限值。加大排放高、污染重的煤电机组淘汰力度，在重点区域加快推进。到 2020 年，具备改造条件的燃煤电厂全部完成超低排放改造，重点区域不具备改造条件的高污染燃煤电厂逐步关停。推动钢铁等行业超低排放改造。

（二）大力推进散煤治理和煤炭消费减量替代。增加清洁能源使用，拓宽清洁能源消纳渠道，落实可再生能源发电全额保障性收购政策。安全高效发展核电。推动清洁低碳能源优先上网。加快重点输电通道建设，提高重点区域接受外输电比例。因地制宜、加快实施北方地区冬季清洁取暖五年规划。鼓励余热、浅层地热能等清洁能源取暖。加强煤层气（煤矿瓦斯）综合利用，实施生物天然气工程。到 2020 年，京津冀及周边、汾渭平原的平原地区基本完成生活和冬季取暖散煤替代；北京、天津、河北、山东、河南及珠三角区域煤炭消费总量比 2015 年均下降 10% 左右，上海、江苏、浙江、安徽及汾渭平原煤炭消费总量均下降 5% 左右；重点区域基本淘汰每小时 35 蒸吨以下燃煤锅炉。推广清洁高效燃煤锅炉。

（三）打好柴油货车污染治理攻坚战。以开展柴油货车超标排放专项整治为抓手，统筹开展油、路、车治理和机动车船污染防治。严厉打击生产销售不达标车辆、排放检验机构检测弄虚作假等违法行为。加快淘汰老旧车，鼓励清洁能源车辆、船舶的推广使用。建设"天地车人"一体化的机动车排放监控系统，完善机动车遥感监测网络。推进钢铁、电力、电解铝、焦化等重点工业企业和工业园区货物由公路运输转向铁路运输。显著提高重点区域大宗货物铁路水路货运比例，提高沿海港口集装箱铁路集疏港比例。重点区域提前实施机动车国六排放标准，严格实施船舶和非道路移动机械大气排放标准。鼓励淘汰老旧船舶、工程机械和农业机械。落实珠三角、长三角、环渤海京津冀水域船舶排放控制区管理政策，全国主要港口和排放控制区内港口靠港船舶率先使用岸电。到 2020 年，长江干线、西江航运干线、京杭运河水上服务区和待闸锚地基本具备船舶岸电供应能力。2019 年 1 月 1 日起，全国供应符合国六标准的车用汽油和车用柴油，力争重点区域提前供应。尽快实现车用柴油、普通柴油和部分船舶用油标准并轨。内河和江海直达船舶必须使用硫含量不大于 10 毫克 / 千克的柴油。严厉打击生产、销售和使用非标车（船）用燃料行为，彻底清除黑加油站点。

（四）强化国土绿化和扬尘管控。积极推进露天矿山综合整治，加快环境修复和绿化。开展大规模国土绿化行动，加强北方防沙带建设，实施京津风沙源治理工程、重点防护林工程，增加林草覆盖率。在城市功能疏解、更新和调整中，将腾退空间优先用于留白增绿。落实城市道路和城市范围内施工工地等扬尘管控。

（五）有效应对重污染天气。强化重点区域联防联控联治，统一预警分级标准、信息发布、应急响应，提前采取应急减排措施，实施区域应急联动，有效降低污染程度。完善应急预案，明确政府、部门及企业的应急责任，科学确定重污染期间管控措施和污染源减排清单。指导公众做好重污染天气健康防护。推进预测预报预警体系建设，2018 年年底前，进一步提升国家级空气质量预报能力，区域预报中心具备 7 至 10 天空气质量预报能力，省级预报中心具备 7 天空气质量预报能力并精确到所辖各城市。重点区域采暖季节，对钢铁、焦化、建材、铸造、电解铝、化工等重点行业企业实施错峰生产。重污染期间，对钢铁、焦化、有色、电力、化工等涉及大宗原材料及产品运输的重点企业实施错峰运输；强化城市建设施工工地扬尘管控措施，加强道路机扫。依法严禁秸秆露天焚烧，全面推进综合利用。到 2020 年，地级及以上城市重污染天数比 2015 年减少 25%。

七、着力打好碧水保卫战

深入实施水污染防治行动计划，扎实推进河长制湖长制，坚持污染减排和生态扩容两手发力，加快工业、农业、生活污染源和水生态系统整治，保障饮用水安全，消除城市黑臭水体，减少污染严重水体和不达标水体。

（一）打好水源地保护攻坚战。加强水源水、出厂水、管网水、末梢水的全过程管理。划定集中式饮用水水源保护区，推进规范化建设。强化南水北调水源地及沿线生态环境保护。深化地下水污染防治。全面排查和整治县级及以上城市水源保护区内的违法违规问题，长江经济带于 2018 年年底前、其他地区于 2019 年年底前完成。单一水源供水的地级及以上城市应当建设应急水源或备用水源。定期监（检）测、评估集中式饮用水水源、供水单位供水和用户水龙头水质状况，县级及以上城市至少每季度向社会公开一次。

（二）打好城市黑臭水体治理攻坚战。实施城镇污水处理"提质增效"三年行动,加快补齐城镇污水收集和处理设施短板,尽快实现污水管网全覆盖、全收集、全处理。完善污水处理收费政策,各地要按规定将污水处理收费标准尽快调整到位,原则上应补偿到污水处理和污泥处置设施正常运营并合理盈利。对中西部地区,中央财政给予适当支持。加强城市初期雨水收集处理设施建设,有效减少城市面源污染。到 2020 年,地级及以上城市建成区黑臭水体消除比例达 90% 以上。鼓励京津冀、长三角、珠三角区域城市建成区尽早全面消除黑臭水体。

（三）打好长江保护修复攻坚战。开展长江流域生态隐患和环境风险调查评估,划定高风险区域,从严实施生态环境风险防控措施。优化长江经济带产业布局和规模,严禁污染型产业、企业向上中游地区转移。排查整治入河入湖排污口及不达标水体,市、县级政府制定实施不达标水体限期达标规划。到 2020 年,长江流域基本消除劣 Ⅴ 类水体。强化船舶和港口污染防治,现有船舶到 2020 年全部完成达标改造,港口、船舶修造厂环卫设施、污水处理设施纳入城市设施建设规划。加强沿河环湖生态保护,修复湿地等水生态系统,因地制宜建设人工湿地水质净化工程。实施长江流域上中游水库群联合调度,保障干流、主要支流和湖泊基本生态用水。

（四）打好渤海综合治理攻坚战。以渤海海区的渤海湾、辽东湾、莱州湾、辽河口、黄河口等为重点,推动河口海湾综合整治。全面整治入海污染源,规范入海排污口设置,全部清理非法排污口。严格控制海水养殖等造成的海上污染,推进海洋垃圾防治和清理。率先在渤海实施主要污染物排海总量控制制度,强化陆海污染联防联控,加强入海河流治理与监管。实施最严格的围填海和岸线开发管控,统筹安排海洋空间利用活动。渤海禁止审批新增围填海项目,引导符合国家产业政策的项目消化存量围填海资源,已审批但未开工的项目要依法重新进行评估和清理。

（五）打好农业农村污染治理攻坚战。以建设美丽宜居村庄为导向,持续开展农村人居环境整治行动,实现全国行政村环境整治全覆盖。到 2020 年,农村人居环境明显改善,村庄环境基本干净整洁有序,东部地区、中西部城市近郊区等有基础、有条件的地区人居环境质量全面提升,管护长效机制初步建立;中西部有较好基础、基本具备条件的地区力争实现90%左右的村庄生活垃圾得到治理，卫生厕所普及率达到85%左右，生活污水乱排乱放得到管控。减少化肥农药使用量，制修订并严格执行化肥农药等农业投入品质量标准，严格控制高毒高风险农药使用，推进有机肥替代化肥、病虫害绿色防控替代化学防治和废弃农膜回收，完善废旧地膜和包装废弃物等回收处理制度。到2020年，化肥农药使用量实现零增长。坚持种植和养殖相结合，就地就近消纳利用畜禽养殖废弃物。合理布局水产养殖空间，深入推进水产健康养殖，开展重点江河湖库及重点近岸海域破坏生态环境的养殖方式综合整治。到2020年，全国畜禽粪污综合利用率达到75%以上，规模养殖场粪污处理设施装备配套率达到95%以上。

八、扎实推进净土保卫战

全面实施土壤污染防治行动计划，突出重点区域、行业和污染物，有效管控农用地和城市建设用地土壤环境风险。

（一）强化土壤污染管控和修复。加强耕地土壤环境分类管理。严格管控重度污染耕地，严禁在重度污染耕地种植食用农产品。实施耕地土壤环境治理保护重大工程，开展重点地区涉重金属行业排查和整治。2018年年底前，完成农用地土壤污染状况详查。2020年年底前，编制完成耕地土壤环境质量分类清单。建立建设用地土壤污染风险管控和修复名录，列入名录且未完成治理修复的地块不得作为住宅、公共管理与公共服务用地。建立污染地块联动监管机制，将建设用地土壤环境管理要求纳入用地规划和供地管理，严格控制用地准入，强化暂不开发污染地块的风险管控。2020年年底前，完成重点行业企业用地土壤污染状况调查。严格土壤污染重点行业企业搬迁改造过程中拆除活动的环境监管。

（二）加快推进垃圾分类处理。到2020年，实现所有城市和县城生活垃圾处理能力全覆盖，基本完成非正规垃圾堆放点整治；直辖市、计划单列市、省会城市和第一批分类示范城市基本建成生活垃圾分类处理系统。推进垃圾资源化利用，大力发展垃圾焚烧发电。推进农村垃圾就地分类、资源化利用和处理，建立农村有机废弃物收集、转化、利用网络体系。

（三）强化固体废物污染防治。全面禁止洋垃圾入境，严厉打击走私，大幅减少固体废物进口种类和数量，力争2020年年底前基本实现固体废物零进口。开展"无废城市"试点，推动固体废物资源化利用。调查、评估重点工业行业危险废物产生、贮存、利用、处置情况。完善危险废物经营许可、转移等管理制度，建立信息化监管体系，提升危险废物处理处置能力，实施全过程监管。严厉打击危险废物非法跨界转移、倾倒等违法犯罪活动。深入推进长江经济带固体废物大排查活动。评估有毒有害化学品在生态环境中的风险状况，严格限制高风险化学品生产、使用、进出口，并逐步淘汰、替代。

九、加快生态保护与修复

坚持自然恢复为主，统筹开展全国生态保护与修复，全面划定并严守生态保护红线，提升生态系统质量和稳定性。

（一）划定并严守生态保护红线。按照应保尽保、应划尽划的原则，将生态功能重要区域、生态环境敏感脆弱区域纳入生态保护红线。到2020年，全面完成全国生态保护红线划定、勘界定标，形成生态保护红线全国"一张图"，实现一条红线管控重要生态空间。制定实施生态保护红线管理办法、保护修复方案，建设国家生态保护红线监管平台，开展生态保护红线监测预警与评估考核。

（二）坚决查处生态破坏行为。2018年年底前，县级及以上地方政府全面排查违法违规挤占生态空间、破坏自然遗迹等行为，制定治理和修复计划并向社会公开。开展病危险尾矿库和"头顶库"专项整治。持续开展"绿盾"自然保护区监督检查专项行动，严肃查处各类违法违规行为，限期进行整治修复。

（三）建立以国家公园为主体的自然保护地体系。到2020年，完成全国自然保护区范围界限核准和勘界立标，整合设立一批国家公园，自然保护地相关法规和管理制度基本建立。对生态严重退化地区实行封禁管理，稳步实施退耕还林还草和退牧还草，扩大轮作休耕试点，全面推行草原禁牧休牧和草畜平衡制度。依法依规解决自然保护地内的矿业权合理退出问题。全面保护天然林，推进荒漠化、石漠化、水土流失综合治理，强化湿地保护和恢复。加强休渔禁渔管理，推进长江、渤海等重点水域禁捕限捕，加强海洋牧场建设，加大渔业资源增殖放流。推动耕地草原森林河流湖泊海洋休养生息。

十、改革完善生态环境治理体系

深化生态环境保护管理体制改革，完善生态环境管理制度，加快构建生态环境治理体系，健全保障举措，增强系统性和完整性，大幅提升治理能力。

（一）完善生态环境监管体系。整合分散的生态环境保护职责，强化生态保护修复和污染防治统一监管，建立健全生态环境保护领导和管理体制、激励约束并举的制度体系、政府企业公众共治体系。全面完成省以下生态环境机构监测监察执法垂直管理制度改革，推进综合执法队伍特别是基层队伍的能力建设。完善农村环境治理体制。健全区域流域海域生态环境管理体制，推进跨地区环保机构试点，加快组建流域环境监管执法机构，按海域设置监管机构。建立独立权威高效的生态环境监测体系，构建天地一体化的生态环境监测网络，实现国家和区域生态环境质量预报预警和质控，按照适度上收生态环境质量监测事权的要求加快推进有关工作。省级党委和政府加快确定生态保护红线、环境质量底线、资源利用上线，制定生态环境准入清单，在地方立法、政策制定、规划编制、执法监管中不得变通突破、降低标准，不符合不衔接不适应的于2020年年底前完成调整。实施生态环境统一监管。推行生态环境损害赔偿制度。编制生态环境保护规划，开展全国生态环境状况评估，建立生态环境保护综合监控平台。推动生态文明示范创建、绿水青山就是金山银山实践创新基地建设活动。

严格生态环境质量管理。生态环境质量只能更好、不能变坏。生态环境质量达标地区要保持稳定并持续改善；生态环境质量不达标地区的市、县级政府，要于2018年年底前制定实施限期达标规划，向上级政府备案并向社会公开。加快推行排污许可制度，对固定污染源实施全过程管理和多污染物协同控制，按行业、地区、时限核发排污许可证，全面落实企业治污责任，强化证后监管和处罚。在长江经济带率先实施入河污染源排放、排污口排放和水体水质联动管理。2020年，将排污许可证制度建设成为固定源环境管理核心制度，实现"一证式"管理。

健全环保信用评价、信息强制性披露、严惩重罚等制度。将企业环境信用信息纳入全国信用信息共享平台和国家企业信用信息公示系统，依法通过"信用中国"网站和国家企业信用信息公示系统向社会公示。监督上市公司、发债企业等市场主体全面、及时、准确地披露环境信息。建立跨部门联合奖惩机制。完善国家核安全工作协调机制，强化对核安全工作的统筹。

（二）健全生态环境保护经济政策体系。资金投入向污染防治攻坚战倾斜，坚持投入同攻坚任务相匹配，加大财政投入力度。逐步建立常态化、稳定的财政资金投入机制。扩大中央财政支持北方地区清洁取暖的试点城市范围，国有资本要加大对污染防治的投入。完善居民取暖用气用电定价机制和补贴政策。增加中央财政对国家重点生态功能区、生态保护红线区域等生态功能重要地区的转移支付，继续安排中央预算内投资对重点生态功能区给予支持。各省（自治区、直辖市）合理确定补偿标准，并逐步提高补偿水平。完善助力绿色产业发展的价格、财税、投资等政策。大力发展绿色信贷、绿色债券等金融产品。设立国家绿色发展基金。落实有利于资源节约和生态环境保护的价格政策，落实相关税收优惠政策。研究对从事污染防治的第三方企业比照高新技术企业实行所得税优惠政策，研究出台"散乱污"企业综合治理激励政策。推动环境污染责任保险发展，在环境高风险领域建立环境污染强制责任保险制度。推进社会化生态环境治理和保护。采用直接投资、投资补助、运营补贴等方式，规范支持政府和社会资本合作项目；对政府实施的环境绩效合同服务项目，公共财政支付水平同治理绩效挂钩。鼓励通过政府购买服务方式实施生态环境治理和保护。

（三）健全生态环境保护法治体系。依靠法治保护生态环境，增强全社会生态环境保护法治意识。加快建立绿色生产消费的法律制度和政策导向。加快制定和修改土壤污染防治、固体废物污染防治、长江生态环境保护、海洋环境保护、国家公园、湿地、生态环境监测、排污许可、资源综合利用、空间规划、碳排放权交易管理等方面的法律法规。鼓励地方在生态环境保护领域先于国家进行立法。建立生态环境保护综合执法机关、公安机关、检察机关、审判机关信息共享、案情通报、案件移送制度，完善生态环境保护领域民事、行政公益诉讼制度，加大生态环境违法犯罪行为的制裁和惩处力度。加强涉生态环境保护的司法力量建设。整合组建生态环境保护综合执法队伍，统一实行生态环境保护执法。将生态环境保护综合执法机构列入政府行政执法机构序列，推进执法规范化建设，统一着装、统一标识、统一证件、统一保障执法用车和装备。

（四）强化生态环境保护能力保障体系。增强科技支撑，开展大气污染成因与治理、水体污染控制与治理、土壤污染防治等重点领域科技攻关，实施京津冀环境综合治理重大项目，推进区域性、流域性生态环境问题研究。完成第二次全国污染源普查。开展大数据应用和环境承载力监测预警。开展重点区域、流域、行业环境与健康调查，建立风险监测网络及风险评估体系。健全跨部门、跨区域环境应急协调联动机制，建立全国统一的环境应急预案电子备案系统。国家建立环境应急物资储备信息库，省、市级政府建设环境应急物资储备库，企业环境应急装备和储备物资应纳入储备体系。落实全面从严治党要求，建设规范化、标准化、专业化的生态环境保护人才队伍，打造政治强、本领高、作风硬、敢担当，特别能吃苦、特别能战斗、特别能奉献的生态环境保护铁军。按省、市、县、乡不同层级工作职责配备相应工作力量，保障履职需要，确保同生态环境保护任务相匹配。加强国际交流和履约能力建设，推进生态环境保护国际技术交流和务实合作，支撑核安全和核电共同走出去，积极推动落实2030年可持续发展议程和绿色"一带一路"建设。

（五）构建生态环境保护社会行动体系。把生态环境保护纳入国民教育体系和党政领导干部培训体系，推进国家及各地生态环境教育设施和场所建设，培育普及生态文化。公共机构尤其是党政机关带头使用节能环保产品，推行绿色办公，创建节约型机关。健全生态环境新闻发布机制，充分发挥各类媒体作用。省、市两级要依托党报、电视台、政府网站，曝光突出环境问题，报道整改进展情况。建立政府、企业环境社会风险预防与化解机制。完善环境信息公开制度，加强重特大突发环境事件信息公开，对涉及群众切身利益的重大项目及时主动公开。2020年年底前，地级及以上城市符合条件的环保设施和城市污水垃圾处理设施向社会开放，接受公众参观。强化排污者主体责任，企业应严格守法，规范自身环境行为，落实资金投入、物资保障、生态环境保护措施和应急处置主体责任。实施工业污染源全面达标排放计划。2018年年底前，重点排污单位全部安装自动在线监控设备并同生态环境主管部门联网，依法公开排污信息。到2020年，实现长江经济带入河排污口监测全覆盖，并将监测数据纳入长江经济带综合信息平台。推动环保社会组织和志愿者队伍规范健康发展，引导环保社会组织依法开展生态环境保护公益诉讼等活动。按照国家有关规定表彰对保护和改善生态环境有显著成绩的单位和个人。完善公众监督、举报反馈机制，保护举报人的合法权益，鼓励设立有奖举报基金。

新思想引领新时代，新使命开启新征程。让我们更加紧密地团结在以习近平同志为核心的党中央周围，以习近平新时代中国特色社会主义思想为指导，不忘初心、牢记使命，锐意进取、勇于担当，全面加强生态环境保护，坚决打好污染防治攻坚战，为决胜全面建成小康社会、实现中华民族伟大复兴的中国梦不懈奋斗。

（新华社 2018 年 6 月 24 日电）

国务院关于印发大气污染防治行动计划的通知

（2013 年 9 月 10 日）

国发〔2013〕37 号

各省、自治区、直辖市人民政府，国务院各部委、各直属机构：

现将《大气污染防治行动计划》印发给你们，请认真贯彻执行。

国务院

2013 年 9 月 10 日

大气污染防治行动计划

大气环境保护事关人民群众根本利益，事关经济持续健康发展，事关全面建成小康社会，事关实现中华民族伟大复兴中国梦。当前，我国大气污染形势严峻，以可吸入颗粒物（PM10）、细颗粒物（PM2.5）为特征污染物的区域性大气环境问题日益突出，损害人民群众身体健康，影响社会和谐稳定。随着我国工业化、城镇化的深入推进，能源资源消耗持续增加，大气污染防治压力继续加大。为切实改善空气质量，制定本行动计划。

总体要求：以邓小平理论、"三个代表"重要思想、科学发展观为指导，以保障人民群众身体健康为出发点，大力推进生态文明建设，坚持政府调控与市场调节相结合、全面推进与重点突破相配合、区域协作与属地管理相协调、总量减排与质量改善相同步，形成政府统领、企业施治、市场驱动、公众参与的大气污染防治新机制，实施分区域、分阶段治理，推动产业结构优化、科技创新能力增强、经济增长质量提高，实现环境效益、经济效益与社会效益多赢，为建设美丽中国而奋斗。

奋斗目标：经过五年努力，全国空气质量总体改善，重污染天气较大幅度减少；京津冀、长三角、珠三角等区域空气质量明显好转。力争再用五年或更长时间，逐步消除重污染天气，全国空气质量明显改善。

具体指标：到2017年，全国地级及以上城市可吸入颗粒物浓度比2012年下降10%以上，优良天数逐年提高；京津冀、长三角、珠三角等区域细颗粒物浓度分别下降25%、20%、15%左右，其中北京市细颗粒物年均浓度控制在60微克/立方米左右。

一、加大综合治理力度，减少多污染物排放

（一）加强工业企业大气污染综合治理。全面整治燃煤小锅炉。加快推进集中供热、"煤改气"、"煤改电"工程建设，到2017年，除必要保留的以外，地级及以上城市建成区基本淘汰每小时10蒸吨及以下的燃煤锅炉，禁止新建每小时20蒸吨以下的燃煤锅炉；其他地区原则上不再新建每小时10蒸吨以下的燃煤锅炉。在供热供气管网不能覆盖的地区，改用电、新能源或洁净煤，推广应用高效节能环保型锅炉。在化工、造纸、印染、制革、制药等产业集聚区，通过集中建设热电联产机组逐步淘汰分散燃煤锅炉。

加快重点行业脱硫、脱硝、除尘改造工程建设。所有燃煤电厂、钢铁企业的烧结机和球团生产设备、石油炼制企业的催化裂化装置、有色金属冶炼企业都要安装脱硫设施，每小时20蒸吨及以上的燃煤锅炉要实施脱硫。除循环流化床锅炉以外的燃煤机组均应安装脱硝设施，新型干法水泥窑要实施低氮燃烧技术改造并安装脱硝设施。燃煤锅炉和工业窑炉现有除尘设施要实施升级改造。

推进挥发性有机物污染治理。在石化、有机化工、表面涂装、包装印刷等行业实施挥发性有机物综合整治，在石化行业开展"泄漏检测与修复"技术改造。限时完成加油站、储油库、油罐车的油气回收治理，在原油成品油码头积极开展油气回收治理。完善涂料、胶粘剂等产品挥发性有机物限值标准，推广使用水性涂料，鼓励生产、销售和使用低毒、低挥发性有机溶剂。

京津冀、长三角、珠三角等区域要于2015年底前基本完成燃煤电厂、燃煤锅炉和工业窑炉的污染治理设施建设与改造，完成石化企业有机废气综合治理。

（二）深化面源污染治理。综合整治城市扬尘。加强施工扬尘监管，积极推进绿色施工，建设工程施工现场应全封闭设置围挡墙，严禁敞开式作业，施工现场道路应进行地面硬化。渣土运输车辆应采取密闭措施，并逐步安装卫星定位系统。推行道路机械化清扫等低尘作业方式。大型煤堆、料堆要实现封闭储存或建设防风抑尘设施。推进城市及周边绿化和防风防沙林建设，扩大城市建成区绿地规模。

开展餐饮油烟污染治理。城区餐饮服务经营场所应安装高效油烟净化设施，推广使用高效净化型家用吸油烟机。

（三）强化移动源污染防治。加强城市交通管理。优化城市功能和布局规划，推广智能交通管理，缓解城市交通拥堵。实施公交优先战略，提高公共交通出行比例，加强步行、自行车交通系统建设。根据城市发展规划，合理控制机动车保有量，北京、上海、广州等特大城市要严格限制机动车保有量。通过鼓励绿色出行、增加使用成本等措施，降低机动车使用强度。

提升燃油品质。加快石油炼制企业升级改造，力争在 2013 年底前，全国供应符合国家第四阶段标准的车用汽油，在 2014 年底前，全国供应符合国家第四阶段标准的车用柴油，在 2015 年底前，京津冀、长三角、珠三角等区域内重点城市全面供应符合国家第五阶段标准的车用汽、柴油，在 2017 年底前，全国供应符合国家第五阶段标准的车用汽、柴油。加强油品质量监督检查，严厉打击非法生产、销售不合格油品行为。

加快淘汰黄标车和老旧车辆。采取划定禁行区域、经济补偿等方式，逐步淘汰黄标车和老旧车辆。到 2015 年，淘汰 2005 年底前注册营运的黄标车，基本淘汰京津冀、长三角、珠三角等区域内的 500 万辆黄标车。到 2017 年，基本淘汰全国范围的黄标车。

加强机动车环保管理。环保、工业和信息化、质检、工商等部门联合加强新生产车辆环保监管，严厉打击生产、销售环保不达标车辆的违法行为；加强在用机动车年度检验，对不达标车辆不得发放环保合格标志，不得上路行驶。加快柴油车车用尿素供应体系建设。研究缩短公交车、出租车强制报废年限。鼓励出租车每年更换高效尾气净化装置。开展工程机械等非道路移动机械和船舶的污染控制。

加快推进低速汽车升级换代。不断提高低速汽车（三轮汽车、低速货车）节能环保要求，减少污染排放，促进相关产业和产品技术升级换代。自 2017 年起，新生产的低速货车执行与轻型载货车同等的节能与排放标准。

大力推广新能源汽车。公交、环卫等行业和政府机关要率先使用新能源汽车，采取直接上牌、财政补贴等措施鼓励个人购买。北京、上海、广州等城市每年新增或更新的公交车中新能源和清洁燃料车的比例达到 60% 以上。

二、调整优化产业结构，推动产业转型升级

（四）严控"两高"行业新增产能。修订高耗能、高污染和资源性行业准入条件，明确资源能源节约和污染物排放等指标。有条件的地区要制定符合当地功能定位、严于国家要求的产业准入目录。严格控制"两高"行业新增产能，新、改、扩建项目要实行产能等量或减量置换。

（五）加快淘汰落后产能。结合产业发展实际和环境质量状况，进一步提高环保、能耗、安全、质量等标准，分区域明确落后产能淘汰任务，倒逼产业转型升级。

按照《部分工业行业淘汰落后生产工艺装备和产品指导目录（2010 年本）》、《产业结构调整指导目录（2011 年本）（修正）》的要求，采取经济、技术、法律和必要的行政手段，提前一年完成钢铁、水泥、电解铝、平板玻璃等 21 个重点行业的"十二五"落后产能淘汰任务。2015 年再淘汰炼铁 1500 万吨、炼钢 1500 万吨、水泥（熟料及粉磨能力）1 亿吨、平板玻璃 2000 万重量箱。对未按期完成淘汰任务的地区，严格控制国家安排的投资项目，暂停对该地区重点行业建设项目办理审批、核准和备案手续。2016 年、2017 年，各地区要制定范围更宽、标准更高的落后产能淘汰政策，再淘汰一批落后产能。

对布局分散、装备水平低、环保设施差的小型工业企业进行全面排查，制定综合整改方案，实施分类治理。

（六）压缩过剩产能。加大环保、能耗、安全执法处罚力度，建立以节能环保标准促进"两高"行业过剩产能退出的机制。制定财政、土地、金融等扶持政策，支持产能过剩"两高"行业企业退出、转型发展。发挥优强企业对行业发展的主导作用，通过跨地区、跨所有制企业兼并重组，推动过剩产能压缩。严禁核准产能严重过剩行业新增产能项目。

（七）坚决停建产能严重过剩行业违规在建项目。认真清理产能严重过剩

行业违规在建项目，对未批先建、边批边建、越权核准的违规项目，尚未开工建设的，不准开工；正在建设的，要停止建设。地方人民政府要加强组织领导和监督检查，坚决遏制产能严重过剩行业盲目扩张。

三、加快企业技术改造，提高科技创新能力

（八）强化科技研发和推广。加强灰霾、臭氧的形成机理、来源解析、迁移规律和监测预警等研究，为污染治理提供科学支撑。加强大气污染与人群健康关系的研究。支持企业技术中心、国家重点实验室、国家工程实验室建设，推进大型大气光化学模拟仓、大型气溶胶模拟仓等科技基础设施建设。

加强脱硫、脱硝、高效除尘、挥发性有机物控制、柴油机（车）排放净化、环境监测，以及新能源汽车、智能电网等方面的技术研发，推进技术成果转化应用。加强大气污染治理先进技术、管理经验等方面的国际交流与合作。

（九）全面推行清洁生产。对钢铁、水泥、化工、石化、有色金属冶炼等重点行业进行清洁生产审核，针对节能减排关键领域和薄弱环节，采用先进适用的技术、工艺和装备，实施清洁生产技术改造；到 2017 年，重点行业排污强度比 2012 年下降 30% 以上。推进非有机溶剂型涂料和农药等产品创新，减少生产和使用过程中挥发性有机物排放。积极开发缓释肥料新品种，减少化肥施用过程中氨的排放。

（十）大力发展循环经济。鼓励产业集聚发展，实施园区循环化改造，推进能源梯级利用、水资源循环利用、废物交换利用、土地节约集约利用，促进企业循环式生产、园区循环式发展、产业循环式组合，构建循环型工业体系。推动水泥、钢铁等工业窑炉、高炉实施废物协同处置。大力发展机电产品再制造，推进资源再生利用产业发展。到 2017 年，单位工业增加值能耗比 2012 年降低 20% 左右，在 50% 以上的各类国家级园区和 30% 以上的各类省级园区实施循环化改造，主要有色金属品种以及钢铁的循环再生比重达到 40% 左右。

（十一）大力培育节能环保产业。着力把大气污染治理的政策要求有效转化为节能环保产业发展的市场需求，促进重大环保技术装备、产品的创新开发与

产业化应用。扩大国内消费市场，积极支持新业态、新模式，培育一批具有国际竞争力的大型节能环保企业，大幅增加大气污染治理装备、产品、服务产业产值，有效推动节能环保、新能源等战略性新兴产业发展。鼓励外商投资节能环保产业。

四、加快调整能源结构，增加清洁能源供应

（十二）控制煤炭消费总量。制定国家煤炭消费总量中长期控制目标，实行目标责任管理。到 2017 年，煤炭占能源消费总量比重降低到 65% 以下。京津冀、长三角、珠三角等区域力争实现煤炭消费总量负增长，通过逐步提高接受外输电比例、增加天然气供应、加大非化石能源利用强度等措施替代燃煤。

京津冀、长三角、珠三角等区域新建项目禁止配套建设自备燃煤电站。耗煤项目要实行煤炭减量替代。除热电联产外，禁止审批新建燃煤发电项目；现有多台燃煤机组装机容量合计达到 30 万千瓦以上的，可按照煤炭等量替代的原则建设为大容量燃煤机组。

（十三）加快清洁能源替代利用。加大天然气、煤制天然气、煤层气供应。到 2015 年，新增天然气干线管输能力 1500 亿立方米以上，覆盖京津冀、长三角、珠三角等区域。优化天然气使用方式，新增天然气应优先保障居民生活或用于替代燃煤；鼓励发展天然气分布式能源等高效利用项目，限制发展天然气化工项目；有序发展天然气调峰电站，原则上不再新建天然气发电项目。

制定煤制天然气发展规划，在满足最严格的环保要求和保障水资源供应的前提下，加快煤制天然气产业化和规模化步伐。

积极有序发展水电，开发利用地热能、风能、太阳能、生物质能，安全高效发展核电。到 2017 年，运行核电机组装机容量达到 5000 万千瓦，非化石能源消费比重提高到 13%。

京津冀区域城市建成区、长三角城市群、珠三角区域要加快现有工业企业燃煤设施天然气替代步伐；到 2017 年，基本完成燃煤锅炉、工业窑炉、自备燃煤电站的天然气替代改造任务。

（十四）推进煤炭清洁利用。提高煤炭洗选比例，新建煤矿应同步建设煤

炭洗选设施，现有煤矿要加快建设与改造；到 2017 年，原煤入选率达到 70% 以上。禁止进口高灰份、高硫份的劣质煤炭，研究出台煤炭质量管理办法。限制高硫石油焦的进口。

扩大城市高污染燃料禁燃区范围，逐步由城市建成区扩展到近郊。结合城中村、城乡结合部、棚户区改造，通过政策补偿和实施峰谷电价、季节性电价、阶梯电价、调峰电价等措施，逐步推行以天然气或电替代煤炭。鼓励北方农村地区建设洁净煤配送中心，推广使用洁净煤和型煤。

（十五）提高能源使用效率。严格落实节能评估审查制度。新建高耗能项目单位产品（产值）能耗要达到国内先进水平，用能设备达到一级能效标准。京津冀、长三角、珠三角等区域，新建高耗能项目单位产品（产值）能耗要达到国际先进水平。

积极发展绿色建筑，政府投资的公共建筑、保障性住房等要率先执行绿色建筑标准。新建建筑要严格执行强制性节能标准，推广使用太阳能热水系统、地源热泵、空气源热泵、光伏建筑一体化、"热—电—冷"三联供等技术和装备。

推进供热计量改革，加快北方采暖地区既有居住建筑供热计量和节能改造；新建建筑和完成供热计量改造的既有建筑逐步实行供热计量收费。加快热力管网建设与改造。

五、严格节能环保准入，优化产业空间布局

（十六）调整产业布局。按照主体功能区规划要求，合理确定重点产业发展布局、结构和规模，重大项目原则上布局在优化开发区和重点开发区。所有新、改、扩建项目，必须全部进行环境影响评价；未通过环境影响评价审批的，一律不准开工建设；违规建设的，要依法进行处罚。加强产业政策在产业转移过程中的引导与约束作用，严格限制在生态脆弱或环境敏感地区建设"两高"行业项目。加强对各类产业发展规划的环境影响评价。

在东部、中部和西部地区实施差别化的产业政策，对京津冀、长三角、珠三角等区域提出更高的节能环保要求。强化环境监管，严禁落后产能转移。

（十七）强化节能环保指标约束。提高节能环保准入门槛，健全重点行业准入条件，公布符合准入条件的企业名单并实施动态管理。严格实施污染物排放总量控制，将二氧化硫、氮氧化物、烟粉尘和挥发性有机物排放是否符合总量控制要求作为建设项目环境影响评价审批的前置条件。

京津冀、长三角、珠三角区域以及辽宁中部、山东、武汉及其周边、长株潭、成渝、海峡西岸、山西中北部、陕西关中、甘宁、乌鲁木齐城市群等"三区十群"中的47个城市，新建火电、钢铁、石化、水泥、有色、化工等企业以及燃煤锅炉项目要执行大气污染物特别排放限值。各地区可根据环境质量改善的需要，扩大特别排放限值实施的范围。

对未通过能评、环评审查的项目，有关部门不得审批、核准、备案，不得提供土地，不得批准开工建设，不得发放生产许可证、安全生产许可证、排污许可证，金融机构不得提供任何形式的新增授信支持，有关单位不得供电、供水。

（十八）优化空间格局。科学制定并严格实施城市规划，强化城市空间管制要求和绿地控制要求，规范各类产业园区和城市新城、新区设立和布局，禁止随意调整和修改城市规划，形成有利于大气污染物扩散的城市和区域空间格局。研究开展城市环境总体规划试点工作。

结合化解过剩产能、节能减排和企业兼并重组，有序推进位于城市主城区的钢铁、石化、化工、有色金属冶炼、水泥、平板玻璃等重污染企业环保搬迁、改造，到2017年基本完成。

六、发挥市场机制作用，完善环境经济政策

（十九）发挥市场机制调节作用。本着"谁污染、谁负责，多排放、多负担，节能减排得收益、获补偿"的原则，积极推行激励与约束并举的节能减排新机制。

分行业、分地区对水、电等资源类产品制定企业消耗定额。建立企业"领跑者"制度，对能效、排污强度达到更高标准的先进企业给予鼓励。

全面落实"合同能源管理"的财税优惠政策，完善促进环境服务业发展的扶持政策，推行污染治理设施投资、建设、运行一体化特许经营。完善绿色信贷

和绿色证券政策，将企业环境信息纳入征信系统。严格限制环境违法企业贷款和上市融资。推进排污权有偿使用和交易试点。

（二十）完善价格税收政策。根据脱硝成本，结合调整销售电价，完善脱硝电价政策。现有火电机组采用新技术进行除尘设施改造的，要给予价格政策支持。实行阶梯式电价。

推进天然气价格形成机制改革，理顺天然气与可替代能源的比价关系。

按照合理补偿成本、优质优价和污染者付费的原则合理确定成品油价格，完善对部分困难群体和公益性行业成品油价格改革补贴政策。

加大排污费征收力度，做到应收尽收。适时提高排污收费标准，将挥发性有机物纳入排污费征收范围。

研究将部分"两高"行业产品纳入消费税征收范围。完善"两高"行业产品出口退税政策和资源综合利用税收政策。积极推进煤炭等资源税从价计征改革。符合税收法律法规规定，使用专用设备或建设环境保护项目的企业以及高新技术企业，可以享受企业所得税优惠。

（二十一）拓宽投融资渠道。深化节能环保投融资体制改革，鼓励民间资本和社会资本进入大气污染防治领域。引导银行业金融机构加大对大气污染防治项目的信贷支持。探索排污权抵押融资模式，拓展节能环保设施融资、租赁业务。

地方人民政府要对涉及民生的"煤改气"项目、黄标车和老旧车辆淘汰、轻型载货车替代低速货车等加大政策支持力度，对重点行业清洁生产示范工程给予引导性资金支持。要将空气质量监测站点建设及其运行和监管经费纳入各级财政预算予以保障。

在环境执法到位、价格机制理顺的基础上，中央财政统筹整合主要污染物减排等专项，设立大气污染防治专项资金，对重点区域按治理成效实施"以奖代补"；中央基本建设投资也要加大对重点区域大气污染防治的支持力度。

七、健全法律法规体系，严格依法监督管理

（二十二）完善法律法规标准。加快大气污染防治法修订步伐，重点健全

总量控制、排污许可、应急预警、法律责任等方面的制度，研究增加对恶意排污、造成重大污染危害的企业及其相关负责人追究刑事责任的内容，加大对违法行为的处罚力度。建立健全环境公益诉讼制度。研究起草环境税法草案，加快修改环境保护法，尽快出台机动车污染防治条例和排污许可证管理条例。各地区可结合实际，出台地方性大气污染防治法规、规章。

加快制（修）订重点行业排放标准以及汽车燃料消耗量标准、油品标准、供热计量标准等，完善行业污染防治技术政策和清洁生产评价指标体系。

（二十三）提高环境监管能力。完善国家监察、地方监管、单位负责的环境监管体制，加强对地方人民政府执行环境法律法规和政策的监督。加大环境监测、信息、应急、监察等能力建设力度，达到标准化建设要求。

建设城市站、背景站、区域站统一布局的国家空气质量监测网络，加强监测数据质量管理，客观反映空气质量状况。加强重点污染源在线监控体系建设，推进环境卫星应用。建设国家、省、市三级机动车排污监管平台。到 2015 年，地级及以上城市全部建成细颗粒物监测点和国家直管的监测点。

（二十四）加大环保执法力度。推进联合执法、区域执法、交叉执法等执法机制创新，明确重点，加大力度，严厉打击环境违法行为。对偷排偷放、屡查屡犯的违法企业，要依法停产关闭。对涉嫌环境犯罪的，要依法追究刑事责任。落实执法责任，对监督缺位、执法不力、徇私枉法等行为，监察机关要依法追究有关部门和人员的责任。

（二十五）实行环境信息公开。国家每月公布空气质量最差的 10 个城市和最好的 10 个城市的名单。各省（区、市）要公布本行政区域内地级及以上城市空气质量排名。地级及以上城市要在当地主要媒体及时发布空气质量监测信息。

各级环保部门和企业要主动公开新建项目环境影响评价、企业污染物排放、治污设施运行情况等环境信息，接受社会监督。涉及群众利益的建设项目，应充分听取公众意见。建立重污染行业企业环境信息强制公开制度。

八、建立区域协作机制，统筹区域环境治理

（二十六）建立区域协作机制。建立京津冀、长三角区域大气污染防治协作机制，由区域内省级人民政府和国务院有关部门参加，协调解决区域突出环境问题，组织实施环评会商、联合执法、信息共享、预警应急等大气污染防治措施，通报区域大气污染防治工作进展，研究确定阶段性工作要求、工作重点和主要任务。

（二十七）分解目标任务。国务院与各省（区、市）人民政府签订大气污染防治目标责任书，将目标任务分解落实到地方人民政府和企业。将重点区域的细颗粒物指标、非重点地区的可吸入颗粒物指标作为经济社会发展的约束性指标，构建以环境质量改善为核心的目标责任考核体系。

国务院制定考核办法，每年初对各省（区、市）上年度治理任务完成情况进行考核；2015 年进行中期评估，并依据评估情况调整治理任务；2017 年对行动计划实施情况进行终期考核。考核和评估结果经国务院同意后，向社会公布，并交由干部主管部门，按照《关于建立促进科学发展的党政领导班子和领导干部考核评价机制的意见》、《地方党政领导班子和领导干部综合考核评价办法（试行）》、《关于开展政府绩效管理试点工作的意见》等规定，作为对领导班子和领导干部综合考核评价的重要依据。

（二十八）实行严格责任追究。对未通过年度考核的，由环保部门会同组织部门、监察机关等部门约谈省级人民政府及其相关部门有关负责人，提出整改意见，予以督促。

对因工作不力、履职缺位等导致未能有效应对重污染天气的，以及干预、伪造监测数据和没有完成年度目标任务的，监察机关要依法依纪追究有关单位和人员的责任，环保部门要对有关地区和企业实施建设项目环评限批，取消国家授予的环境保护荣誉称号。

九、建立监测预警应急体系，妥善应对重污染天气

（二十九）建立监测预警体系。环保部门要加强与气象部门的合作，建立

重污染天气监测预警体系。到 2014 年，京津冀、长三角、珠三角区域要完成区域、省、市级重污染天气监测预警系统建设；其他省（区、市）、副省级市、省会城市于 2015 年底前完成。要做好重污染天气过程的趋势分析，完善会商研判机制，提高监测预警的准确度，及时发布监测预警信息。

（三十）制定完善应急预案。空气质量未达到规定标准的城市应制定和完善重污染天气应急预案并向社会公布；要落实责任主体，明确应急组织机构及其职责、预警预报及响应程序、应急处置及保障措施等内容，按不同污染等级确定企业限产停产、机动车和扬尘管控、中小学校停课以及可行的气象干预等应对措施。开展重污染天气应急演练。

京津冀、长三角、珠三角等区域要建立健全区域、省、市联动的重污染天气应急响应体系。区域内各省（区、市）的应急预案，应于 2013 年底前报环境保护部备案。

（三十一）及时采取应急措施。将重污染天气应急响应纳入地方人民政府突发事件应急管理体系，实行政府主要负责人负责制。要依据重污染天气的预警等级，迅速启动应急预案，引导公众做好卫生防护。

十、明确政府企业和社会的责任，动员全民参与环境保护

（三十二）明确地方政府统领责任。地方各级人民政府对本行政区域内的大气环境质量负总责，要根据国家的总体部署及控制目标，制定本地区的实施细则，确定工作重点任务和年度控制指标，完善政策措施，并向社会公开；要不断加大监管力度，确保任务明确、项目清晰、资金保障。

（三十三）加强部门协调联动。各有关部门要密切配合、协调力量、统一行动，形成大气污染防治的强大合力。环境保护部要加强指导、协调和监督，有关部门要制定有利于大气污染防治的投资、财政、税收、金融、价格、贸易、科技等政策，依法做好各自领域的相关工作。

（三十四）强化企业施治。企业是大气污染治理的责任主体，要按照环保规范要求，加强内部管理，增加资金投入，采用先进的生产工艺和治理技术，确

保达标排放，甚至达到"零排放"；要自觉履行环境保护的社会责任，接受社会监督。

（三十五）广泛动员社会参与。环境治理，人人有责。要积极开展多种形式的宣传教育，普及大气污染防治的科学知识。加强大气环境管理专业人才培养。倡导文明、节约、绿色的消费方式和生活习惯，引导公众从自身做起、从点滴做起、从身边的小事做起，在全社会树立起"同呼吸、共奋斗"的行为准则，共同改善空气质量。

我国仍然处于社会主义初级阶段，大气污染防治任务繁重艰巨，要坚定信心、综合治理，突出重点、逐步推进，重在落实、务求实效。各地区、各有关部门和企业要按照本行动计划的要求，紧密结合实际，狠抓贯彻落实，确保空气质量改善目标如期实现。

（中国政府网 2013 年 9 月 13 日）

国务院关于印发水污染防治行动计划的通知
（2015 年 4 月 2 日）

国发〔2015〕17 号

各省、自治区、直辖市人民政府，国务院各部委、各直属机构：

现将《水污染防治行动计划》印发给你们，请认真贯彻执行。

国务院

2015 年 4 月 2 日

水污染防治行动计划

水环境保护事关人民群众切身利益，事关全面建成小康社会，事关实现中华民族伟大复兴中国梦。当前，我国一些地区水环境质量差、水生态受损重、环境隐患多等问题十分突出，影响和损害群众健康，不利于经济社会持续发展。为切实加大水污染防治力度，保障国家水安全，制定本行动计划。

总体要求：全面贯彻党的十八大和十八届二中、三中、四中全会精神，大力推进生态文明建设，以改善水环境质量为核心，按照"节水优先、空间均衡、系统治理、两手发力"原则，贯彻"安全、清洁、健康"方针，强化源头控制，水陆统筹、河海兼顾，对江河湖海实施分流域、分区域、分阶段科学治理，系统推进水污染防治、水生态保护和水资源管理。坚持政府市场协同，注重改革创新；坚持全面依法推进，实行最严格环保制度；坚持落实各方责任，严格考核问责；坚持全民参与，推动节水洁水人人有责，形成"政府统领、企业施治、市场驱动、公众参与"的水污染防治新机制，实现环境效益、经济效益与社会效益多赢，为建设"蓝天常在、青山常在、绿水常在"的美丽中国而奋斗。

工作目标：到2020年，全国水环境质量得到阶段性改善，污染严重水体较大幅度减少，饮用水安全保障水平持续提升，地下水超采得到严格控制，地下水污染加剧趋势得到初步遏制，近岸海域环境质量稳中趋好，京津冀、长三角、珠三角等区域水生态环境状况有所好转。到2030年，力争全国水环境质量总体改善，水生态系统功能初步恢复。到本世纪中叶，生态环境质量全面改善，生态系统实现良性循环。

主要指标：到2020年，长江、黄河、珠江、松花江、淮河、海河、辽河等七大重点流域水质优良（达到或优于III类）比例总体达到70%以上，地级及以上城市建成区黑臭水体均控制在10%以内，地级及以上城市集中式饮用水水源水质达到或优于Ⅲ类比例总体高于93%，全国地下水质量极差的比例控制在15%左右，近岸海域水质优良（一、二类）比例达到70%左右。京津冀区域丧失使用功能（劣于Ⅴ类）的水体断面比例下降15个百分点左右，长三角、珠三角区域力争消除丧失使用功能的水体。

到2030年，全国七大重点流域水质优良比例总体达到75%以上，城市建成区黑臭水体总体得到消除，城市集中式饮用水水源水质达到或优于Ⅲ类比例总体为95%左右。

一、全面控制污染物排放

（一）狠抓工业污染防治。取缔"十小"企业。全面排查装备水平低、环保设施差的小型工业企业。2016年底前，按照水污染防治法律法规要求，全部取缔不符合国家产业政策的小型造纸、制革、印染、染料、炼焦、炼硫、炼砷、炼油、电镀、农药等严重污染水环境的生产项目。（环境保护部牵头，工业和信息化部、国土资源部、能源局等参与，地方各级人民政府负责落实。以下均需地方各级人民政府落实，不再列出）

专项整治十大重点行业。制定造纸、焦化、氮肥、有色金属、印染、农副食品加工、原料药制造、制革、农药、电镀等行业专项治理方案，实施清洁化改造。新建、改建、扩建上述行业建设项目实行主要污染物排放等量或减量置换。2017年底前，造纸行业力争完成纸浆无元素氯漂白改造或采取其他低污染制浆技术，钢铁企业焦炉完成干熄焦技术改造，氮肥行业尿素生产完成工艺冷凝液水解解析技术改造，印染行业实施低排水染整工艺改造，制药（抗生素、维生素）行业实施绿色酶法生产技术改造，制革行业实施铬减量化和封闭循环利用技术改造。（环境保护部牵头，工业和信息化部等参与）

集中治理工业集聚区水污染。强化经济技术开发区、高新技术产业开发区、出口加工区等工业集聚区污染治理。集聚区内工业废水必须经预处理达到集中处理要求，方可进入污水集中处理设施。新建、升级工业集聚区应同步规划、建设污水、垃圾集中处理等污染治理设施。2017年底前，工业集聚区应按规定建成污水集中处理设施，并安装自动在线监控装置，京津冀、长三角、珠三角等区域提前一年完成；逾期未完成的，一律暂停审批和核准其增加水污染物排放的建设项目，并依照有关规定撤销其园区资格。（环境保护部牵头，科技部、工业和信息化部、商务部等参与）

（二）强化城镇生活污染治理。加快城镇污水处理设施建设与改造。现有城镇污水处理设施，要因地制宜进行改造，2020年底前达到相应排放标准或再生利用要求。敏感区域（重点湖泊、重点水库、近岸海域汇水区域）城镇污水处理设施应于2017年底前全面达到一级A排放标准。建成区水体水质达不到地表水Ⅳ类标准的城市，新建城镇污水处理设施要执行一级A排放标准。按照国家新型城镇化规划要求，到2020年，全国所有县城和重点镇具备污水收集处理能力，县城、城市污水处理率分别达到85%、95%左右。京津冀、长三角、珠三角等区域提前一年完成。（住房城乡建设部牵头，发展改革委、环境保护部等参与）

全面加强配套管网建设。强化城中村、老旧城区和城乡结合部污水截流、收集。现有合流制排水系统应加快实施雨污分流改造，难以改造的，应采取截流、调蓄和治理等措施。新建污水处理设施的配套管网应同步设计、同步建设、同步投运。除干旱地区外，城镇新区建设均实行雨污分流，有条件的地区要推进初期雨水收集、处理和资源化利用。到2017年，直辖市、省会城市、计划单列市建成区污水基本实现全收集、全处理，其他地级城市建成区于2020年底前基本实现。（住房城乡建设部牵头，发展改革委、环境保护部等参与）

推进污泥处理处置。污水处理设施产生的污泥应进行稳定化、无害化和资源化处理处置，禁止处理处置不达标的污泥进入耕地。非法污泥堆放点一律予以取缔。现有污泥处理处置设施应于2017年底前基本完成达标改造，地级及以上城市污泥无害化处理处置率应于2020年底前达到90%以上。（住房城乡建设部牵头，发展改革委、工业和信息化部、环境保护部、农业部等参与）

（三）推进农业农村污染防治。防治畜禽养殖污染。科学划定畜禽养殖禁养区，2017年底前，依法关闭或搬迁禁养区内的畜禽养殖场（小区）和养殖专业户，京津冀、长三角、珠三角等区域提前一年完成。现有规模化畜禽养殖场（小区）要根据污染防治需要，配套建设粪便污水贮存、处理、利用设施。散养密集区要实行畜禽粪便污水分户收集、集中处理利用。自 2016 年起，新建、改建、扩建规模化畜禽养殖场（小区）要实施雨污分流、粪便污水资源化利用。（农业部牵头，环境保护部参与）

控制农业面源污染。制定实施全国农业面源污染综合防治方案。推广低毒、低残留农药使用补助试点经验，开展农作物病虫害绿色防控和统防统治。实行测土配方施肥，推广精准施肥技术和机具。完善高标准农田建设、土地开发整理等标准规范，明确环保要求，新建高标准农田要达到相关环保要求。敏感区域和大中型灌区，要利用现有沟、塘、窖等，配置水生植物群落、格栅和透水坝，建设生态沟渠、污水净化塘、地表径流集蓄池等设施，净化农田排水及地表径流。到 2020 年，测土配方施肥技术推广覆盖率达到 90% 以上，化肥利用率提高到 40% 以上，农作物病虫害统防统治覆盖率达到 40% 以上；京津冀、长三角、珠三角等区域提前一年完成。（农业部牵头，发展改革委、工业和信息化部、国土资源部、环境保护部、水利部、质检总局等参与）

调整种植业结构与布局。在缺水地区试行退地减水。地下水易受污染地区要优先种植需肥需药量低、环境效益突出的农作物。地表水过度开发和地下水超采问题较严重，且农业用水比重较大的甘肃、新疆（含新疆生产建设兵团）、河北、山东、河南等五省（区），要适当减少用水量较大的农作物种植面积，改种耐旱作物和经济林；2018 年底前，对 3300 万亩灌溉面积实施综合治理，退减水量 37 亿立方米以上。（农业部、水利部牵头，发展改革委、国土资源部等参与）

加快农村环境综合整治。以县级行政区域为单元，实行农村污水处理统一规划、统一建设、统一管理，有条件的地区积极推进城镇污水处理设施和服务向农村延伸。深化"以奖促治"政策，实施农村清洁工程，开展河道清淤疏浚，推进农村环境连片整治。到 2020 年，新增完成环境综合整治的建制村 13 万个。（环境保护部牵头，住房城乡建设部、水利部、农业部等参与）

（四）加强船舶港口污染控制。积极治理船舶污染。依法强制报废超过使用年限的船舶。分类分级修订船舶及其设施、设备的相关环保标准。2018 年起投入使用的沿海船舶、2021年起投入使用的内河船舶执行新的标准；其他船舶于2020年底前完成改造，经改造仍不能达到要求的，限期予以淘汰。航行于我国水域的国际航线船舶，要实施压载水交换或安装压载水灭活处理系统。规范拆船行为，禁止冲滩拆解。（交通运输部牵头，工业和信息化部、环境保护部、农业部、质检总局等参与）

增强港口码头污染防治能力。编制实施全国港口、码头、装卸站污染防治方案。加快垃圾接收、转运及处理处置设施建设，提高含油污水、化学品洗舱水等接收处置能力及污染事故应急能力。位于沿海和内河的港口、码头、装卸站及船舶修造厂，分别于2017年底前和2020年底前达到建设要求。港口、码头、装卸站的经营人应制定防治船舶及其有关活动污染水环境的应急计划。（交通运输部牵头，工业和信息化部、住房城乡建设部、农业部等参与）

二、推动经济结构转型升级

（五）调整产业结构。依法淘汰落后产能。自2015年起，各地要依据部分工业行业淘汰落后生产工艺装备和产品指导目录、产业结构调整指导目录及相关行业污染物排放标准，结合水质改善要求及产业发展情况，制定并实施分年度的落后产能淘汰方案，报工业和信息化部、环境保护部备案。未完成淘汰任务的地区，暂停审批和核准其相关行业新建项目。（工业和信息化部牵头，发展改革委、环境保护部等参与）

严格环境准入。根据流域水质目标和主体功能区规划要求，明确区域环境准入条件，细化功能分区，实施差别化环境准入政策。建立水资源、水环境承载能力监测评价体系，实行承载能力监测预警，已超过承载能力的地区要实施水污染物削减方案，加快调整发展规划和产业结构。到2020年，组织完成市、县域水资源、水环境承载能力现状评价。（环境保护部牵头，住房城乡建设部、水利部、海洋局等参与）

（六）优化空间布局。合理确定发展布局、结构和规模。充分考虑水资源、水环境承载能力，以水定城、以水定地、以水定人、以水定产。重大项目原则上布局在优化开发区和重点开发区，并符合城乡规划和土地利用总体规划。鼓励发展节水高效现代农业、低耗水高新技术产业以及生态保护型旅游业，严格控制缺水地区、水污染严重地区和敏感区域高耗水、高污染行业发展，新建、改建、扩建重点行业建设项目实行主要污染物排放减量置换。七大重点流域干流沿岸，要严格控制石油加工、化学原料和化学制品制造、医药制造、化学纤维制造、有色金属冶炼、纺织印染等项目环境风险，合理布局生产装置及危险化学品仓储等设施。（发展改革委、工业和信息化部牵头，国土资源部、环境保护部、住房城乡建设部、水利部等参与）

推动污染企业退出。城市建成区内现有钢铁、有色金属、造纸、印染、原料药制造、化工等污染较重的企业应有序搬迁改造或依法关闭。（工业和信息化部牵头，环境保护部等参与）

积极保护生态空间。严格城市规划蓝线管理，城市规划区范围内应保留一定比例的水域面积。新建项目一律不得违规占用水域。严格水域岸线用途管制，土地开发利用应按照有关法律法规和技术标准要求，留足河道、湖泊和滨海地带的管理和保护范围，非法挤占的应限期退出。（国土资源部、住房城乡建设部牵头，环境保护部、水利部、海洋局等参与）

（七）推进循环发展。加强工业水循环利用。推进矿井水综合利用，煤炭矿区的补充用水、周边地区生产和生态用水应优先使用矿井水，加强洗煤废水循环利用。鼓励钢铁、纺织印染、造纸、石油石化、化工、制革等高耗水企业废水深度处理回用。（发展改革委、工业和信息化部牵头，水利部、能源局等参与）

促进再生水利用。以缺水及水污染严重地区城市为重点，完善再生水利用设施，工业生产、城市绿化、道路清扫、车辆冲洗、建筑施工以及生态景观等用水，要优先使用再生水。推进高速公路服务区污水处理和利用。具备使用再生水条件但未充分利用的钢铁、火电、化工、制浆造纸、印染等项目，不得批准其新增取水许可。自 2018 年起，单体建筑面积超过 2 万平方米的新建公共建筑，北京市 2 万平方米、天津市 5 万平方米、河北省 10 万平方米以上集中新建的保障性住房，应安装建筑中水设施。积极推动其他新建住房安装建筑中水设施。到 2020 年，缺水城市再生水利用率达到 20% 以上，京津冀区域达到 30% 以上。（住房城乡建设部牵头，发展改革委、工业和信息化部、环境保护部、交通运输部、水利部等参与）

推动海水利用。在沿海地区电力、化工、石化等行业，推行直接利用海水作为循环冷却等工业用水。在有条件的城市，加快推进淡化海水作为生活用水补充水源。（发展改革委牵头，工业和信息化部、住房城乡建设部、水利部、海洋局等参与）

三、着力节约保护水资源

（八）控制用水总量。实施最严格水资源管理。健全取用水总量控制指标体系。加强相关规划和项目建设布局水资源论证工作，国民经济和社会发展规划以及城市总体规划的编制、重大建设项目的布局，应充分考虑当地水资源条件和防洪要求。对取用水总量已达到或超过控制指标的地区，暂停审批其建设项目新增取水许可。对纳入取水许可管理的单位和其他用水大户实行计划用水管理。新建、改建、扩建项目用水要达到行业先进水平，节水设施应与主体工程同时设计、同时施工、同时投运。建立重点监控用水单位名录。到 2020 年，全国用水总量控制在 6700 亿立方米以内。（水利部牵头，发展改革委、工业和信息化部、住房城乡建设部、农业部等参与）

严控地下水超采。在地面沉降、地裂缝、岩溶塌陷等地质灾害易发区开发利用地下水，应进行地质灾害危险性评估。严格控制开采深层承压水，地热水、矿泉水开发应严格实行取水许可和采矿许可。依法规范机井建设管理，排查登记已建机井，未经批准的和公共供水管网覆盖范围内的自备水井，一律予以关闭。编制地面沉降区、海水入侵区等区域地下水压采方案。开展华北地下水超采区综合治理，超采区内禁止工农业生产及服务业新增取用地下水。京津冀区域实施土地整治、农业开发、扶贫等农业基础设施项目，不得以配套打井为条件。2017 年底前，完成地下水禁采区、限采区和地面沉降控制区范围划定工作，京津冀、长三角、珠三角等区域提前一年完成。（水利部、国土资源部牵头，发展改革委、工业和

信息化部、财政部、住房城乡建设部、农业部等参与）

（九）提高用水效率。建立万元国内生产总值水耗指标等用水效率评估体系，把节水目标任务完成情况纳入地方政府政绩考核。将再生水、雨水和微咸水等非常规水源纳入水资源统一配置。到 2020 年，全国万元国内生产总值用水量、万元工业增加值用水量比 2013 年分别下降 35%、30% 以上。（水利部牵头，发展改革委、工业和信息化部、住房城乡建设部等参与）

抓好工业节水。制定国家鼓励和淘汰的用水技术、工艺、产品和设备目录，完善高耗水行业取用水定额标准。开展节水诊断、水平衡测试、用水效率评估，严格用水定额管理。到 2020 年，电力、钢铁、纺织、造纸、石油石化、化工、食品发酵等高耗水行业达到先进定额标准。（工业和信息化部、水利部牵头，发展改革委、住房城乡建设部、质检总局等参与）

加强城镇节水。禁止生产、销售不符合节水标准的产品、设备。公共建筑必须采用节水器具，限期淘汰公共建筑中不符合节水标准的水嘴、便器水箱等生活用水器具。鼓励居民家庭选用节水器具。对使用超过 50 年和材质落后的供水管网进行更新改造，到 2017 年，全国公共供水管网漏损率控制在 12% 以内；到 2020 年，控制在 10% 以内。积极推行低影响开发建设模式，建设滞、渗、蓄、用、排相结合的雨水收集利用设施。新建城区硬化地面，可渗透面积要达到 40% 以上。到 2020 年，地级及以上缺水城市全部达到国家节水型城市标准要求，京津冀、长三角、珠三角等区域提前一年完成。（住房城乡建设部牵头，发展改革委、工业和信息化部、水利部、质检总局等参与）

发展农业节水。推广渠道防渗、管道输水、喷灌、微灌等节水灌溉技术，完善灌溉用水计量设施。在东北、西北、黄淮海等区域，推进规模化高效节水灌溉，推广农作物节水抗旱技术。到 2020 年，大型灌区、重点中型灌区续建配套和节水改造任务基本完成，全国节水灌溉工程面积达到 7 亿亩左右，农田灌溉水有效利用系数达到 0.55 以上。（水利部、农业部牵头，发展改革委、财政部等参与）

（十）科学保护水资源。完善水资源保护考核评价体系。加强水功能区监督管理，从严核定水域纳污能力。（水利部牵头，发展改革委、环境保护部等参与）

　　加强江河湖库水量调度管理。完善水量调度方案。采取闸坝联合调度、生态补水等措施，合理安排闸坝下泄水量和泄流时段，维持河湖基本生态用水需求，重点保障枯水期生态基流。加大水利工程建设力度，发挥好控制性水利工程在改善水质中的作用。（水利部牵头，环境保护部参与）

　　科学确定生态流量。在黄河、淮河等流域进行试点，分期分批确定生态流量（水位），作为流域水量调度的重要参考。（水利部牵头，环境保护部参与）

四、强化科技支撑

　　（十一）推广示范适用技术。加快技术成果推广应用，重点推广饮用水净化、节水、水污染治理及循环利用、城市雨水收集利用、再生水安全回用、水生态修复、畜禽养殖污染防治等适用技术。完善环保技术评价体系，加强国家环保科技成果共享平台建设，推动技术成果共享与转化。发挥企业的技术创新主体作用，推动水处理重点企业与科研院所、高等学校组建产学研技术创新战略联盟，示范推广控源减排和清洁生产先进技术。（科技部牵头，发展改革委、工业和信息化部、环境保护部、住房城乡建设部、水利部、农业部、海洋局等参与）

　　（十二）攻关研发前瞻技术。整合科技资源，通过相关国家科技计划（专项、基金）等，加快研发重点行业废水深度处理、生活污水低成本高标准处理、海水淡化和工业高盐废水脱盐、饮用水微量有毒污染物处理、地下水污染修复、危险化学品事故和水上溢油应急处置等技术。开展有机物和重金属等水环境基准、水污染对人体健康影响、新型污染物风险评价、水环境损害评估、高品质再生水补充饮用水水源等研究。加强水生态保护、农业面源污染防治、水环境监控预警、水处理工艺技术装备等领域的国际交流合作。（科技部牵头，发展改革委、工业和信息化部、国土资源部、环境保护部、住房城乡建设部、水利部、农业部、卫生计生委等参与）

　　（十三）大力发展环保产业。规范环保产业市场。对涉及环保市场准入、经营行为规范的法规、规章和规定进行全面梳理，废止妨碍形成全国统一环保市场和公平竞争的规定和做法。健全环保工程设计、建设、运营等领域招投标管理办法和技术标准。推进先进适用的节水、治污、修复技术和装备产业化发展。（发展改革委牵头，科技部、工业和信息化部、财政部、环境保护部、住房城乡建设部、水利部、海洋局等参与）

加快发展环保服务业。明确监管部门、排污企业和环保服务公司的责任和义务，完善风险分担、履约保障等机制。鼓励发展包括系统设计、设备成套、工程施工、调试运行、维护管理的环保服务总承包模式、政府和社会资本合作模式等。以污水、垃圾处理和工业园区为重点，推行环境污染第三方治理。（发展改革委、财政部牵头，科技部、工业和信息化部、环境保护部、住房城乡建设部等参与）

五、充分发挥市场机制作用

（十四）理顺价格税费。加快水价改革。县级及以上城市应于2015年底前全面实行居民阶梯水价制度，具备条件的建制镇也要积极推进。2020年底前，全面实行非居民用水超定额、超计划累进加价制度。深入推进农业水价综合改革。（发展改革委牵头，财政部、住房城乡建设部、水利部、农业部等参与）

完善收费政策。修订城镇污水处理费、排污费、水资源费征收管理办法，合理提高征收标准，做到应收尽收。城镇污水处理收费标准不应低于污水处理和污泥处理处置成本。地下水水资源费征收标准应高于地表水，超采地区地下水水资源费征收标准应高于非超采地区。（发展改革委、财政部牵头，环境保护部、住房城乡建设部、水利部等参与）

健全税收政策。依法落实环境保护、节能节水、资源综合利用等方面税收优惠政策。对国内企业为生产国家支持发展的大型环保设备，必需进口的关键零部件及原材料，免征关税。加快推进环境保护税立法、资源税税费改革等工作。研究将部分高耗能、高污染产品纳入消费税征收范围。（财政部、税务总局牵头，发展改革委、工业和信息化部、商务部、海关总署、质检总局等参与）

（十五）促进多元融资。引导社会资本投入。积极推动设立融资担保基金，推进环保设备融资租赁业务发展。推广股权、项目收益权、特许经营权、排污权等质押融资担保。采取环境绩效合同服务、授予开发经营权益等方式，鼓励社会

资本加大水环境保护投入。（人民银行、发展改革委、财政部牵头，环境保护部、住房城乡建设部、银监会、证监会、保监会等参与）

增加政府资金投入。中央财政加大对属于中央事权的水环境保护项目支持力度，合理承担部分属于中央和地方共同事权的水环境保护项目，向欠发达地区和重点地区倾斜；研究采取专项转移支付等方式，实施"以奖代补"。地方各级人民政府要重点支持污水处理、污泥处理处置、河道整治、饮用水水源保护、畜禽养殖污染防治、水生态修复、应急清污等项目和工作。对环境监管能力建设及运行费用分级予以必要保障。（财政部牵头，发展改革委、环境保护部等参与）

（十六）建立激励机制。健全节水环保"领跑者"制度。鼓励节能减排先进企业、工业集聚区用水效率、排污强度等达到更高标准，支持开展清洁生产、节约用水和污染治理等示范。（发展改革委牵头，工业和信息化部、财政部、环境保护部、住房城乡建设部、水利部等参与）

推行绿色信贷。积极发挥政策性银行等金融机构在水环境保护中的作用，重点支持循环经济、污水处理、水资源节约、水生态环境保护、清洁及可再生能源利用等领域。严格限制环境违法企业贷款。加强环境信用体系建设，构建守信激励与失信惩戒机制，环保、银行、证券、保险等方面要加强协作联动，于2017年底前分级建立企业环境信用评价体系。鼓励涉重金属、石油化工、危险化学品运输等高环境风险行业投保环境污染责任保险。（人民银行牵头，工业和信息化部、环境保护部、水利部、银监会、证监会、保监会等参与）

实施跨界水环境补偿。探索采取横向资金补助、对口援助、产业转移等方式，建立跨界水环境补偿机制，开展补偿试点。深化排污权有偿使用和交易试点。（财政部牵头，发展改革委、环境保护部、水利部等参与）

六、严格环境执法监管

（十七）完善法规标准。健全法律法规。加快水污染防治、海洋环境保护、排污许可、化学品环境管理等法律法规制修订步伐，研究制定环境质量目标管理、环境功能区划、节水及循环利用、饮用水水源保护、污染责任保险、水功能区监督管理、地下水管理、环境监测、生态流量保障、船舶和陆源污染防治等法律法规。各地可结合实际，研究起草地方性水污染防治法规。（法制办牵头，发展改革委、工业和信息化部、国土资源部、环境保护部、住房城乡建设部、交通运输部、水利部、农业部、卫生计生委、保监会、海洋局等参与）

完善标准体系。制修订地下水、地表水和海洋等环境质量标准，城镇污水处理、污泥处理处置、农田退水等污染物排放标准。健全重点行业水污染物特别排放限值、污染防治技术政策和清洁生产评价指标体系。各地可制定严于国家标准的地方水污染物排放标准。（环境保护部牵头，发展改革委、工业和信息化部、国土资源部、住房城乡建设部、水利部、农业部、质检总局等参与）

（十八）加大执法力度。所有排污单位必须依法实现全面达标排放。逐一排查工业企业排污情况，达标企业应采取措施确保稳定达标；对超标和超总量的企业予以"黄牌"警示，一律限制生产或停产整治；对整治仍不能达到要求且情节严重的企业予以"红牌"处罚，一律停业、关闭。自 2016 年起，定期公布环保"黄牌"、"红牌"企业名单。定期抽查排污单位达标排放情况，结果向社会公布。（环境保护部负责）

完善国家督查、省级巡查、地市检查的环境监督执法机制，强化环保、公安、监察等部门和单位协作，健全行政执法与刑事司法衔接配合机制，完善案件移送、受理、立案、通报等规定。加强对地方人民政府和有关部门环保工作的监督，研究建立国家环境监察专员制度。（环境保护部牵头，工业和信息化部、公安部、中央编办等参与）

严厉打击环境违法行为。重点打击私设暗管或利用渗井、渗坑、溶洞排放、倾倒含有毒有害污染物废水、含病原体污水，监测数据弄虚作假，不正常使用水污染物处理设施，或者未经批准拆除、闲置水污染物处理设施等环境违法行为。对造成生态损害的责任者严格落实赔偿制度。严肃查处建设项目环境影响评价领域越权审批、未批先建、边批边建、久试不验等违法违规行为。对构成犯罪的，要依法追究刑事责任。（环境保护部牵头，公安部、住房城乡建设部等参与）

（十九）提升监管水平。完善流域协作机制。健全跨部门、区域、流域、海域水环境保护议事协调机制，发挥环境保护区域督查派出机构和流域水资源保护机构作用，探索建立陆海统筹的生态系统保护修复机制。流域上下游各级政府、各部门之间要加强协调配合、定期会商，实施联合监测、联合执法、应急联动、信息共享。京津冀、长三角、珠三角等区域要于 2015 年底前建立水污染防治联动协作机制。建立严格监管所有污染物排放的水环境保护管理制度。（环境保护部牵头，交通运输部、水利部、农业部、海洋局等参与）

完善水环境监测网络。统一规划设置监测断面（点位）。提升饮用水水源水质全指标监测、水生生物监测、地下水环境监测、化学物质监测及环境风险防控技术支撑能力。2017 年底前，京津冀、长三角、珠三角等区域、海域建成统一的水环境监测网。（环境保护部牵头，发展改革委、国土资源部、住房城乡建设部、交通运输部、水利部、农业部、海洋局等参与）

提高环境监管能力。加强环境监测、环境监察、环境应急等专业技术培训，严格落实执法、监测等人员持证上岗制度，加强基层环保执法力量，具备条件的乡镇（街道）及工业园区要配备必要的环境监管力量。各市、县应自 2016 年起实行环境监管网格化管理。（环境保护部负责）

七、切实加强水环境管理

（二十）强化环境质量目标管理。明确各类水体水质保护目标，逐一排查达标状况。未达到水质目标要求的地区要制定达标方案，将治污任务逐一落实到汇水范围内的排污单位，明确防治措施及达标时限，方案报上一级人民政府备案，自 2016 年起，定期向社会公布。对水质不达标的区域实施挂牌督办，必要时采取区域限批等措施。（环境保护部牵头，水利部参与）

（二十一）深化污染物排放总量控制。完善污染物统计监测体系，将工业、城镇生活、农业、移动源等各类污染源纳入调查范围。选择对水环境质量有突出影响的总氮、总磷、重金属等污染物，研究纳入流域、区域污染物排放总量控制约束性指标体系。（环境保护部牵头，发展改革委、工业和信息化部、住房城乡建设部、水利部、农业部等参与）

（二十二）严格环境风险控制。防范环境风险。定期评估沿江河湖库工业企业、工业集聚区环境和健康风险，落实防控措施。评估现有化学物质环境和健康风险，2017 年底前公布优先控制化学品名录，对高风险化学品生产、使用进行严格限制，并逐步淘汰替代。（环境保护部牵头，工业和信息化部、卫生计生委、安全监管总局等参与）

稳妥处置突发水环境污染事件。地方各级人民政府要制定和完善水污染事故处置应急预案，落实责任主体，明确预警预报与响应程序、应急处置及保障措施等内容，依法及时公布预警信息。（环境保护部牵头，住房城乡建设部、水利部、农业部、卫生计生委等参与）

（二十三）全面推行排污许可。依法核发排污许可证。2015 年底前，完成国控重点污染源及排污权有偿使用和交易试点地区污染源排污许可证的核发工作，其他污染源于 2017 年底前完成。（环境保护部负责）

加强许可证管理。以改善水质、防范环境风险为目标，将污染物排放种类、浓度、总量、排放去向等纳入许可证管理范围。禁止无证排污或不按许可证规定排污。强化海上排污监管，研究建立海上污染排放许可证制度。2017 年底前，完成全国排污许可证管理信息平台建设。（环境保护部牵头，海洋局参与）

八、全力保障水生态环境安全

（二十四）保障饮用水水源安全。从水源到水龙头全过程监管饮用水安全。地方各级人民政府及供水单位应定期监测、检测和评估本行政区域内饮用水水源、供水厂出水和用户水龙头水质等饮水安全状况，地级及以上城市自 2016 年起每季度向社会公开。自 2018 年起，所有县级及以上城市饮水安全状况信息都要向社会公开。（环境保护部牵头，发展改革委、财政部、住房城乡建设部、水利部、卫生计生委等参与）

强化饮用水水源环境保护。开展饮用水水源规范化建设，依法清理饮用水水源保护区内违法建筑和排污口。单一水源供水的地级及以上城市应于 2020 年底前基本完成备用水源或应急水源建设，有条件的地方可以适当提前。加强农村

饮用水水源保护和水质检测。（环境保护部牵头，发展改革委、财政部、住房城乡建设部、水利部、卫生计生委等参与）

防治地下水污染。定期调查评估集中式地下水型饮用水水源补给区等区域环境状况。石化生产存贮销售企业和工业园区、矿山开采区、垃圾填埋场等区域应进行必要的防渗处理。加油站地下油罐应于 2017 年底前全部更新为双层罐或完成防渗池设置。报废矿井、钻井、取水井应实施封井回填。公布京津冀等区域内环境风险大、严重影响公众健康的地下水污染场地清单，开展修复试点。（环境保护部牵头，财政部、国土资源部、住房城乡建设部、水利部、商务部等参与）

（二十五）深化重点流域污染防治。编制实施七大重点流域水污染防治规划。研究建立流域水生态环境功能分区管理体系。对化学需氧量、氨氮、总磷、重金属及其他影响人体健康的污染物采取针对性措施，加大整治力度。汇入富营养化湖库的河流应实施总氮排放控制。到 2020 年，长江、珠江总体水质达到优良，松花江、黄河、淮河、辽河在轻度污染基础上进一步改善，海河污染程度得到缓解。三峡库区水质保持良好，南水北调、引滦入津等调水工程确保水质安全。太湖、巢湖、滇池富营养化水平有所好转。白洋淀、乌梁素海、呼伦湖、艾比湖等湖泊污染程度减轻。环境容量较小、生态环境脆弱，环境风险高的地区，应执行水污染物特别排放限值。各地可根据水环境质量改善需要，扩大特别排放限值实施范围。（环境保护部牵头，发展改革委、工业和信息化部、财政部、住房城乡建设部、水利部等参与）

加强良好水体保护。对江河源头及现状水质达到或优于Ⅲ类的江河湖库开展生态环境安全评估，制定实施生态环境保护方案。东江、滦河、千岛湖、南四湖等流域于 2017 年底前完成。浙闽片河流、西南诸河、西北诸河及跨界水体水质保持稳定。（环境保护部牵头，外交部、发展改革委、财政部、水利部、林业局等参与）

（二十六）加强近岸海域环境保护。实施近岸海域污染防治方案。重点整治黄河口、长江口、闽江口、珠江口、辽东湾、渤海湾、胶州湾、杭州湾、北部湾等河口海湾污染。沿海地级及以上城市实施总氮排放总量控制。研究建立重点海域排污总量控制制度。规范入海排污口设置，2017 年底前全面清理非法或设

置不合理的入海排污口。到 2020 年，沿海省（区、市）入海河流基本消除劣于
V 类的水体。提高涉海项目准入门槛。（环境保护部、海洋局牵头，发展改革委、
工业和信息化部、财政部、住房城乡建设部、交通运输部、农业部等参与）

推进生态健康养殖。在重点河湖及近岸海域划定限制养殖区。实施水产养
殖池塘、近海养殖网箱标准化改造，鼓励有条件的渔业企业开展海洋离岸养殖和
集约化养殖。积极推广人工配合饲料，逐步减少冰鲜杂鱼饲料使用。加强养殖投
入品管理，依法规范、限制使用抗生素等化学药品，开展专项整治。到 2015 年，
海水养殖面积控制在 220 万公顷左右。（农业部负责）

严格控制环境激素类化学品污染。2017 年底前完成环境激素类化学品生产
使用情况调查，监控评估水源地、农产品种植区及水产品集中养殖区风险，实施
环境激素类化学品淘汰、限制、替代等措施。（环境保护部牵头，工业和信息化
部、农业部等参与）

（二十七）整治城市黑臭水体。采取控源截污、垃圾清理、清淤疏浚、生
态修复等措施，加大黑臭水体治理力度，每半年向社会公布治理情况。地级及以
上城市建成区应于 2015 年底前完成水体排查，公布黑臭水体名称、责任人及达
标期限；于 2017 年底前实现河面无大面积漂浮物，河岸无垃圾，无违法排污口；
于 2020 年底前完成黑臭水体治理目标。直辖市、省会城市、计划单列市建成区
要于 2017 年底前基本消除黑臭水体。（住房城乡建设部牵头，环境保护部、水利部、
农业部等参与）

（二十八）保护水和湿地生态系统。加强河湖水生态保护，科学划定生态
保护红线。禁止侵占自然湿地等水源涵养空间，已侵占的要限期予以恢复。强化
水源涵养林建设与保护，开展湿地保护与修复，加大退耕还林、还草、还湿力度。
加强滨河（湖）带生态建设，在河道两侧建设植被缓冲带和隔离带。加大水生野
生动植物类自然保护区和水产种质资源保护区保护力度，开展珍稀濒危水生生物
和重要水产种质资源的就地和迁地保护，提高水生生物多样性。2017 年底前，
制定实施七大重点流域水生生物多样性保护方案。（环境保护部、林业局牵头，
财政部、国土资源部、住房城乡建设部、水利部、农业部等参与）

保护海洋生态。加大红树林、珊瑚礁、海草床等滨海湿地、河口和海湾典型生态系统，以及产卵场、索饵场、越冬场、洄游通道等重要渔业水域的保护力度，实施增殖放流，建设人工鱼礁。开展海洋生态补偿及赔偿等研究，实施海洋生态修复。认真执行围填海管制计划，严格围填海管理和监督，重点海湾、海洋自然保护区的核心区及缓冲区、海洋特别保护区的重点保护区及预留区、重点河口区域、重要滨海湿地区域、重要砂质岸线及沙源保护海域、特殊保护海岛及重要渔业海域禁止实施围填海，生态脆弱敏感区、自净能力差的海域严格限制围填海。严肃查处违法围填海行为，追究相关人员责任。将自然海岸线保护纳入沿海地方政府政绩考核。到2020年，全国自然岸线保有率不低于35%（不包括海岛岸线）。（环境保护部、海洋局牵头，发展改革委、财政部、农业部、林业局等参与）

九、明确和落实各方责任

（二十九）强化地方政府水环境保护责任。各级地方人民政府是实施本行动计划的主体，要于2015年底前分别制定并公布水污染防治工作方案，逐年确定分流域、分区域、分行业的重点任务和年度目标。要不断完善政策措施，加大资金投入，统筹城乡水污染治理，强化监管，确保各项任务全面完成。各省（区、市）工作方案报国务院备案。（环境保护部牵头，发展改革委、财政部、住房城乡建设部、水利部等参与）

（三十）加强部门协调联动。建立全国水污染防治工作协作机制，定期研究解决重大问题。各有关部门要认真按照职责分工，切实做好水污染防治相关工作。环境保护部要加强统一指导、协调和监督，工作进展及时向国务院报告。（环境保护部牵头，发展改革委、科技部、工业和信息化部、财政部、住房城乡建设部、水利部、农业部、海洋局等参与）

（三十一）落实排污单位主体责任。各类排污单位要严格执行环保法律法规和制度，加强污染治理设施建设和运行管理，开展自行监测，落实治污减排、环境风险防范等责任。中央企业和国有企业要带头落实，工业集聚区内的企业要探索建立环保自律机制。（环境保护部牵头，国资委参与）

（三十二）严格目标任务考核。国务院与各省（区、市）人民政府签订水污染防治目标责任书，分解落实目标任务，切实落实"一岗双责"。每年分流域、分区域、分海域对行动计划实施情况进行考核，考核结果向社会公布，并作为对领导班子和领导干部综合考核评价的重要依据。（环境保护部牵头，中央组织部参与）

将考核结果作为水污染防治相关资金分配的参考依据。（财政部、发展改革委牵头，环境保护部参与）

对未通过年度考核的，要约谈省级人民政府及其相关部门有关负责人，提出整改意见，予以督促；对有关地区和企业实施建设项目环评限批。对因工作不力、履职缺位等导致未能有效应对水环境污染事件的，以及干预、伪造数据和没有完成年度目标任务的，要依法依纪追究有关单位和人员责任。对不顾生态环境盲目决策，导致水环境质量恶化，造成严重后果的领导干部，要记录在案，视情节轻重，给予组织处理或党纪政纪处分，已经离任的也要终身追究责任。（环境保护部牵头，监察部参与）

十、强化公众参与和社会监督

（三十三）依法公开环境信息。综合考虑水环境质量及达标情况等因素，国家每年公布最差、最好的10个城市名单和各省（区、市）水环境状况。对水环境状况差的城市，经整改后仍达不到要求的，取消其环境保护模范城市、生态文明建设示范区、节水型城市、园林城市、卫生城市等荣誉称号，并向社会公告。（环境保护部牵头，发展改革委、住房城乡建设部、水利部、卫生计生委、海洋局等参与）

各省（区、市）人民政府要定期公布本行政区域内各地级市（州、盟）水环境质量状况。国家确定的重点排污单位应依法向社会公开其产生的主要污染物名称、排放方式、排放浓度和总量、超标排放情况，以及污染防治设施的建设和运行情况，主动接受监督。研究发布工业集聚区环境友好指数、重点行业污染物排放强度、城市环境友好指数等信息。（环境保护部牵头，发展改革委、工业和信息化部等参与）

（三十四）加强社会监督。为公众、社会组织提供水污染防治法规培训和咨询，邀请其全程参与重要环保执法行动和重大水污染事件调查。公开曝光环境违法典型案件。健全举报制度，充分发挥"12369"环保举报热线和网络平台作用。限期办理群众举报投诉的环境问题，一经查实，可给予举报人奖励。通过公开听证、网络征集等形式，充分听取公众对重大决策和建设项目的意见。积极推行环境公益诉讼。（环境保护部负责）

（三十五）构建全民行动格局。树立"节水洁水，人人有责"的行为准则。加强宣传教育，把水资源、水环境保护和水情知识纳入国民教育体系，提高公众对经济社会发展和环境保护客观规律的认识。依托全国中小学节水教育、水土保持教育、环境教育等社会实践基地，开展环保社会实践活动。支持民间环保机构、志愿者开展工作。倡导绿色消费新风尚，开展环保社区、学校、家庭等群众性创建活动，推动节约用水，鼓励购买使用节水产品和环境标志产品。（环境保护部牵头，教育部、住房城乡建设部、水利部等参与）

我国正处于新型工业化、信息化、城镇化和农业现代化快速发展阶段，水污染防治任务繁重艰巨。各地区、各有关部门要切实处理好经济社会发展和生态文明建设的关系，按照"地方履行属地责任、部门强化行业管理"的要求，明确执法主体和责任主体，做到各司其职，恪尽职守，突出重点，综合整治，务求实效，以抓铁有痕、踏石留印的精神，依法依规狠抓贯彻落实，确保全国水环境治理与保护目标如期实现，为实现"两个一百年"奋斗目标和中华民族伟大复兴中国梦作出贡献。

（中国政府网 2015 年 4 月 16 日）

国务院关于印发土壤污染防治行动计划的通知

（2016 年 5 月 28 日）

国发〔2016〕31 号

各省、自治区、直辖市人民政府，国务院各部委、各直属机构：

现将《土壤污染防治行动计划》印发给你们，请认真贯彻执行。

国务院

2016 年 5 月 28 日

土壤污染防治行动计划

土壤是经济社会可持续发展的物质基础，关系人民群众身体健康，关系美丽中国建设。保护好土壤环境是推进生态文明建设和维护国家生态安全的重要内容。当前，我国土壤环境总体状况堪忧，部分地区污染较为严重，已成为全面建成小康社会的突出短板之一。为切实加强土壤污染防治，逐步改善土壤环境质量，制定本行动计划。

总体要求：全面贯彻党的十八大和十八届三中、四中、五中全会精神，按照"五位一体"总体布局和"四个全面"战略布局，牢固树立创新、协调、绿色、开放、共享的新发展理念，认真落实党中央、国务院决策部署，立足我国国情和发展阶段，着眼经济社会发展全局，以改善土壤环境质量为核心，以保障农产品质量和人居环境安全为出发点，坚持预防为主、保护优先、风险管控，突出重点区域、行业和污染物，实施分类别、分用途、分阶段治理，严控新增污染、逐步减少存量，形成政府主导、企业担责、公众参与、社会监督的土壤污染防治体系，促进土壤资源永续利用，为建设"蓝天常在、青山常在、绿水常在"的美丽中国而奋斗。

工作目标：到2020年，全国土壤污染加重趋势得到初步遏制，土壤环境质量总体保持稳定，农用地和建设用地土壤环境安全得到基本保障，土壤环境风险得到基本管控。到2030年，全国土壤环境质量稳中向好，农用地和建设用地土壤环境安全得到有效保障，土壤环境风险得到全面管控。到本世纪中叶，土壤环境质量全面改善，生态系统实现良性循环。

主要指标：到2020年，受污染耕地安全利用率达到90%左右，污染地块安全利用率达到90%以上。到2030年，受污染耕地安全利用率达到95%以上，污染地块安全利用率达到95%以上。

一、开展土壤污染调查，掌握土壤环境质量状况

（一）深入开展土壤环境质量调查。在现有相关调查基础上，以农用地和重点行业企业用地为重点，开展土壤污染状况详查，2018 年底前查明农用地土壤污染的面积、分布及其对农产品质量的影响；2020 年底前掌握重点行业企业用地中的污染地块分布及其环境风险情况。制定详查总体方案和技术规定，开展技术指导、监督检查和成果审核。建立土壤环境质量状况定期调查制度，每 10 年开展 1 次。（环境保护部牵头，财政部、国土资源部、农业部、国家卫生计生委等参与，地方各级人民政府负责落实。以下均需地方各级人民政府落实，不再列出）

（二）建设土壤环境质量监测网络。统一规划、整合优化土壤环境质量监测点位，2017 年底前，完成土壤环境质量国控监测点位设置，建成国家土壤环境质量监测网络，充分发挥行业监测网作用，基本形成土壤环境监测能力。各省（区、市）每年至少开展 1 次土壤环境监测技术人员培训。各地可根据工作需要，补充设置监测点位，增加特征污染物监测项目，提高监测频次。2020 年底前，实现土壤环境质量监测点位所有县（市、区）全覆盖。（环境保护部牵头，国家发展改革委、工业和信息化部、国土资源部、农业部等参与）

（三）提升土壤环境信息化管理水平。利用环境保护、国土资源、农业等部门相关数据，建立土壤环境基础数据库，构建全国土壤环境信息化管理平台，力争 2018 年底前完成。借助移动互联网、物联网等技术，拓宽数据获取渠道，实现数据动态更新。加强数据共享，编制资源共享目录，明确共享权限和方式，发挥土壤环境大数据在污染防治、城乡规划、土地利用、农业生产中的作用。（环境保护部牵头，国家发展改革委、教育部、科技部、工业和信息化部、国土资源部、住房城乡建设部、农业部、国家卫生计生委、国家林业局等参与）

二、推进土壤污染防治立法，建立健全法规标准体系

（四）加快推进立法进程。配合完成土壤污染防治法起草工作。适时修订污染防治、城乡规划、土地管理、农产品质量安全相关法律法规，增加土壤污染

防治有关内容。2016年底前，完成农药管理条例修订工作，发布污染地块土壤环境管理办法、农用地土壤环境管理办法。2017年底前，出台农药包装废弃物回收处理、工矿用地土壤环境管理、废弃农膜回收利用等部门规章。到2020年，土壤污染防治法律法规体系基本建立。各地可结合实际，研究制定土壤污染防治地方性法规。（国务院法制办、环境保护部牵头，工业和信息化部、国土资源部、住房城乡建设部、农业部、国家林业局等参与）

（五）系统构建标准体系。健全土壤污染防治相关标准和技术规范。2017年底前，发布农用地、建设用地土壤环境质量标准；完成土壤环境监测、调查评估、风险管控、治理与修复等技术规范以及环境影响评价技术导则制修订工作；修订肥料、饲料、灌溉用水中有毒有害物质限量和农用污泥中污染物控制等标准，进一步严格污染物控制要求；修订农膜标准，提高厚度要求，研究制定可降解农膜标准；修订农药包装标准，增加防止农药包装废弃物污染土壤的要求。适时修订污染物排放标准，进一步明确污染物特别排放限值要求。完善土壤中污染物分析测试方法，研制土壤环境标准样品。各地可制定严于国家标准的地方土壤环境质量标准。（环境保护部牵头，工业和信息化部、国土资源部、住房城乡建设部、水利部、农业部、质检总局、国家林业局等参与）

（六）全面强化监管执法。明确监管重点。重点监测土壤中镉、汞、砷、铅、铬等重金属和多环芳烃、石油烃等有机污染物，重点监管有色金属矿采选、有色金属冶炼、石油开采、石油加工、化工、焦化、电镀、制革等行业，以及产粮（油）大县、地级以上城市建成区等区域。（环境保护部牵头，工业和信息化部、国土资源部、住房城乡建设部、农业部等参与）

加大执法力度。将土壤污染防治作为环境执法的重要内容，充分利用环境监管网格，加强土壤环境日常监管执法。严厉打击非法排放有毒有害污染物、违法违规存放危险化学品、非法处置危险废物、不正常使用污染治理设施、监测数据弄虚作假等环境违法行为。开展重点行业企业专项环境执法，对严重污染土壤环境、群众反映强烈的企业进行挂牌督办。改善基层环境执法条件，配备必要的土壤污染快速检测等执法装备。对全国环境执法人员每3年开展1轮土壤污染防治专业技术培训。提高突发环境事件应急能力，完善各级环境污染事件应急预案，加强环境应急管理、技术支撑、处置救援能力建设。（环境保护部牵头，工业和信息化部、公安部、国土资源部、住房城乡建设部、农业部、安全监管总局、国家林业局等参与）

三、实施农用地分类管理，保障农业生产环境安全

（七）划定农用地土壤环境质量类别。按污染程度将农用地划为三个类别，未污染和轻微污染的划为优先保护类，轻度和中度污染的划为安全利用类，重度污染的划为严格管控类，以耕地为重点，分别采取相应管理措施，保障农产品质量安全。2017年底前，发布农用地土壤环境质量类别划分技术指南。以土壤污染状况详查结果为依据，开展耕地土壤和农产品协同监测与评价，在试点基础上有序推进耕地土壤环境质量类别划定，逐步建立分类清单，2020年底前完成。划定结果由各省级人民政府审定，数据上传全国土壤环境信息化管理平台。根据土地利用变更和土壤环境质量变化情况，定期对各类别耕地面积、分布等信息进行更新。有条件的地区要逐步开展林地、草地、园地等其他农用地土壤环境质量类别划定等工作。（环境保护部、农业部牵头，国土资源部、国家林业局等参与）

（八）切实加大保护力度。各地要将符合条件的优先保护类耕地划为永久基本农田，实行严格保护，确保其面积不减少、土壤环境质量不下降，除法律规定的重点建设项目选址确实无法避让外，其他任何建设不得占用。产粮（油）大县要制定土壤环境保护方案。高标准农田建设项目向优先保护类耕地集中的地区倾斜。推行秸秆还田、增施有机肥、少耕免耕、粮豆轮作、农膜减量与回收利用等措施。继续开展黑土地保护利用试点。农村土地流转的受让方要履行土壤保护的责任，避免因过度施肥、滥用农药等掠夺式农业生产方式造成土壤环境质量下降。各省级人民政府要对本行政区域内优先保护类耕地面积减少或土壤环境质量下降的县（市、区），进行预警提醒并依法采取环评限批等限制性措施。（国土资源部、农业部牵头，国家发展改革委、环境保护部、水利部等参与）

防控企业污染。严格控制在优先保护类耕地集中区域新建有色金属冶炼、

石油加工、化工、焦化、电镀、制革等行业企业，现有相关行业企业要采用新技术、新工艺，加快提标升级改造步伐。（环境保护部、国家发展改革委牵头，工业和信息化部参与）

（九）着力推进安全利用。根据土壤污染状况和农产品超标情况，安全利用类耕地集中的县（市、区）要结合当地主要作物品种和种植习惯，制定实施受污染耕地安全利用方案，采取农艺调控、替代种植等措施，降低农产品超标风险。强化农产品质量检测。加强对农民、农民合作社的技术指导和培训。2017 年底前，出台受污染耕地安全利用技术指南。到 2020 年，轻度和中度污染耕地实现安全利用的面积达到 4000 万亩。（农业部牵头，国土资源部等参与）

（十）全面落实严格管控。加强对严格管控类耕地的用途管理，依法划定特定农产品禁止生产区域，严禁种植食用农产品；对威胁地下水、饮用水水源安全的，有关县（市、区）要制定环境风险管控方案，并落实有关措施。研究将严格管控类耕地纳入国家新一轮退耕还林还草实施范围，制定实施重度污染耕地种植结构调整或退耕还林还草计划。继续在湖南长株潭地区开展重金属污染耕地修复及农作物种植结构调整试点。实行耕地轮作休耕制度试点。到 2020 年，重度污染耕地种植结构调整或退耕还林还草面积力争达到 2000 万亩。（农业部牵头，国家发展改革委、财政部、国土资源部、环境保护部、水利部、国家林业局参与）

（十一）加强林地草地园地土壤环境管理。严格控制林地、草地、园地的农药使用量，禁止使用高毒、高残留农药。完善生物农药、引诱剂管理制度，加大使用推广力度。优先将重度污染的牧草地集中区域纳入禁牧休牧实施范围。加强对重度污染林地、园地产出食用农（林）产品质量检测，发现超标的，要采取种植结构调整等措施。（农业部、国家林业局负责）

四、实施建设用地准入管理，防范人居环境风险

（十二）明确管理要求。建立调查评估制度。2016 年底前，发布建设用地土壤环境调查评估技术规定。自 2017 年起，对拟收回土地使用权的有色金属冶炼、石油加工、化工、焦化、电镀、制革等行业企业用地，以及用途拟变更为居

住和商业、学校、医疗、养老机构等公共设施的上述企业用地，由土地使用权人负责开展土壤环境状况调查评估；已经收回的，由所在地市、县级人民政府负责开展调查评估。自2018年起，重度污染农用地转为城镇建设用地的，由所在地市、县级人民政府负责组织开展调查评估。调查评估结果向所在地环境保护、城乡规划、国土资源部门备案。（环境保护部牵头，国土资源部、住房城乡建设部参与）

分用途明确管理措施。自2017年起，各地要结合土壤污染状况详查情况，根据建设用地土壤环境调查评估结果，逐步建立污染地块名录及其开发利用的负面清单，合理确定土地用途。符合相应规划用地土壤环境质量要求的地块，可进入用地程序。暂不开发利用或现阶段不具备治理修复条件的污染地块，由所在地县级人民政府组织划定管控区域，设立标识，发布公告，开展土壤、地表水、地下水、空气环境监测；发现污染扩散的，有关责任主体要及时采取污染物隔离、阻断等环境风险管控措施。（国土资源部牵头，环境保护部、住房城乡建设部、水利部等参与）

（十三）落实监管责任。地方各级城乡规划部门要结合土壤环境质量状况，加强城乡规划论证和审批管理。地方各级国土资源部门要依据土地利用总体规划、城乡规划和地块土壤环境质量状况，加强土地征收、收回、收购以及转让、改变用途等环节的监管。地方各级环境保护部门要加强对建设用地土壤环境状况调查、风险评估和污染地块治理与修复活动的监管。建立城乡规划、国土资源、环境保护等部门间的信息沟通机制，实行联动监管。（国土资源部、环境保护部、住房城乡建设部负责）

（十四）严格用地准入。将建设用地土壤环境管理要求纳入城市规划和供地管理，土地开发利用必须符合土壤环境质量要求。地方各级国土资源、城乡规划等部门在编制土地利用总体规划、城市总体规划、控制性详细规划等相关规划时，应充分考虑污染地块的环境风险，合理确定土地用途。（国土资源部、住房城乡建设部牵头，环境保护部参与）

五、强化未污染土壤保护，严控新增土壤污染

（十五）加强未利用地环境管理。按照科学有序原则开发利用未利用地，防止造成土壤污染。拟开发为农用地的，有关县（市、区）人民政府要组织开展土壤环境质量状况评估；不符合相应标准的，不得种植食用农产品。各地要加强纳入耕地后备资源的未利用地保护，定期开展巡查。依法严查向沙漠、滩涂、盐碱地、沼泽地等非法排污、倾倒有毒有害物质的环境违法行为。加强对矿山、油田等矿产资源开采活动影响区域内未利用地的环境监管，发现土壤污染问题的，要及时督促有关企业采取防治措施。推动盐碱地土壤改良，自2017年起，在新疆生产建设兵团等地开展利用燃煤电厂脱硫石膏改良盐碱地试点。（环境保护部、国土资源部牵头，国家发展改革委、公安部、水利部、农业部、国家林业局等参与）

（十六）防范建设用地新增污染。排放重点污染物的建设项目，在开展环境影响评价时，要增加对土壤环境影响的评价内容，并提出防范土壤污染的具体措施；需要建设的土壤污染防治设施，要与主体工程同时设计、同时施工、同时投产使用；有关环境保护部门要做好有关措施落实情况的监督管理工作。自2017年起，有关地方人民政府要与重点行业企业签订土壤污染防治责任书，明确相关措施和责任，责任书向社会公开。（环境保护部负责）

（十七）强化空间布局管控。加强规划区划和建设项目布局论证，根据土壤等环境承载能力，合理确定区域功能定位、空间布局。鼓励工业企业集聚发展，提高土地节约集约利用水平，减少土壤污染。严格执行相关行业企业布局选址要求，禁止在居民区、学校、医疗和养老机构等周边新建有色金属冶炼、焦化等行业企业；结合推进新型城镇化、产业结构调整和化解过剩产能等，有序搬迁或依法关闭对土壤造成严重污染的现有企业。结合区域功能定位和土壤污染防治需要，科学布局生活垃圾处理、危险废物处置、废旧资源再生利用等设施和场所，合理确定畜禽养殖布局和规模。（国家发展改革委牵头，工业和信息化部、国土资源部、环境保护部、住房城乡建设部、水利部、农业部、国家林业局等参与）

六、加强污染源监管，做好土壤污染预防工作

（十八）严控工矿污染。加强日常环境监管。各地要根据工矿企业分布和污染排放情况，确定土壤环境重点监管企业名单，实行动态更新，并向社会公布。列入名单的企业每年要自行对其用地进行土壤环境监测，结果向社会公开。有关环境保护部门要定期对重点监管企业和工业园区周边开展监测，数据及时上传全国土壤环境信息化管理平台，结果作为环境执法和风险预警的重要依据。适时修订国家鼓励的有毒有害原料（产品）替代品目录。加强电器电子、汽车等工业产品中有害物质控制。有色金属冶炼、石油加工、化工、焦化、电镀、制革等行业企业拆除生产设施设备、构筑物和污染治理设施，要事先制定残留污染物清理和安全处置方案，并报所在地县级环境保护、工业和信息化部门备案；要严格按照有关规定实施安全处理处置，防范拆除活动污染土壤。2017 年底前，发布企业拆除活动污染防治技术规定。（环境保护部、工业和信息化部负责）

严防矿产资源开发污染土壤。自 2017 年起，内蒙古、江西、河南、湖北、湖南、广东、广西、四川、贵州、云南、陕西、甘肃、新疆等省（区）矿产资源开发活动集中的区域，执行重点污染物特别排放限值。全面整治历史遗留尾矿库，完善覆膜、压土、排洪、堤坝加固等隐患治理和闭库措施。有重点监管尾矿库的企业要开展环境风险评估，完善污染治理设施，储备应急物资。加强对矿产资源开发利用活动的辐射安全监管，有关企业每年要对本矿区土壤进行辐射环境监测。（环境保护部、安全监管总局牵头，工业和信息化部、国土资源部参与）

加强涉重金属行业污染防控。严格执行重金属污染物排放标准并落实相关总量控制指标，加大监督检查力度，对整改后仍不达标的企业，依法责令其停业、关闭，并将企业名单向社会公开。继续淘汰涉重金属重点行业落后产能，完善重金属相关行业准入条件，禁止新建落后产能或产能严重过剩行业的建设项目。按计划逐步淘汰普通照明白炽灯。提高铅酸蓄电池等行业落后产能淘汰标准，逐步退出落后产能。制定涉重金属重点工业行业清洁生产技术推行方案，鼓励企业采用先进适用生产工艺和技术。2020 年重点行业的重点重金属排放量要比 2013 年

下降 10%。（环境保护部、工业和信息化部牵头，国家发展改革委参与）

加强工业废物处理处置。全面整治尾矿、煤矸石、工业副产石膏、粉煤灰、赤泥、冶炼渣、电石渣、铬渣、砷渣以及脱硫、脱硝、除尘产生固体废物的堆存场所，完善防扬散、防流失、防渗漏等设施，制定整治方案并有序实施。加强工业固体废物综合利用。对电子废物、废轮胎、废塑料等再生利用活动进行清理整顿，引导有关企业采用先进适用加工工艺、集聚发展，集中建设和运营污染治理设施，防止污染土壤和地下水。自 2017 年起，在京津冀、长三角、珠三角等地区的部分城市开展污水与污泥、废气与废渣协同治理试点。（环境保护部、国家发展改革委牵头，工业和信息化部、国土资源部参与）

（十九）控制农业污染。合理使用化肥农药。鼓励农民增施有机肥，减少化肥使用量。科学施用农药，推行农作物病虫害专业化统防统治和绿色防控，推广高效低毒低残留农药和现代植保机械。加强农药包装废弃物回收处理，自 2017 年起，在江苏、山东、河南、海南等省份选择部分产粮（油）大县和蔬菜产业重点县开展试点；到 2020 年，推广到全国 30% 的产粮（油）大县和所有蔬菜产业重点县。推行农业清洁生产，开展农业废弃物资源化利用试点，形成一批可复制、可推广的农业面源污染防治技术模式。严禁将城镇生活垃圾、污泥、工业废物直接用作肥料。到 2020 年，全国主要农作物化肥、农药使用量实现零增长，利用率提高到 40% 以上，测土配方施肥技术推广覆盖率提高到 90% 以上。（农业部牵头，国家发展改革委、环境保护部、住房城乡建设部、供销合作总社等参与）

加强废弃农膜回收利用。严厉打击违法生产和销售不合格农膜的行为。建立健全废弃农膜回收贮运和综合利用网络，开展废弃农膜回收利用试点；到 2020 年，河北、辽宁、山东、河南、甘肃、新疆等农膜使用量较高省份力争实现废弃农膜全面回收利用。（农业部牵头，国家发展改革委、工业和信息化部、公安部、工商总局、供销合作总社等参与）

强化畜禽养殖污染防治。严格规范兽药、饲料添加剂的生产和使用，防止过量使用，促进源头减量。加强畜禽粪便综合利用，在部分生猪大县开展种养业有机结合、循环发展试点。鼓励支持畜禽粪便处理利用设施建设，到 2020 年，

规模化养殖场、养殖小区配套建设废弃物处理设施比例达到75%以上。（农业部牵头，国家发展改革委、环境保护部参与）

加强灌溉水水质管理。开展灌溉水水质监测。灌溉用水应符合农田灌溉水水质标准。对因长期使用污水灌溉导致土壤污染严重、威胁农产品质量安全的，要及时调整种植结构。（水利部牵头，农业部参与）

（二十）减少生活污染。建立政府、社区、企业和居民协调机制，通过分类投放收集、综合循环利用，促进垃圾减量化、资源化、无害化。建立村庄保洁制度，推进农村生活垃圾治理，实施农村生活污水治理工程。整治非正规垃圾填埋场。深入实施"以奖促治"政策，扩大农村环境连片整治范围。推进水泥窑协同处置生活垃圾试点。鼓励将处理达标后的污泥用于园林绿化。开展利用建筑垃圾生产建材产品等资源化利用示范。强化废氧化汞电池、镍镉电池、铅酸蓄电池和含汞荧光灯管、温度计等含重金属废物的安全处置。减少过度包装，鼓励使用环境标志产品。（住房城乡建设部牵头，国家发展改革委、工业和信息化部、财政部、环境保护部参与）

七、开展污染治理与修复，改善区域土壤环境质量

（二十一）明确治理与修复主体。按照"谁污染，谁治理"原则，造成土壤污染的单位或个人要承担治理与修复的主体责任。责任主体发生变更的，由变更后继承其债权、债务的单位或个人承担相关责任；土地使用权依法转让的，由土地使用权受让人或双方约定的责任人承担相关责任。责任主体灭失或责任主体不明确的，由所在地县级人民政府依法承担相关责任。（环境保护部牵头，国土资源部、住房城乡建设部参与）

（二十二）制定治理与修复规划。各省（区、市）要以影响农产品质量和人居环境安全的突出土壤污染问题为重点，制定土壤污染治理与修复规划，明确重点任务、责任单位和分年度实施计划，建立项目库，2017年底前完成。规划报环境保护部备案。京津冀、长三角、珠三角地区要率先完成。（环境保护部牵头，国土资源部、住房城乡建设部、农业部等参与）

（二十三）有序开展治理与修复。确定治理与修复重点。各地要结合城市环境质量提升和发展布局调整，以拟开发建设居住、商业、学校、医疗和养老机构等项目的污染地块为重点，开展治理与修复。在江西、湖北、湖南、广东、广西、四川、贵州、云南等省份污染耕地集中区域优先组织开展治理与修复；其他省份要根据耕地土壤污染程度、环境风险及其影响范围，确定治理与修复的重点区域。到 2020 年，受污染耕地治理与修复面积达到 1000 万亩。（国土资源部、农业部、环境保护部牵头，住房城乡建设部参与）

强化治理与修复工程监管。治理与修复工程原则上在原址进行，并采取必要措施防止污染土壤挖掘、堆存等造成二次污染；需要转运污染土壤的，有关责任单位要将运输时间、方式、线路和污染土壤数量、去向、最终处置措施等，提前向所在地和接收地环境保护部门报告。工程施工期间，责任单位要设立公告牌，公开工程基本情况、环境影响及其防范措施；所在地环境保护部门要对各项环境保护措施落实情况进行检查。工程完工后，责任单位要委托第三方机构对治理与修复效果进行评估，结果向社会公开。实行土壤污染治理与修复终身责任制，2017 年底前，出台有关责任追究办法。（环境保护部牵头，国土资源部、住房城乡建设部、农业部参与）

（二十四）监督目标任务落实。各省级环境保护部门要定期向环境保护部报告土壤污染治理与修复工作进展；环境保护部要会同有关部门进行督导检查。各省（区、市）要委托第三方机构对本行政区域各县（市、区）土壤污染治理与修复成效进行综合评估，结果向社会公开。2017 年底前，出台土壤污染治理与修复成效评估办法。（环境保护部牵头，国土资源部、住房城乡建设部、农业部参与）

八、加大科技研发力度，推动环境保护产业发展

（二十五）加强土壤污染防治研究。整合高等学校、研究机构、企业等科研资源，开展土壤环境基准、土壤环境容量与承载能力、污染物迁移转化规律、污染生态效应、重金属低积累作物和修复植物筛选，以及土壤污染与农产品质量、

人体健康关系等方面基础研究。推进土壤污染诊断、风险管控、治理与修复等共性关键技术研究，研发先进适用装备和高效低成本功能材料（药剂），强化卫星遥感技术应用，建设一批土壤污染防治实验室、科研基地。优化整合科技计划（专项、基金等），支持土壤污染防治研究。（科技部牵头，国家发展改革委、教育部、工业和信息化部、国土资源部、环境保护部、住房城乡建设部、农业部、国家卫生计生委、国家林业局、中科院等参与）

（二十六）加大适用技术推广力度。建立健全技术体系。综合土壤污染类型、程度和区域代表性，针对典型受污染农用地、污染地块，分批实施200个土壤污染治理与修复技术应用试点项目，2020年底前完成。根据试点情况，比选形成一批易推广、成本低、效果好的适用技术。（环境保护部、财政部牵头，科技部、国土资源部、住房城乡建设部、农业部等参与）

加快成果转化应用。完善土壤污染防治科技成果转化机制，建成以环保为主导产业的高新技术产业开发区等一批成果转化平台。2017年底前，发布鼓励发展的土壤污染防治重大技术装备目录。开展国际合作研究与技术交流，引进消化土壤污染风险识别、土壤污染物快速检测、土壤及地下水污染阻隔等风险管控先进技术和管理经验。（科技部牵头，国家发展改革委、教育部、工业和信息化部、国土资源部、环境保护部、住房城乡建设部、农业部、中科院等参与）

（二十七）推动治理与修复产业发展。放开服务性监测市场，鼓励社会机构参与土壤环境监测评估等活动。通过政策推动，加快完善覆盖土壤环境调查、分析测试、风险评估、治理与修复工程设计和施工等环节的成熟产业链，形成若干综合实力雄厚的龙头企业，培育一批充满活力的中小企业。推动有条件的地区建设产业化示范基地。规范土壤污染治理与修复从业单位和人员管理，建立健全监督机制，将技术服务能力弱、运营管理水平低、综合信用差的从业单位名单通过企业信用信息公示系统向社会公开。发挥"互联网+"在土壤污染治理与修复全产业链中的作用，推进大众创业、万众创新。（国家发展改革委牵头，科技部、工业和信息化部、国土资源部、环境保护部、住房城乡建设部、农业部、商务部、工商总局等参与）

九、发挥政府主导作用，构建土壤环境治理体系

（二十八）强化政府主导。完善管理体制。按照"国家统筹、省负总责、市县落实"原则，完善土壤环境管理体制，全面落实土壤污染防治属地责任。探索建立跨行政区域土壤污染防治联动协作机制。（环境保护部牵头，国家发展改革委、科技部、工业和信息化部、财政部、国土资源部、住房城乡建设部、农业部等参与）

加大财政投入。中央和地方各级财政加大对土壤污染防治工作的支持力度。中央财政整合重金属污染防治专项资金等，设立土壤污染防治专项资金，用于土壤环境调查与监测评估、监督管理、治理与修复等工作。各地应统筹相关财政资金，通过现有政策和资金渠道加大支持，将农业综合开发、高标准农田建设、农田水利建设、耕地保护与质量提升、测土配方施肥等涉农资金，更多用于优先保护类耕地集中的县（市、区）。有条件的省（区、市）可对优先保护类耕地面积增加的县（市、区）予以适当奖励。统筹安排专项建设基金，支持企业对涉重金属落后生产工艺和设备进行技术改造。（财政部牵头，国家发展改革委、工业和信息化部、国土资源部、环境保护部、水利部、农业部等参与）

完善激励政策。各地要采取有效措施，激励相关企业参与土壤污染治理与修复。研究制定扶持有机肥生产、废弃农膜综合利用、农药包装废弃物回收处理等企业的激励政策。在农药、化肥等行业，开展环保领跑者制度试点。（财政部牵头，国家发展改革委、工业和信息化部、国土资源部、环境保护部、住房城乡建设部、农业部、税务总局、供销合作总社等参与）

建设综合防治先行区。2016 年底前，在浙江省台州市、湖北省黄石市、湖南省常德市、广东省韶关市、广西壮族自治区河池市和贵州省铜仁市启动土壤污染综合防治先行区建设，重点在土壤污染源头预防、风险管控、治理与修复、监管能力建设等方面进行探索，力争到 2020 年先行区土壤环境质量得到明显改善。有关地方人民政府要编制先行区建设方案，按程序报环境保护部、财政部备案。京津冀、长三角、珠三角等地区可因地制宜开展先行区建设。（环境保护部、财

政部牵头，国家发展改革委、国土资源部、住房城乡建设部、农业部、国家林业局等参与）

（二十九）发挥市场作用。通过政府和社会资本合作（PPP）模式，发挥财政资金撬动功能，带动更多社会资本参与土壤污染防治。加大政府购买服务力度，推动受污染耕地和以政府为责任主体的污染地块治理与修复。积极发展绿色金融，发挥政策性和开发性金融机构引导作用，为重大土壤污染防治项目提供支持。鼓励符合条件的土壤污染治理与修复企业发行股票。探索通过发行债券推进土壤污染治理与修复，在土壤污染综合防治先行区开展试点。有序开展重点行业企业环境污染强制责任保险试点。（国家发展改革委、环境保护部牵头，财政部、人民银行、银监会、证监会、保监会等参与）

（三十）加强社会监督。推进信息公开。根据土壤环境质量监测和调查结果，适时发布全国土壤环境状况。各省（区、市）人民政府定期公布本行政区域各地级市（州、盟）土壤环境状况。重点行业企业要依据有关规定，向社会公开其产生的污染物名称、排放方式、排放浓度、排放总量，以及污染防治设施建设和运行情况。（环境保护部牵头，国土资源部、住房城乡建设部、农业部等参与）

引导公众参与。实行有奖举报，鼓励公众通过"12369"环保举报热线、信函、电子邮件、政府网站、微信平台等途径，对乱排废水、废气，乱倒废渣、污泥等污染土壤的环境违法行为进行监督。有条件的地方可根据需要聘请环境保护义务监督员，参与现场环境执法、土壤污染事件调查处理等。鼓励种粮大户、家庭农场、农民合作社以及民间环境保护机构参与土壤污染防治工作。（环境保护部牵头，国土资源部、住房城乡建设部、农业部等参与）

推动公益诉讼。鼓励依法对污染土壤等环境违法行为提起公益诉讼。开展检察机关提起公益诉讼改革试点的地区，检察机关可以以公益诉讼人的身份，对污染土壤等损害社会公共利益的行为提起民事公益诉讼；也可以对负有土壤污染防治职责的行政机关，因违法行使职权或者不作为造成国家和社会公共利益受到侵害的行为提起行政公益诉讼。地方各级人民政府和有关部门应当积极配合司法机关的相关案件办理工作和检察机关的监督工作。（最高人民检察院、最高人民

法院牵头，国土资源部、环境保护部、住房城乡建设部、水利部、农业部、国家林业局等参与）

（三十一）开展宣传教育。制定土壤环境保护宣传教育工作方案。制作挂图、视频，出版科普读物，利用互联网、数字化放映平台等手段，结合世界地球日、世界环境日、世界土壤日、世界粮食日、全国土地日等主题宣传活动，普及土壤污染防治相关知识，加强法律法规政策宣传解读，营造保护土壤环境的良好社会氛围，推动形成绿色发展方式和生活方式。把土壤环境保护宣传教育融入党政机关、学校、工厂、社区、农村等的环境宣传和培训工作。鼓励支持有条件的高等学校开设土壤环境专门课程。（环境保护部牵头，中央宣传部、教育部、国土资源部、住房城乡建设部、农业部、新闻出版广电总局、国家网信办、国家粮食局、中国科协等参与）

十、加强目标考核，严格责任追究

（三十二）明确地方政府主体责任。地方各级人民政府是实施本行动计划的主体，要于2016年底前分别制定并公布土壤污染防治工作方案，确定重点任务和工作目标。要加强组织领导，完善政策措施，加大资金投入，创新投融资模式，强化监督管理，抓好工作落实。各省（区、市）工作方案报国务院备案。（环境保护部牵头，国家发展改革委、财政部、国土资源部、住房城乡建设部、农业部等参与）

（三十三）加强部门协调联动。建立全国土壤污染防治工作协调机制，定期研究解决重大问题。各有关部门要按照职责分工，协同做好土壤污染防治工作。环境保护部要抓好统筹协调，加强督促检查，每年2月底前将上年度工作进展情况向国务院报告。（环境保护部牵头，国家发展改革委、科技部、工业和信息化部、财政部、国土资源部、住房城乡建设部、水利部、农业部、国家林业局等参与）

（三十四）落实企业责任。有关企业要加强内部管理，将土壤污染防治纳入环境风险防控体系，严格依法依规建设和运营污染治理设施，确保重点污染物稳定达标排放。造成土壤污染的，应承担损害评估、治理与修复的法律责任。逐步建立土壤污染治理与修复企业行业自律机制。国有企业特别是中央企业要带头落实。（环境保护部牵头，工业和信息化部、国务院国资委等参与）

（二十五）严格评估考核。实行目标责任制。2016年底前，国务院与各省（区、市）人民政府签订土壤污染防治目标责任书，分解落实目标任务。分年度对各省（区、市）重点工作进展情况进行评估，2020年对本行动计划实施情况进行考核，评估和考核结果作为对领导班子和领导干部综合考核评价、自然资源资产离任审计的重要依据。（环境保护部牵头，中央组织部、审计署参与）

评估和考核结果作为土壤污染防治专项资金分配的重要参考依据。（财政部牵头，环境保护部参与）

对年度评估结果较差或未通过考核的省（区、市），要提出限期整改意见，整改完成前，对有关地区实施建设项目环评限批；整改不到位的，要约谈有关省级人民政府及其相关部门负责人。对土壤环境问题突出、区域土壤环境质量明显下降、防治工作不力、群众反映强烈的地区，要约谈有关地市级人民政府和省级人民政府相关部门主要负责人。对失职渎职、弄虚作假的，区分情节轻重，予以诫勉、责令公开道歉、组织处理或党纪政纪处分；对构成犯罪的，要依法追究刑事责任，已经调离、提拔或者退休的，也要终身追究责任。（环境保护部牵头，中央组织部、监察部参与）

我国正处于全面建成小康社会决胜阶段，提高环境质量是人民群众的热切期盼，土壤污染防治任务艰巨。各地区、各有关部门要认清形势，坚定信心，狠抓落实，切实加强污染治理和生态保护，如期实现全国土壤污染防治目标，确保生态环境质量得到改善、各类自然生态系统安全稳定，为建设美丽中国、实现"两个一百年"奋斗目标和中华民族伟大复兴的中国梦作出贡献。

（中国政府网 2016 年 5 月 31 日）

国务院关于印发打赢蓝天保卫战三年行动计划的通知

（2018 年 6 月 27 日）

国发〔2018〕22 号

各省、自治区、直辖市人民政府，国务院各部委、各直属机构：

现将《打赢蓝天保卫战三年行动计划》印发给你们，请认真贯彻执行。

国务院

2018 年 6 月 27 日

打赢蓝天保卫战三年行动计划

打赢蓝天保卫战，是党的十九大作出的重大决策部署，事关满足人民日益增长的美好生活需要，事关全面建成小康社会，事关经济高质量发展和美丽中国建设。为加快改善环境空气质量，打赢蓝天保卫战，制定本行动计划。

一、总体要求

（一）指导思想。以习近平新时代中国特色社会主义思想为指导，全面贯彻党的十九大和十九届二中、三中全会精神，认真落实党中央、国务院决策部署和全国生态环境保护大会要求，坚持新发展理念，坚持全民共治、源头防治、标本兼治，以京津冀及周边地区、长三角地区、汾渭平原等区域（以下称重点区域）为重点，持续开展大气污染防治行动，综合运用经济、法律、技术和必要的行政手段，大力调整优化产业结构、能源结构、运输结构和用地结构，强化区域联防联控，狠抓秋冬季污染治理，统筹兼顾、系统谋划、精准施策，坚决打赢蓝天保卫战，实现环境效益、经济效益和社会效益多赢。

（二）目标指标。经过 3 年努力，大幅减少主要大气污染物排放总量，协同减少温室气体排放，进一步明显降低细颗粒物（PM2.5）浓度，明显减少重污染天数，明显改善环境空气质量，明显增强人民的蓝天幸福感。

到 2020 年，二氧化硫、氮氧化物排放总量分别比 2015 年下降 15% 以上；PM2.5 未达标地级及以上城市浓度比 2015 年下降 18% 以上，地级及以上城市空气质量优良天数比率达到 80%，重度及以上污染天数比率比 2015 年下降 25% 以上；提前完成"十三五"目标任务的省份，要保持和巩固改善成果；尚未完成的，要确保全面实现"十三五"约束性目标；北京市环境空气质量改善目标应在"十三五"目标基础上进一步提高。

101

（三）重点区域范围。京津冀及周边地区，包含北京市，天津市，河北省石家庄、唐山、邯郸、邢台、保定、沧州、廊坊、衡水市以及雄安新区，山西省太原、阳泉、长治、晋城市，山东省济南、淄博、济宁、德州、聊城、滨州、菏泽市，河南省郑州、开封、安阳、鹤壁、新乡、焦作、濮阳市等；长三角地区，包含上海市、江苏省、浙江省、安徽省；汾渭平原，包含山西省晋中、运城、临汾、吕梁市，河南省洛阳、三门峡市，陕西省西安、铜川、宝鸡、咸阳、渭南市以及杨凌示范区等。

二、调整优化产业结构，推进产业绿色发展

（四）优化产业布局。各地完成生态保护红线、环境质量底线、资源利用上线、环境准入清单编制工作，明确禁止和限制发展的行业、生产工艺和产业目录。修订完善高耗能、高污染和资源型行业准入条件，环境空气质量未达标城市应制订更严格的产业准入门槛。积极推行区域、规划环境影响评价，新、改、扩建钢铁、石化、化工、焦化、建材、有色等项目的环境影响评价，应满足区域、规划环评要求。（生态环境部牵头，发展改革委、工业和信息化部、自然资源部参与，地方各级人民政府负责落实。以下均需地方各级人民政府落实，不再列出）

加大区域产业布局调整力度。加快城市建成区重污染企业搬迁改造或关闭退出，推动实施一批水泥、平板玻璃、焦化、化工等重污染企业搬迁工程；重点区域城市钢铁企业要切实采取彻底关停、转型发展、就地改造、域外搬迁等方式，推动转型升级。重点区域禁止新增化工园区，加大现有化工园区整治力度。各地已明确的退城企业，要明确时间表，逾期不退城的予以停产。（工业和信息化部、发展改革委、生态环境部等按职责负责）

（五）严控"两高"行业产能。重点区域严禁新增钢铁、焦化、电解铝、铸造、水泥和平板玻璃等产能；严格执行钢铁、水泥、平板玻璃等行业产能置换实施办法；新、改、扩建涉及大宗物料运输的建设项目，原则上不得采用公路运输。（工业和信息化部、发展改革委牵头，生态环境部等参与）

加大落后产能淘汰和过剩产能压减力度。严格执行质量、环保、能耗、安

全等法规标准。修订《产业结构调整指导目录》，提高重点区域过剩产能淘汰标准。重点区域加大独立焦化企业淘汰力度，京津冀及周边地区实施"以钢定焦"，力争2020年炼焦产能与钢铁产能比达到0.4左右。严防"地条钢"死灰复燃。2020年，河北省钢铁产能控制在2亿吨以内；列入去产能计划的钢铁企业，需一并退出配套的烧结、焦炉、高炉等设备。（发展改革委、工业和信息化部牵头，生态环境部、财政部、市场监管总局等参与）

（六）强化"散乱污"企业综合整治。全面开展"散乱污"企业及集群综合整治行动。根据产业政策、产业布局规划，以及土地、环保、质量、安全、能耗等要求，制定"散乱污"企业及集群整治标准。实行拉网式排查，建立管理台账。按照"先停后治"的原则，实施分类处置。列入关停取缔类的，基本做到"两断三清"（切断工业用水、用电，清除原料、产品、生产设备）；列入整合搬迁类的，要按照产业发展规模化、现代化的原则，搬迁至工业园区并实施升级改造；列入升级改造类的，树立行业标杆，实施清洁生产技术改造，全面提升污染治理水平。建立"散乱污"企业动态管理机制，坚决杜绝"散乱污"企业项目建设和已取缔的"散乱污"企业异地转移、死灰复燃。京津冀及周边地区2018年底前全面完成；长三角地区、汾渭平原2019年底前基本完成；全国2020年底前基本完成。（生态环境部、工业和信息化部牵头，发展改革委、市场监管总局、自然资源部等参与）

（七）深化工业污染治理。持续推进工业污染源全面达标排放，将烟气在线监测数据作为执法依据，加大超标处罚和联合惩戒力度，未达标排放的企业一律依法停产整治。建立覆盖所有固定污染源的企业排放许可制度，2020年底前，完成排污许可管理名录规定的行业许可证核发。（生态环境部负责）

推进重点行业污染治理升级改造。重点区域二氧化硫、氮氧化物、颗粒物、挥发性有机物（VOCs）全面执行大气污染物特别排放限值。推动实施钢铁等行业超低排放改造，重点区域城市建成区内焦炉实施炉体加罩封闭，并对废气进行收集处理。强化工业企业无组织排放管控。开展钢铁、建材、有色、火电、焦化、铸造等重点行业及燃煤锅炉无组织排放排查，建立管理台账，对物料（含废渣）运输、装卸、储存、转移和工艺过程等无组织排放实施深度治理，2018年底前京津冀及周边地区基本完成治理任务，长三角地区和汾渭平原2019年底前完成，全国2020年底前基本完成。（生态环境部牵头，发展改革委、工业和信息化部参与）

推进各类园区循环化改造、规范发展和提质增效。大力推进企业清洁生产。对开发区、工业园区、高新区等进行集中整治，限期进行达标改造，减少工业集聚区污染。完善园区集中供热设施，积极推广集中供热。有条件的工业集聚区建设集中喷涂工程中心，配备高效治污设施，替代企业独立喷涂工序。（发展改革委牵头，工业和信息化部、生态环境部、科技部、商务部等参与）

（八）大力培育绿色环保产业。壮大绿色产业规模，发展节能环保产业、清洁生产产业、清洁能源产业，培育发展新动能。积极支持培育一批具有国际竞争力的大型节能环保龙头企业，支持企业技术创新能力建设，加快掌握重大关键核心技术，促进大气治理重点技术装备等产业化发展和推广应用。积极推行节能环保整体解决方案，加快发展合同能源管理、环境污染第三方治理和社会化监测等新业态，培育一批高水平、专业化节能环保服务公司。（发展改革委牵头，工业和信息化部、生态环境部、科技部等参与）

三、加快调整能源结构，构建清洁低碳高效能源体系

（九）有效推进北方地区清洁取暖。坚持从实际出发，宜电则电、宜气则气、宜煤则煤、宜热则热，确保北方地区群众安全取暖过冬。集中资源推进京津冀及周边地区、汾渭平原等区域散煤治理，优先以乡镇或区县为单元整体推进。2020年采暖季前，在保障能源供应的前提下，京津冀及周边地区、汾渭平原的平原地区基本完成生活和冬季取暖散煤替代；对暂不具备清洁能源替代条件的山区，积极推广洁净煤，并加强煤质监管，严厉打击销售使用劣质煤行为。燃气壁挂炉能效不得低于2级水平。（能源局、发展改革委、财政部、生态环境部、住房城乡建设部牵头，市场监管总局等参与）

抓好天然气产供储销体系建设。力争2020年天然气占能源消费总量比重达到10%。新增天然气量优先用于城镇居民和大气污染严重地区的生活和冬季取暖散煤替代，重点支持京津冀及周边地区和汾渭平原，实现"增气减煤"。"煤改

气"坚持"以气定改"，确保安全施工、安全使用、安全管理。有序发展天然气调峰电站等可中断用户，原则上不再新建天然气热电联产和天然气化工项目。限时完成天然气管网互联互通，打通"南气北送"输气通道。加快储气设施建设步伐，2020 年采暖季前，地方政府、城镇燃气企业和上游供气企业的储备能力达到量化指标要求。建立完善调峰用户清单，采暖季实行"压非保民"。（发展改革委、能源局牵头，生态环境部、财政部、住房城乡建设部等参与）

加快农村"煤改电"电网升级改造。制定实施工作方案。电网企业要统筹推进输变电工程建设，满足居民采暖用电需求。鼓励推进蓄热式等电供暖。地方政府对"煤改电"配套电网工程建设应给予支持，统筹协调"煤改电"、"煤改气"建设用地。（能源局、发展改革委牵头，生态环境部、自然资源部参与）

（十）重点区域继续实施煤炭消费总量控制。到 2020 年，全国煤炭占能源消费总量比重下降到 58% 以下；北京、天津、河北、山东、河南五省（直辖市）煤炭消费总量比 2015 年下降 10%，长三角地区下降 5%，汾渭平原实现负增长；新建耗煤项目实行煤炭减量替代。按照煤炭集中使用、清洁利用的原则，重点削减非电力用煤，提高电力用煤比例，2020 年全国电力用煤占煤炭消费总量比重达到 55% 以上。继续推进电能替代燃煤和燃油，替代规模达到 1000 亿度以上。（发展改革委牵头，能源局、生态环境部参与）

制定专项方案，大力淘汰关停环保、能耗、安全等不达标的 30 万千瓦以下燃煤机组。对于关停机组的装机容量、煤炭消费量和污染物排放量指标，允许进行交易或置换，可统筹安排建设等容量超低排放燃煤机组。重点区域严格控制燃煤机组新增装机规模，新增用电量主要依靠区域内非化石能源发电和外送电满足。限时完成重点输电通道建设，在保障电力系统安全稳定运行的前提下，到 2020 年，京津冀、长三角地区接受外送电量比例比 2017 年显著提高。（能源局、发展改革委牵头，生态环境部等参与）

（十一）开展燃煤锅炉综合整治。加大燃煤小锅炉淘汰力度。县级及以上城市建成区基本淘汰每小时 10 蒸吨及以下燃煤锅炉及茶水炉、经营性炉灶、储粮烘干设备等燃煤设施，原则上不再新建每小时 35 蒸吨以下的燃煤锅炉，其他地区原则上不再新建每小时 10 蒸吨以下的燃煤锅炉。环境空气质量未达标城市应进一步加大淘汰力度。重点区域基本淘汰每小时 35 蒸吨以下燃煤锅炉，每小时 65 蒸吨及以上燃煤锅炉全部完成节能和超低排放改造；燃气锅炉基本完成低氮改造；城市建成区生物质锅炉实施超低排放改造。（生态环境部、市场监管总局牵头，发展改革委、住房城乡建设部、工业和信息化部、能源局等参与）

加大对纯凝机组和热电联产机组技术改造力度，加快供热管网建设，充分释放和提高供热能力，淘汰管网覆盖范围内的燃煤锅炉和散煤。在不具备热电联产集中供热条件的地区，现有多台燃煤小锅炉的，可按照等容量替代原则建设大容量燃煤锅炉。2020 年底前，重点区域 30 万千瓦及以上热电联产电厂供热半径 15 公里范围内的燃煤锅炉和落后燃煤小热电全部关停整合。（能源局、发展改革委牵头，生态环境部、住房城乡建设部等参与）

（十二）提高能源利用效率。继续实施能源消耗总量和强度双控行动。健全节能标准体系，大力开发、推广节能高效技术和产品，实现重点用能行业、设备节能标准全覆盖。重点区域新建高耗能项目单位产品（产值）能耗要达到国际先进水平。因地制宜提高建筑节能标准，加大绿色建筑推广力度，引导有条件地区和城市新建建筑全面执行绿色建筑标准。进一步健全能源计量体系，持续推进供热计量改革，推进既有居住建筑节能改造，重点推动北方采暖地区有改造价值的城镇居住建筑节能改造。鼓励开展农村住房节能改造。（发展改革委、住房城乡建设部、市场监管总局牵头，能源局、工业和信息化部等参与）

（十三）加快发展清洁能源和新能源。到 2020 年，非化石能源占能源消费总量比重达到 15%。有序发展水电，安全高效发展核电，优化风能、太阳能开发布局，因地制宜发展生物质能、地热能等。在具备资源条件的地方，鼓励发展县域生物质热电联产、生物质成型燃料锅炉及生物天然气。加大可再生能源消纳力度，基本解决弃水、弃风、弃光问题。（能源局、发展改革委、财政部负责）

四、积极调整运输结构，发展绿色交通体系

（十四）优化调整货物运输结构。大幅提升铁路货运比例。到 2020 年，全

国铁路货运量比 2017 年增长 30%，京津冀及周边地区增长 40%、长三角地区增长 10%、汾渭平原增长 25%。大力推进海铁联运，全国重点港口集装箱铁水联运量年均增长 10% 以上。制定实施运输结构调整行动计划。（发展改革委、交通运输部、铁路局、中国铁路总公司牵头，财政部、生态环境部参与）

推动铁路货运重点项目建设。加大货运铁路建设投入，加快完成蒙华、唐曹、水曹等货运铁路建设。大力提升张唐、瓦日等铁路线煤炭运输量。在环渤海地区、山东省、长三角地区，2018 年底前，沿海主要港口和唐山港、黄骅港的煤炭集港改由铁路或水路运输；2020 年采暖季前，沿海主要港口和唐山港、黄骅港的矿石、焦炭等大宗货物原则上主要改由铁路或水路运输。钢铁、电解铝、电力、焦化等重点企业要加快铁路专用线建设，充分利用已有铁路专用线能力，大幅提高铁路运输比例，2020 年重点区域达到 50% 以上。（发展改革委、交通运输部、铁路局、中国铁路总公司牵头，财政部、生态环境部参与）

大力发展多式联运。依托铁路物流基地、公路港、沿海和内河港口等，推进多式联运型和干支衔接型货运枢纽（物流园区）建设，加快推广集装箱多式联运。建设城市绿色物流体系，支持利用城市现有铁路货场物流货场转型升级为城市配送中心。鼓励发展江海联运、江海直达、滚装运输、甩挂运输等运输组织方式。降低货物运输空载率。（发展改革委、交通运输部牵头，财政部、生态环境部、铁路局、中国铁路总公司参与）

（十五）加快车船结构升级。推广使用新能源汽车。2020 年新能源汽车产销量达到 200 万辆左右。加快推进城市建成区新增和更新的公交、环卫、邮政、出租、通勤、轻型物流配送车辆使用新能源或清洁能源汽车，重点区域使用比例达到 80%；重点区域港口、机场、铁路货场等新增或更换作业车辆主要使用新能源或清洁能源汽车。2020 年底前，重点区域的直辖市、省会城市、计划单列市建成区公交车全部更换为新能源汽车。在物流园、产业园、工业园、大型商业购物中心、农贸批发市场等物流集散地建设集中式充电桩和快速充电桩。为承担物流配送的新能源车辆在城市通行提供便利。（工业和信息化部、交通运输部牵头，财政部、住房城乡建设部、生态环境部、能源局、铁路局、民航局、中国铁路总

公司等参与）

大力淘汰老旧车辆。重点区域采取经济补偿、限制使用、严格超标排放监管等方式，大力推进国三及以下排放标准营运柴油货车提前淘汰更新，加快淘汰采用稀薄燃烧技术和"油改气"的老旧燃气车辆。各地制定营运柴油货车和燃气车辆提前淘汰更新目标及实施计划。2020年底前，京津冀及周边地区、汾渭平原淘汰国三及以下排放标准营运中型和重型柴油货车100万辆以上。2019年7月1日起，重点区域、珠三角地区、成渝地区提前实施国六排放标准。推广使用达到国六排放标准的燃气车辆。（交通运输部、生态环境部牵头，工业和信息化部、公安部、财政部、商务部等参与）

推进船舶更新升级。2018年7月1日起，全面实施新生产船舶发动机第一阶段排放标准。推广使用电、天然气等新能源或清洁能源船舶。长三角地区等重点区域内河应采取禁限行等措施，限制高排放船舶使用，鼓励淘汰使用20年以上的内河航运船舶。（交通运输部牵头，生态环境部、工业和信息化部参与）

（十六）加快油品质量升级。2019年1月1日起，全国全面供应符合国六标准的车用汽柴油，停止销售低于国六标准的汽柴油，实现车用柴油、普通柴油、部分船舶用油"三油并轨"，取消普通柴油标准，重点区域、珠三角地区、成渝地区等提前实施。研究销售前在车用汽柴油中加入符合环保要求的燃油清净增效剂。（能源局、财政部牵头，市场监管总局、商务部、生态环境部等参与）

（十七）强化移动源污染防治。严厉打击新生产销售机动车环保不达标等违法行为。严格新车环保装置检验，在新车销售、检验、登记等场所开展环保装置抽查，保证新车环保装置生产一致性。取消地方环保达标公告和目录审批。构建全国机动车超标排放信息数据库，追溯超标排放机动车生产和进口企业、注册登记地、排放检验机构、维修单位、运输企业等，实现全链条监管。推进老旧柴油车深度治理，具备条件的安装污染控制装置、配备实时排放监控终端，并与生态环境等有关部门联网，协同控制颗粒物和氮氧化物排放，稳定达标的可免于上线排放检验。有条件的城市定期更换出租车三元催化装置。（生态环境部、交通运输部牵头，公安部、工业和信息化部、市场监管总局等参与）

　　加强非道路移动机械和船舶污染防治。开展非道路移动机械摸底调查，划定非道路移动机械低排放控制区，严格管控高排放非道路移动机械，重点区域2019年底前完成。推进排放不达标工程机械、港作机械清洁化改造和淘汰，重点区域港口、机场新增和更换的作业机械主要采用清洁能源或新能源。2019年底前，调整扩大船舶排放控制区范围，覆盖沿海重点港口。推动内河船舶改造，加强颗粒物排放控制，开展减少氮氧化物排放试点工作。（生态环境部、交通运输部、农业农村部负责）

　　推动靠港船舶和飞机使用岸电。加快港口码头和机场岸电设施建设，提高港口码头和机场岸电设施使用率。2020年底前，沿海主要港口50%以上专业化泊位（危险货物泊位除外）具备向船舶供应岸电的能力。新建码头同步规划、设计、建设岸电设施。重点区域沿海港口新增、更换拖船优先使用清洁能源。推广地面电源替代飞机辅助动力装置，重点区域民航机场在飞机停靠期间主要使用岸电。（交通运输部、民航局牵头，发展改革委、财政部、生态环境部、能源局等参与）

五、优化调整用地结构，推进面源污染治理

　　（十八）实施防风固沙绿化工程。建设北方防沙带生态安全屏障，重点加强三北防护林体系建设、京津风沙源治理、太行山绿化、草原保护和防风固沙。推广保护性耕作、林间覆盖等方式，抑制季节性裸地农田扬尘。在城市功能疏解、更新和调整中，将腾退空间优先用于留白增绿。建设城市绿道绿廊，实施"退工还林还草"。大力提高城市建成区绿化覆盖率。（自然资源部牵头，住房城乡建设部、农业农村部、林草局参与）

　　（十九）推进露天矿山综合整治。全面完成露天矿山摸底排查。对违反资源环境法律法规、规划，污染环境、破坏生态、乱采滥挖的露天矿山，依法予以关闭；对污染治理不规范的露天矿山，依法责令停产整治，整治完成并经相关部门组织验收合格后方可恢复生产，对拒不停产或擅自恢复生产的依法强制关闭；对责任主体灭失的露天矿山，要加强修复绿化、减尘抑尘。重点区域原则上禁止新建露天矿山建设项目。加强矸石山治理。（自然资源部牵头，生态环境部等参与）

（二十）加强扬尘综合治理。严格施工扬尘监管。2018 年底前，各地建立施工工地管理清单。因地制宜稳步发展装配式建筑。将施工工地扬尘污染防治纳入文明施工管理范畴，建立扬尘控制责任制度，扬尘治理费用列入工程造价。重点区域建筑施工工地要做到工地周边围挡、物料堆放覆盖、土方开挖湿法作业、路面硬化、出入车辆清洗、渣土车辆密闭运输"六个百分之百"，安装在线监测和视频监控设备，并与当地有关主管部门联网。将扬尘管理工作不到位的不良信息纳入建筑市场信用管理体系，情节严重的，列入建筑市场主体"黑名单"。加强道路扬尘综合整治。大力推进道路清扫保洁机械化作业，提高道路机械化清扫率，2020 年底前，地级及以上城市建成区达到 70% 以上，县城达到 60% 以上，重点区域要显著提高。严格渣土运输车辆规范化管理，渣土运输车要密闭。（住房城乡建设部牵头，生态环境部参与）

实施重点区域降尘考核。京津冀及周边地区、汾渭平原各市平均降尘量不得高于 9 吨 / 月·平方公里；长三角地区不得高于 5 吨 / 月·平方公里，其中苏北、皖北不得高于 7 吨 / 月·平方公里。（生态环境部负责）

（二十一）加强秸秆综合利用和氨排放控制。切实加强秸秆禁烧管控，强化地方各级政府秸秆禁烧主体责任。重点区域建立网格化监管制度，在夏收和秋收阶段开展秸秆禁烧专项巡查。东北地区要针对秋冬季秸秆集中焚烧和采暖季初锅炉集中起炉的问题，制定专项工作方案，加强科学有序疏导。严防因秸秆露天焚烧造成区域性重污染天气。坚持堵疏结合，加大政策支持力度，全面加强秸秆综合利用，到 2020 年，全国秸秆综合利用率达到 85%。（生态环境部、农业农村部、发展改革委按职责负责）

控制农业源氨排放。减少化肥农药使用量，增加有机肥使用量，实现化肥农药使用量负增长。提高化肥利用率，到 2020 年，京津冀及周边地区、长三角地区达到 40% 以上。强化畜禽粪污资源化利用，改善养殖场通风环境，提高畜禽粪污综合利用率，减少氨挥发排放。（农业农村部牵头，生态环境部等参与）

六、实施重大专项行动，大幅降低污染物排放

（二十二）开展重点区域秋冬季攻坚行动。制定并实施京津冀及周边地区、长三角地区、汾渭平原秋冬季大气污染综合治理攻坚行动方案，以减少重污染天气为着力点，狠抓秋冬季大气污染防治，聚焦重点领域，将攻坚目标、任务措施分解落实到城市。各市要制定具体实施方案，督促企业制定落实措施。京津冀及周边地区要以北京为重中之重，雄安新区环境空气质量要力争达到北京市南部地区同等水平。统筹调配全国环境执法力量，实行异地交叉执法、驻地督办，确保各项措施落实到位。（生态环境部牵头，发展改革委、工业和信息化部、财政部、住房城乡建设部、交通运输部、能源局等参与）

（二十三）打好柴油货车污染治理攻坚战。制定柴油货车污染治理攻坚战行动方案，统筹油、路、车治理，实施清洁柴油车（机）、清洁运输和清洁油品行动，确保柴油货车污染排放总量明显下降。加强柴油货车生产销售、注册使用、检验维修等环节的监督管理，建立天地车人一体化的全方位监控体系，实施在用汽车排放检测与强制维护制度。各地开展多部门联合执法专项行动。（生态环境部、交通运输部、财政部、市场监管总局牵头，工业和信息化部、公安部、商务部、能源局等参与）

（二十四）开展工业炉窑治理专项行动。各地制定工业炉窑综合整治实施方案。开展拉网式排查，建立各类工业炉窑管理清单。制定行业规范，修订完善涉各类工业炉窑的环保、能耗等标准，提高重点区域排放标准。加大不达标工业炉窑淘汰力度，加快淘汰中小型煤气发生炉。鼓励工业炉窑使用电、天然气等清洁能源或由周边热电厂供热。重点区域取缔燃煤热风炉，基本淘汰热电联产供热管网覆盖范围内的燃煤加热、烘干炉（窑）；淘汰炉膛直径3米以下燃料类煤气发生炉，加大化肥行业固定床间歇式煤气化炉整改力度；集中使用煤气发生炉的工业园区，暂不具备改用天然气条件的，原则上应建设统一的清洁煤制气中心；禁止掺烧高硫石油焦。将工业炉窑治理作为环保强化督查重点任务，凡未列入清单的工业炉窑均纳入秋冬季错峰生产方案。（生态环境部牵头，发展改革委、工

业和信息化部、市场监管总局等参与）

（二十五）实施 VOCs 专项整治方案。制定石化、化工、工业涂装、包装印刷等 VOCs 排放重点行业和油品储运销综合整治方案，出台泄漏检测与修复标准，编制 VOCs 治理技术指南。重点区域禁止建设生产和使用高 VOCs 含量的溶剂型涂料、油墨、胶粘剂等项目，加大餐饮油烟治理力度。开展 VOCs 整治专项执法行动，严厉打击违法排污行为，对治理效果差、技术服务能力弱、运营管理水平低的治理单位，公布名单，实行联合惩戒，扶持培育 VOCs 治理和服务专业化规模化龙头企业。2020 年，VOCs 排放总量较 2015 年下降 10% 以上。（生态环境部牵头，发展改革委、工业和信息化部、商务部、市场监管总局、能源局等参与）

七、强化区域联防联控，有效应对重污染天气

（二十六）建立完善区域大气污染防治协作机制。将京津冀及周边地区大气污染防治协作小组调整为京津冀及周边地区大气污染防治领导小组；建立汾渭平原大气污染防治协作机制，纳入京津冀及周边地区大气污染防治领导小组统筹领导；继续发挥长三角区域大气污染防治协作小组作用。相关协作机制负责研究审议区域大气污染防治实施方案、年度计划、目标、重大措施，以及区域重点产业发展规划、重大项目建设等事关大气污染防治工作的重要事项，部署区域重污染天气联合应对工作。（生态环境部负责）

（二十七）加强重污染天气应急联动。强化区域环境空气质量预测预报中心能力建设，2019 年底前实现 7—10 天预报能力，省级预报中心实现以城市为单位的 7 天预报能力。开展环境空气质量中长期趋势预测工作。完善预警分级标准体系，区分不同区域不同季节应急响应标准，同一区域内要统一应急预警标准。当预测到区域将出现大范围重污染天气时，统一发布预警信息，各相关城市按级别启动应急响应措施，实施区域应急联动。（生态环境部牵头，气象局等参与）

（二十八）夯实应急减排措施。制定完善重污染天气应急预案。提高应急预案中污染物减排比例，黄色、橙色、红色级别减排比例原则上分别不低于 10%、20%、30%。细化应急减排措施，落实到企业各工艺环节，实施"一厂一策"清

单化管理。在黄色及以上重污染天气预警期间，对钢铁、建材、焦化、有色、化工、矿山等涉及大宗物料运输的重点用车企业，实施应急运输响应。（生态环境部牵头，交通运输部、工业和信息化部参与）

重点区域实施秋冬季重点行业错峰生产。加大秋冬季工业企业生产调控力度，各地针对钢铁、建材、焦化、铸造、有色、化工等高排放行业，制定错峰生产方案，实施差别化管理。要将错峰生产方案细化到企业生产线、工序和设备，载入排污许可证。企业未按期完成治理改造任务的，一并纳入当地错峰生产方案，实施停产。属于《产业结构调整指导目录》限制类的，要提高错峰限产比例或实施停产。（工业和信息化部、生态环境部负责）

八、健全法律法规体系，完善环境经济政策

（二十九）完善法律法规标准体系。研究将 VOCs 纳入环境保护税征收范围。制定排污许可管理条例、京津冀及周边地区大气污染防治条例。2019 年底前，完成涂料、油墨、胶粘剂、清洗剂等产品 VOCs 含量限值强制性国家标准制定工作，2020 年 7 月 1 日起在重点区域率先执行。研究制定石油焦质量标准。修改《环境空气质量标准》中关于监测状态的有关规定，实现与国际接轨。加快制修订制药、农药、日用玻璃、铸造、工业涂装类、餐饮油烟等重点行业污染物排放标准，以及 VOCs 无组织排放控制标准。鼓励各地制定实施更严格的污染物排放标准。研究制定内河大型船舶用燃料油标准和更加严格的汽柴油质量标准，降低烯烃、芳烃和多环芳烃含量。制定更严格的机动车、非道路移动机械和船舶大气污染物排放标准。制定机动车排放检测与强制维修管理办法，修订《报废汽车回收管理办法》。（生态环境部、财政部、工业和信息化部、交通运输部、商务部、市场监管总局牵头，司法部、税务总局等参与）

（三十）拓宽投融资渠道。各级财政支出要向打赢蓝天保卫战倾斜。增加中央大气污染防治专项资金投入，扩大中央财政支持北方地区冬季清洁取暖的试点城市范围，将京津冀及周边地区、汾渭平原全部纳入。环境空气质量未达标地区要加大大气污染防治资金投入。（财政部牵头，生态环境部等参与）

支持依法合规开展大气污染防治领域的政府和社会资本合作（PPP）项目建设。鼓励开展合同环境服务，推广环境污染第三方治理。出台对北方地区清洁取暖的金融支持政策，选择具备条件的地区，开展金融支持清洁取暖试点工作。鼓励政策性、开发性金融机构在业务范围内，对大气污染防治、清洁取暖和产业升级等领域符合条件的项目提供信贷支持，引导社会资本投入。支持符合条件的金融机构、企业发行债券，募集资金用于大气污染治理和节能改造。将"煤改电"超出核价投资的配套电网投资纳入下一轮输配电价核价周期，核算准许成本。（财政部、发展改革委、人民银行牵头，生态环境部、银保监会、证监会等参与）

（三十一）加大经济政策支持力度。建立中央大气污染防治专项资金安排与地方环境空气质量改善绩效联动机制，调动地方政府治理大气污染积极性。健全环保信用评价制度，实施跨部门联合奖惩。研究将致密气纳入中央财政开采利用补贴范围，以鼓励企业增加冬季供应量为目标调整完善非常规天然气补贴政策。研究制定推进储气调峰设施建设的扶持政策。推行上网侧峰谷分时电价政策，延长采暖用电谷段时长至 10 个小时以上，支持具备条件的地区建立采暖用电的市场化竞价采购机制，采暖用电参加电力市场化交易谷段输配电价减半执行。农村地区利用地热能向居民供暖（制冷）的项目运行电价参照居民用电价格执行。健全供热价格机制，合理制定清洁取暖价格。完善跨省跨区输电价格形成机制，降低促进清洁能源消纳的跨省跨区专项输电工程增送电量的输配电价，优化电力资源配置。落实好燃煤电厂超低排放环保电价。全面清理取消对高耗能行业的优待类电价以及其他各种不合理价格优惠政策。建立高污染、高耗能、低产出企业执行差别化电价、水价政策的动态调整机制，对限制类、淘汰类企业大幅提高电价，支持各地进一步提高加价幅度。加大对钢铁等行业超低排放改造支持力度。研究制定"散乱污"企业综合治理激励政策。进一步完善货运价格市场化运行机制，科学规范两端费用。大力支持港口和机场岸基供电，降低岸电运营商用电成本。支持车船和作业机械使用清洁能源。研究完善对有机肥生产销售运输等环节的支持政策。利用生物质发电价格政策，支持秸秆等生物质资源消纳处置。（发展改革委、财政部牵头，能源局、生态环境部、交通运输部、农业农村部、铁路局、

中国铁路总公司等参与）

加大税收政策支持力度。严格执行环境保护税法，落实购置环境保护专用设备企业所得税抵免优惠政策。研究对从事污染防治的第三方企业给予企业所得税优惠政策。对符合条件的新能源汽车免征车辆购置税，继续落实并完善对节能、新能源车船减免车船税的政策。（财政部、税务总局牵头，交通运输部、生态环境部、工业和信息化部、交通运输部等参与）

九、加强基础能力建设，严格环境执法督察

（三十二）完善环境监测监控网络。加强环境空气质量监测，优化调整扩展国控环境空气质量监测站点。加强区县环境空气质量自动监测网络建设，2020年底前，东部、中部区县和西部大气污染严重城市的区县实现监测站点全覆盖，并与中国环境监测总站实现数据直联。国家级新区、高新区、重点工业园区及港口设置环境空气质量监测站点。加强降尘量监测，2018年底前，重点区域各区县布设降尘量监测点位。重点区域各城市和其他臭氧污染严重的城市，开展环境空气VOCs监测。重点区域建设国家大气颗粒物组分监测网、大气光化学监测网以及大气环境天地空大型立体综合观测网。研究发射大气环境监测专用卫星。（生态环境部牵头，国防科工局等参与）

强化重点污染源自动监控体系建设。排气口高度超过45米的高架源，以及石化、化工、包装印刷、工业涂装等VOCs排放重点源，纳入重点排污单位名录，督促企业安装烟气排放自动监控设施，2019年底前，重点区域基本完成；2020年底前，全国基本完成。（生态环境部负责）

加强移动源排放监管能力建设。建设完善遥感监测网络、定期排放检验机构国家—省—市三级联网，构建重型柴油车车载诊断系统远程监控系统，强化现场路检路查和停放地监督抽测。2018年底前，重点区域建成三级联网的遥感监测系统平台，其他区域2019年底前建成。推进工程机械安装实时定位和排放监控装置，建设排放监控平台，重点区域2020年底前基本完成。研究成立国家机动车污染防治中心，建设区域性国家机动车排放检测实验室。（生态环境部牵头，

公安部、交通运输部、科技部等参与）

强化监测数据质量控制。城市和区县各类开发区环境空气质量自动监测站点运维全部上收到省级环境监测部门。加强对环境监测和运维机构的监管，建立质控考核与实验室比对、第三方质控、信誉评级等机制，健全环境监测量值传递溯源体系，加强环境监测相关标准物质研制，建立"谁出数谁负责、谁签字谁负责"的责任追溯制度。开展环境监测数据质量监督检查专项行动，严厉惩处环境监测数据弄虚作假行为。对地方不当干预环境监测行为的，监测机构运行维护不到位及篡改、伪造、干扰监测数据的，排污单位弄虚作假的，依纪依法从严处罚，追究责任。（生态环境部负责）

（三十三）强化科技基础支撑。汇聚跨部门科研资源，组织优秀科研团队，开展重点区域及成渝地区等其他区域大气重污染成因、重污染积累与天气过程双向反馈机制、重点行业与污染物排放管控技术、居民健康防护等科技攻坚。大气污染成因与控制技术研究、大气重污染成因与治理攻关等重点项目，要紧密围绕打赢蓝天保卫战需求，以目标和问题为导向，边研究、边产出、边应用。加强区域性臭氧形成机理与控制路径研究，深化VOCs全过程控制及监管技术研发。开展钢铁等行业超低排放改造、污染排放源头控制、货物运输多式联运、内燃机及锅炉清洁燃烧等技术研究。常态化开展重点区域和城市源排放清单编制、源解析等工作，形成污染动态溯源的基础能力。开展氨排放与控制技术研究。（科技部、生态环境部牵头，卫生健康委、气象局、市场监管总局等参与）

（三十四）加大环境执法力度。坚持铁腕治污，综合运用按日连续处罚、查封扣押、限产停产等手段依法从严处罚环境违法行为，强化排污者责任。未依法取得排污许可证、未按证排污的，依法依规从严处罚。加强区县级环境执法能力建设。创新环境监管方式，推广"双随机、一公开"等监管。严格环境执法检查，开展重点区域大气污染热点网格监管，加强工业炉窑排放、工业无组织排放、VOCs污染治理等环境执法，严厉打击"散乱污"企业。加强生态环境执法与刑事司法衔接。（生态环境部牵头，公安部等参与）

严厉打击生产销售排放不合格机动车和违反信息公开要求的行为，撤销相关企业车辆产品公告、油耗公告和强制性产品认证。开展在用车超标排放联合执法，建立完善环境部门检测、公安交管部门处罚、交通运输部门监督维修的联合监管机制。严厉打击机动车排放检验机构尾气检测弄虚作假、屏蔽和修改车辆环保监控参数等违法行为。加强对油品制售企业的质量监督管理，严厉打击生产、销售、使用不合格油品和车用尿素行为，禁止以化工原料名义出售调和油组分，禁止以化工原料勾兑调和油，严禁运输企业储存使用非标油，坚决取缔黑加油站点。（生态环境部、公安部、交通运输部、工业和信息化部牵头，商务部、市场监管总局等参与）

（三十五）深入开展环境保护督察。将大气污染防治作为中央环境保护督察及其"回头看"的重要内容，并针对重点区域统筹安排专项督察，夯实地方政府及有关部门责任。针对大气污染防治工作不力、重污染天气频发、环境质量改善达不到进度要求甚至恶化的城市，开展机动式、点穴式专项督察，强化督察问责。全面开展省级环境保护督察，实现对地市督察全覆盖。建立完善排查、交办、核查、约谈、专项督察"五步法"监管机制。（生态环境部负责）

十、明确落实各方责任，动员全社会广泛参与

（三十六）加强组织领导。有关部门要根据本行动计划要求，按照管发展的管环保、管生产的管环保、管行业的管环保原则，进一步细化分工任务，制定配套政策措施，落实"一岗双责"。有关地方和部门的落实情况，纳入国务院大督查和相关专项督查，对真抓实干成效明显的强化表扬激励，对庸政懒政怠政的严肃追责问责。地方各级政府要把打赢蓝天保卫战放在重要位置，主要领导是本行政区域第一责任人，切实加强组织领导，制定实施方案，细化分解目标任务，科学安排指标进度，防止脱离实际层层加码，要确保各项工作有力有序完成。完善有关部门和地方各级政府的责任清单，健全责任体系。各地建立完善"网格长"制度，压实各方责任，层层抓落实。生态环境部要加强统筹协调，定期调度，及时向国务院报告。（生态环境部牵头，各有关部门参与）

（三十七）严格考核问责。将打赢蓝天保卫战年度和终期目标任务完成情

况作为重要内容，纳入污染防治攻坚战成效考核，做好考核结果应用。考核不合格的地区，由上级生态环境部门会同有关部门公开约谈地方政府主要负责人，实行区域环评限批，取消国家授予的有关生态文明荣誉称号。发现篡改、伪造监测数据的，考核结果直接认定为不合格，并依纪依法追究责任。对工作不力、责任不实、污染严重、问题突出的地区，由生态环境部公开约谈当地政府主要负责人。制定量化问责办法，对重点攻坚任务完成不到位或环境质量改善不到位的实施量化问责。对打赢蓝天保卫战工作中涌现出的先进典型予以表彰奖励。（生态环境部牵头，中央组织部等参与）

（三十八）加强环境信息公开。各地要加强环境空气质量信息公开力度。扩大国家城市环境空气质量排名范围，包含重点区域和珠三角、成渝、长江中游等地区的地级及以上城市，以及其他省会城市、计划单列市等，依据重点因素每月公布环境空气质量、改善幅度最差的 20 个城市和最好的 20 个城市名单。各省（自治区、直辖市）要公布本行政区域内地级及以上城市环境空气质量排名，鼓励对区县环境空气质量排名。各地要公开重污染天气应急预案及应急措施清单，及时发布重污染天气预警提示信息。（生态环境部负责）

建立健全环保信息强制性公开制度。重点排污单位应及时公布自行监测和污染排放数据、污染治理措施、重污染天气应对、环保违法处罚及整改等信息。已核发排污许可证的企业应按要求及时公布执行报告。机动车和非道路移动机械生产、进口企业应依法向社会公开排放检验、污染控制技术等环保信息。（生态环境部负责）

（三十九）构建全民行动格局。环境治理，人人有责。倡导全社会"同呼吸共奋斗"，动员社会各方力量，群防群治，打赢蓝天保卫战。鼓励公众通过多种渠道举报环境违法行为。树立绿色消费理念，积极推进绿色采购，倡导绿色低碳生活方式。强化企业治污主体责任，中央企业要起到模范带头作用，引导绿色生产。（生态环境部牵头，各有关部门参与）

积极开展多种形式的宣传教育。普及大气污染防治科学知识，纳入国民教育体系和党政领导干部培训内容。各地建立宣传引导协调机制，发布权威信息，及时回应群众关心的热点、难点问题。新闻媒体要充分发挥监督引导作用，积极宣传大气环境管理法律法规、政策文件、工作动态和经验做法等。（生态环境部牵头，各有关部门参与）

（中国政府网 2018 年 7 月 3 日）

第二部分
政策解读

建设美丽中国的总部署
——专家解读《中共中央国务院关于全面加强生态环境保护坚决打好污染防治攻坚战的意见》

高 敬 董 峻

《中共中央国务院关于全面加强生态环境保护坚决打好污染防治攻坚战的意见》确定，到 2020 年，生态环境质量总体改善，主要污染物排放总量大幅减少，环境风险得到有效管控，生态环境保护水平同全面建成小康社会目标相适应。记者第一时间采访权威专家，对这份意见进行全面解读。

一、打好污染防治攻坚战的思想武器——习近平生态文明思想

《意见》指出，习近平总书记传承中华民族传统文化、顺应时代潮流和人民意愿，站在坚持和发展中国特色社会主义、实现中华民族伟大复兴中国梦的战略高度，深刻回答了为什么建设生态文明、建设什么样的生态文明、怎样建设生态文明等重大理论和实践问题，系统形成了习近平生态文明思想。

国家环境保护督察办公室督察专员徐必久说，习近平生态文明思想内涵丰富，系统完整，集中体现在"八个坚持"：

——坚持生态兴则文明兴；

——坚持人与自然和谐共生；

——坚持绿水青山就是金山银山；

——坚持良好生态环境是最普惠的民生福祉；

——坚持山水林田湖草是生命共同体；

——坚持用最严格制度最严密法治保护生态环境；

——坚持建设美丽中国全民行动；

——坚持共谋全球生态文明建设。

"这充分体现了习近平生态文明思想的深邃历史观、科学自然观、绿色发展观、基本民生观、整体系统观、严密法治观、全民行动观、全球共赢观。"他说，这为新时代推进生态文明建设、加强生态环境保护、打好污染防治攻坚战提供了思想武器、方向指引、根本遵循和强大动力，具有创新的理论意义、重大的现实意义、深远的历史意义和鲜明的世界意义。

二、全面加强党对生态环境保护的领导

习近平总书记在 2018 年全国生态环境保护大会上强调，打好污染防治攻坚战时间紧、任务重、难度大，是一场大仗、硬仗、苦仗，必须加强党的领导。

《意见》提出，落实党政主体责任。地方各级党委和政府必须坚决扛起生态文明建设和生态环境保护的政治责任，对本行政区域的生态环境保护工作及生态环境质量负总责，主要负责人是本行政区域生态环境保护第一责任人，至少每季度研究一次生态环境保护工作。意见还提出强化考核问责，严格责任追究。

专家认为，《意见》将"全面加强党对生态环境保护的领导"独立成章，充分反映了党中央对生态文明建设和生态环境保护的坚定态度和坚强决心，为坚决打好污染防治攻坚战提供坚实的政治保障。

生态环境部环境与经济政策研究中心主任吴舜泽说，地方党委和政府要坚决扛起生态文明建设和生态环境保护的责任，压实责任，层层负责。这是我国的制度优势，是打好污染防治攻坚战的最大法宝。过去一些地方存在对生态环境保护考核不硬、不实的问题。将生态环境保护的考核结果作为领导班子和领导干部综合考核评价、奖惩任免的重要依据，符合客观规律和基本国情，是抓住了解决生态环境保护问题的"牛鼻子"。

除党委、政府一把手的责任之外，《意见》还提出抓紧出台中央和国家机关相关部门生态环境保护责任清单。

"各相关部门要履行好生态环境保护职责，谁的孩子谁抱、谁的事情谁干，

管发展的、管生产的、管行业的部门，必须按职责抓好生态环境保护，守土有责，分工协作，共同发力。"徐必久说。

三、重点打好蓝天、碧水、净土三大保卫战

专家认为，《意见》以 2020 年为时间节点，兼顾 2035 年和本世纪中叶，从质量、总量、风险三个层面确定攻坚战的目标。

《意见》提出，到 2020 年，生态环境质量总体改善，主要污染物排放总量大幅减少，环境风险得到有效管控，生态环境保护水平同全面建成小康社会目标相适应。

徐必久说，这些目标指标，是党中央、国务院在"十三五"生态环境保护规划，"大气十条""水十条""土十条"等规划计划的基础上，通盘考虑后作出的科学决策，保持了持续性，也提出了新要求，要通过艰苦的、坚持不懈的努力，力争取得更好效果。我们要紧盯目标、挂图作战、确保完成，进展快、效果好的地方要巩固提升，进展慢、效果差的地方要迎头赶上，确保不让一个区域一个流域掉队。

在生态环境部环境规划院党委书记陆军看来，《意见》要求坚决打赢蓝天保卫战，着力打好碧水保卫战，扎实推进净土保卫战，打好柴油货车污染治理等几大标志性战役，是针对最突出的问题和领域，抓住薄弱环节，集中攻坚，解决一批社会反映强烈的突出问题，以取得扎扎实实的成效和经验，带动污染防治攻坚战的纵深突破和生态环境保护的全面进展。

四、努力夯实污染防治攻坚战的基础支撑

专家指出，生态环境问题是长期形成的，根本上解决需要一个较长的努力过程。《意见》远近结合，既集中力量打好攻坚战，又统筹兼顾谋长远，注重源头预防、扩大容量、强化保障。

推动形成绿色发展方式和生活方式：促进经济绿色低碳循环发展；推进能源资源全面节约；引导公众绿色生活。

加快生态保护与修复：划定并严守生态保护红线；坚决查处生态破坏行为；建立以国家公园为主体的自然保护地体系。

改革完善生态环境治理体系：完善生态环境监管体系；健全生态环境保护经济政策体系；健全生态环境保护法治体系；强化生态环境保护能力保障体系；构建生态环境保护社会行动体系。

"推动形成绿色发展方式和生活方式是攻坚战的重要内容，也是重要保障。"徐必久说，源头预防是解决生态环境问题的根本之策，通过形成绿色发展方式和生活方式，使污染物排放从源头上大幅降下来，生态环境质量才能明显好上去。

（摘编自新华社北京2018年6月24日电）

国家发改委解读《关于加快推进生态文明建设的意见》

2015 年 4 月 25 日，中共中央、国务院印发了《关于加快推进生态文明建设的意见》（下称《意见》）。时任国家发展改革委党组书记、主任徐绍史对《意见》进行解读。

一、文件出台的重要意义

徐绍史表示，党中央、国务院历来高度重视生态文明建设。党的十八大作出了把生态文明建设放在突出地位，纳入中国特色社会主义事业"五位一体"总布局的战略决策，十八届三中全会提出加快建立系统完整的生态文明制度体系，十八届四中全会要求用严格的法律制度保护生态环境。最近，党中央、国务院印发《关于加快推进生态文明建设的意见》，既是落实中央精神的重要举措，也是基于我国国情作出的战略部署。

我国资源环境方面的基本国情，可以用两句话来概括：一句话是资源环境瓶颈制约加剧特别是环境承载能力已达到或接近上限；另一句话是生态文明建设总体滞后于经济社会发展。具体表现在三个方面：

一是资源约束趋紧。重要资源人均占有量远低于世界平均水平，耕地、淡水人均占有量只相当于世界平均水平的 43%、28%；石油、天然气等战略性资源对外依存度持续攀升，2014 年已经达到 59.5%、31%；特别是发展方式依然比较粗放，进一步加剧了资源约束，我国单位 GDP 能耗是世界平均水平的 2 倍。

二是环境污染严重。污染物排放总量远超环境容量，大气、水、土壤污染问题比较突出，雾霾天气频发，2014 年 74 个重点城市中只有 8 个空气质量达标。

三是生态系统退化。森林总量不足，草原退化、水土流失、荒漠化等问题严峻，全国生态整体恶化趋势尚未得到根本遏制。

可以说，资源环境已经成为实现全面建成小康社会目标最紧的约束、最矮的短板，是一个躲不开、绕不过、退不得的必须解决的紧迫问题。

《意见》是中央就生态文明建设作出专题部署的第一个文件，充分体现了以习近平同志为总书记的党中央对生态文明建设的高度重视。《意见》明确了生态文明建设的总体要求、目标愿景、重点任务和制度体系，突出体现了战略性、综合性、系统性和可操作性，是当前和今后一个时期推动我国生态文明建设的纲领性文件。可以说，党的十八大和十八届三中、四中全会就生态文明建设作出了顶层设计和总体部署，《意见》就是落实顶层设计和总体部署的时间表和路线图，措施更具体，任务更明确。

二、加快生态文明建设的路径

徐绍史认为，生态文明建设的关键，是处理好人与自然的关系，使经济社会发展建立在资源能支撑、环境能容纳、生态受保护的基础上，使青山常在、清水长流、空气常新，让人民群众在良好生态环境中生产生活。形象地说，生态文明建设就是既要金山银山、也要绿水青山，而且绿水青山就是金山银山。

生态文明建设不仅仅局限于"种草种树""末端治理"，而是发展理念、发展方式的根本转变，涉及经济、政治、文化、社会建设方方面面，并与生产力布局、空间格局、产业结构、生产方式、生活方式，以及价值理念、制度体制紧密相关，是一项全面而系统的工程，是一场全方位、系统性的绿色变革，必须人人有责、共建共享。具体来说：

首先是要加快生产方式的绿色化，就是要通过生态文明建设，构建起科技含量高、资源消耗低、环境污染少的产业结构，大力发展绿色产业，培育新的经济增长点。

其次是要推进生活方式的绿色化，加快形成勤俭节约、绿色低碳、文明健康的生活方式和消费模式。

其三是要弘扬生态文明主流价值观，把生态文明纳入社会主义核心价值体系，形成人人、事事、处处、时时崇尚生态文明的社会新风尚。

其四是要健全系统完整的制度体系，通过最严格的制度、最严密的法治，对各类开发、利用、保护自然资源和生态环境的行为，进行规范和约束。

三、通过法治为生态文明建设提供保障

徐绍史表示，《意见》按照源头预防、过程控制、损害赔偿、责任追究的"16字"整体思路，提出了严守资源环境生态红线、健全自然资源资产产权和用途管制制度、健全生态保护补偿机制、完善政绩考核和责任追究制度等10个方面的重大制度。其中有几个关键制度：

一是红线管控制度，从资源、环境、生态三个方面提出了红线管控的要求，将各类开发活动限制在资源环境承载能力之内。一个是设定资源消耗的上限，合理设定资源消耗"天花板"；一个是严守环境质量的底线，确保各类环境要素质量"只能更好、不能变坏"；再一个是划定生态保护的红线，遏制生态系统退化的趋势。

二是产权和用途管制制度，在产权制度上，要求对自然生态空间进行统一确权登记；在用途管制上，确定各类国土空间开发、利用、保护边界，实现能源、水资源、矿产资源按质量分级、梯级利用。

三是生态补偿制度，要求加快建立让生态损害者赔偿、受益者付费、保护者得到合理补偿的机制，具体有纵向和横向补偿两个维度。纵向，就是要加大对重点生态功能区的转移支付力度，逐步提高其基本公共服务水平；横向，就是引导生态受益地区与保护地区之间、流域上游与下游之间，通过多种方式实施补偿，规范补偿运行机制。通过完善生态补偿制度，使生态保护者肯出力、愿意干、守得住"绿水青山"。

四是政绩考核和责任追究制度，《意见》明确，各级党委、政府对本地区生态文明建设负总责，实行差别化的考核机制，要大幅增加资源、环境、生态等指标的考核权重，发挥好"指挥棒"的作用。对于造成资源环境生态严重破坏的领导干部，还要终身追责。

四、《意见》对于推进生态文明建设作出具体部署

徐绍史表示，按照中央决策部署，国家发改委会同有关部门历时2年多的时间，研究起草了《意见》。《意见》采取条块结合的构架，包括9个部分共35条。主要内容概括起来就是"五位一体、五个坚持、四项任务、四项保障机制"。

"五位一体"，就是围绕十八大关于"将生态文明建设融入经济、政治、文化、社会建设各方面和全过程"的要求，提出了具体的实现路径和融合方式。

"五个坚持"，就是坚持把节约优先、保护优先、自然恢复为主作为基本方针，坚持把绿色发展、循环发展、低碳发展作为基本途径，坚持把深化改革和创新驱动作为基本动力，坚持把培育生态文化作为重要支撑，坚持把重点突破和整体推进作为工作方式，将中央关于生态文明建设的总体要求明晰细化。

"四项任务"，就是明确了优化国土空间开发格局、加快技术创新和结构调整、促进资源节约循环高效利用、加大自然生态系统和环境保护力度等4个方面的重点任务。

"四项保障机制"，就是提出了健全生态文明制度体系、加强统计监测和执法监督、加快形成良好社会风尚、切实加强组织领导等4个方面的保障机制。

五、从三方面推进《意见》目标任务的落实

徐绍史提出，至少应该从三个方面推进《意见》确定的目标任务的落实。

一是强化统筹协调。《意见》要求，各级党委和政府对本地区生态文明建设负总责，各有关部门要密切协调配合，共同形成推进生态文明建设的强大工作合力。

二是开展先行先试。注重顶层设计与地方实践的结合，深入开展生态文明先行示范区建设，探索生态文明建设的有效模式，形成可复制、可推广的制度成果。

三是细化实施方案。根据《意见》要求，各地要抓紧提出实施方案，相关部门要研究制定行业性和专题性规划，国家发改委将按照中央要求抓紧制定《意见》分工方案，逐项分解目标任务，推动每一项任务落实落地。

六、《意见》的特点

徐绍史认为，《意见》最突出的特点有两个方面。

一个是通篇贯穿了绿水青山就是金山银山的理念。《意见》从指导思想、基本原则、主要目标、重点任务、制度安排、政策措施等各个方面，都体现了这一基本理念。比如，在指导思想上明确提出了"蓝天常在、青山常在、绿水常在"的要求。又比如，在基本原则里强调，坚持把"绿色发展、循环发展、低碳发展"作为基本途径，经济社会发展必须与生态文明建设相协调。再比如，在健全政绩考核制度方面，要求把资源消耗、环境损害、生态效益等指标纳入经济社会发展综合评价体系，大幅增加考核权重，强化指标约束。

另一个是通篇体现了人人都是生态文明建设者的理念。《意见》强调，无论是政府、企业或个人，都是生态文明的重要建设者，生产、生活过程中都应该自觉践行生态文明的要求，合理开发、利用、保护自然资源和生态环境，使生态文明建设成为人人有责、共建共享的过程。

（国家发展改革委网站 2015 年 5 月 6 日）

生态文明体制改革推出"组合拳"
——五部委介绍生态文明体制改革总体方案相关情况

高 敬 杨维汉 董 峻

2015年9月11日，中央政治局会议审议通过《生态文明体制改革总体方案》。在17日下午国务院新闻办公室举行的新闻发布会上，时任中央财经领导小组办公室副主任杨伟民、中共中央组织部秘书长高选民、环境保护部副部长翟青、审计署副审计长陈尘肇、国家统计局副局长许宪春介绍了这一总体方案的主要内容和相关配套文件等情况。

一、八项制度构筑起生态文明体系

总体方案提出，生态文明体制改革总的目标是，到2020年，构筑起由八项制度构成的产权清晰、多元参与、激励约束并重、系统完整的生态文明制度体系，推进生态文明领域国家治理体系和治理能力现代化，努力走向社会主义生态文明新时代。

杨伟民详细介绍了这八项制度：

——健全自然资源资产产权制度，核心是"清晰"。现在的问题就是自然资源产权不清晰。如果所有权人不到位，产权制度就建立不起来，解决了这个问题才能真正从源头上避免生态环境的破坏。

——建立国土空间开发保护制度，核心是"主体功能"。不同区域自然条件不一样，应根据主体功能进行开发和保护程度不一的监管和管理。最终目的是要建立空间治理体系，这是关于开发保护制度的核心问题。

——建立空间规划体系，核心是"一张图"。杨伟民说，当前我们缺乏基础性的空间规划，要推进多规合一，最终形成一个规划，"一张蓝图干到底"。

——完善资源总量管理和全面节约制度，核心是"扩围"。我们有最严格的耕地保护制度和水资源管理制度，这次要把严格的保护制度从耕地、水拓展到其他各类自然空间和各类自然资源。

——健全资源有偿使用和生态补偿制度，核心是"有价"。自然资源是有价值的，使用者就必须付费，所有者必须收费，才能够真正建立起生态补偿机制理论上的基础。

——建立健全环境治理体系，核心是"共治"。环境治理需要政府、市场、个人、社会来共同参与，各自发挥不同的作用。

——健全环境治理和生态保护市场体系，核心是"市场机制"。建立市场体系，企业才能在这个市场当中成长壮大。

——完善生态文明绩效考核和责任追究制度，核心是"履责"。通过设立这方面的制度，要求各级政府严格履行好保护生态环境的重要职责。

二、抓住"关键少数"：地方党委主要负责人首次成为追责对象

此前公开发布的《党政领导干部生态环境损害责任追究办法（试行）》是生态环境领域的一件大事。高选民介绍，这个文件核心是一个字——"严"。

高选民说，就是要聚焦党政领导干部这个"关键少数"，明确追责对象、追责情形、追责办法，划定领导干部在生态环境领域的责任红线，督促领导干部正确履职用权。文件有几个突出的特点：一是党政同责。首次将地方党委领导成员尤其是党委主要负责人作为追责对象，有助于推动党委、政府对生态文明建设共同担责、共同尽责；二是终身追责。规定对生态环境损害负有责任的领导干部，不论是否已调离、提拔或退休，都要严格追责，决不允许出现在生态环境问题上"拍脑袋决策、拍屁股走人"的现象；三是双重追责。既追究生态环境损害责任人的责任，又强化监管者、追责者的责任。

高选民说："文件还规定，对在生态环境和资源方面造成严重破坏负有责任的干部不得提拔使用或者转任重要职务。完善了政绩考核，加大了资源消耗、

环境保护、生态效益等方面的考核权重，将环保考核结果与干部选拔任用挂钩，真正发挥考核评价和选人用人的'指挥棒'作用。"

三、环保督察发现重大问题将向中央报告

《环境保护督察方案（试行）》在发布会上也很受瞩目。翟青说："环保督察主要目标是，切实落实地方党委和政府环境保护主体责任，加快解决突出环境问题，促进环保产业发展，推动发展方式转变，全面提升生态文明建设水平。"

翟青介绍了《环境保护督察方案（试行）》的主要特点：一是层级高。方案明确环境保护督查组的性质是中央环境保护督察。具体的组织协调工作由环境保护部牵头负责；二是实行党政同责。落实中央关于生态文明的决策部署，各级党委和政府具有同样的责任。方案里明确了督察对象主要是各省级党委和政府及其有关部门，并且要求督察下沉到部分地市级党委和政府；三是强调督察结果的应用。督察结束后，重大问题要向中央报告，督察结果要向中央组织部移交移送，这些结果作为被督察对象领导班子和领导干部考核评价任免的重要依据。

"同时，对存在 6 方面情形需要追究党纪政纪责任的，将会按程序向纪检监察部门移送。这项工作今年按照方案要求先搞试点，明年开始全面推开。"翟青说。

四、领导干部自然资源离任审计"重在责任"

对领导干部的审计关系着干部的任免、奖惩。审计署《关于开展领导干部自然资源资产离任审计的试点方案》提出，从 2015 年启动审计试点，并从 2016 年起扩大试点范围，从 2018 年开始，将形成经常性审计制度。

陈尘肇在发布会上说："领导干部实行自然资源离任审计，最核心的内容就是明确责任、界定责任。"他说，可以从为什么审、审什么、审计结果怎么用这三个方面来看。

为什么要开展这项审计？目的是为了促进领导干部更好地履行自然资源资产管理责任和生态环境保护责任，推动建立健全领导干部政绩考核体系，推动领导干部树立科学的政绩观和发展观，防止只管经济发展，不管资源的节约集约和

有效利用，不管环境保护，进而促进整个生态文明建设。

审计什么内容？对领导干部的任职前后，区域内自然资源资产实物量变动情况进行重点审计，对重要环境保护领域也要进行重点审计。对人为因素造成自然资源资产数量减少的、质量下降的、环境恶化的、污染比较严重的这些问题，要实事求是地界定领导干部应承担的责任。

审计结果怎么用？审计报告将送给干部管理部门，如审计署的审计报告将会给中组部、中纪委等，如果涉嫌犯罪的，还要移交给司法机关。审计结果将对落实责任、问责追责，对干部的使用、任免和奖惩，提供重要依据或者基础。

五、努力摸清自然资源资产"家底"

我们到底拥有哪些自然资源？资源量有多少？摸清"家底"是生态文明体制改革的一项重要基础工作。

许宪春说，国家统计局提出了《编制自然资源资产负债表试点方案》，通过探索编制自然资源资产负债表，构建土地资源、森林资源、水资源等主要自然资源的实物量核算账户，推动建立健全科学规范的自然资源统计调查制度，努力摸清自然资源资产的"家底"及其变动情况。

编制自然资源资产负债表和生态文明建设到底是什么关系？许宪春表示探索编制自然资源资产负债表，将为完善资源消耗、环境损害、生态效益的生态文明绩效评价考核和责任追究制度提供信息基础，为推进生态文明建设和绿色低碳发展提供信息支撑、监测预警和决策支持。

国家统计局将采取一系列的措施来保证自然资源资产负债表的数据质量，科学地设计自然资源资产负债表的编表制度、充分利用自然资源主管部门的资料基础，并将加强数据质量评估，通过现场核查、逻辑分析、数据校验等方式，认真评估自然资源统计数据质量，对弄虚作假等违法违纪行为将依法严肃查处。

（摘编自新华社北京 2015 年 9 月 17 日电）

气象局解读《大气污染防治行动计划》气象元素

顾燕杰

2013年9月，国务院公布《大气污染防治行动计划》(以下简称《行动计划》)，不仅提出大气污染防治的具体指标，还提出十个方面的详细措施。《行动计划》一经公布叫好声、拥护声一片，既体现党中央、国务院防治大气污染的坚定决心，又顺应公众"找回蓝天"的呼声。大气污染与气象条件关系密切，不利的气象条件是重污染天气形成的关键。《行动计划》中体现了哪些气象元素？我国气象部门在防治大气污染中的作用和职责是什么？ 2013年9月13日，中国气象局应急减灾与公共服务司司长陈振林接受记者采访。

一、统一布局监测网络

《行动计划》提出，要建设城市站、背景站、区域站统一布局的国家环境空气质量监测网络。目前我国环境气象观测已有一定基础。近年来，我国一些大中城市积极开展多种形式的环境气象服务，已经形成一定的业务规模，社会经济效益明显。

截至目前，我国气象部门共建成120个PM10、92个PM2.5、74个PM1观测站，基本覆盖所有直辖市、省会城市和部分地级城市；建成52个地面臭氧观测站、31个大气污染要素观测站、365个酸雨观测站、29个沙尘暴观测站、11部气溶胶激光雷达，以及一个全球大气本底基准站、6个区域大气本底监测站和60多个大气成分观测站，可进行二氧化碳、臭氧总量、大气气溶胶、反应性气体等大气成分观测。具有世界先进水平的"风云"系列气象卫星可遥感监测雾、霾天气空间分布及其发生发展。

同时，气象部门联合交通部门建设了涵盖雾霾和能见度观测的高速公路自动气象观测系统。这些观测均已投入业务运行多年，可实时获取逐小时观测资料。部分地区气象部门还配备环境气象移动监测车，可开展大气污染应急加密观测。

陈振林介绍说，"建立统一布局的国家环境空气质量监测网络，可以避免重复建设，充分发挥已建观测站网的作用。气象部门会继续强化部门合作，持续推进全国统一布局的环境气象观测站网建设，为国家环境空气监测贡献力量。"

二、重污染天气的监测预警体系

陈振林表示，"气象、环保部门将联合开展重污染天气监测预警、城市空气质量预报，这是既定的目标，也是落实《行动计划》的具体措施。"《行动计划》提出，环保、气象部门要加强合作，建立重污染天气监测预警体系。

"这对于气象部门来说，既是机遇，又是挑战。气象部门在环境气象业务、大气污染防治气象服务方面起步早、服务覆盖面广，已经取得良好效益，但提高预报准确率、精细化水平永无止境。"陈振林说，未来两年气象部门将努力建设覆盖面更广的环境气象监测网。

自新中国成立之初，气象部门已将雾霾和能见度等天气现象观测纳入基本业务体系，一直保持至今。从1981年开始，气象部门即着手按照国际标准和规范建设大气环境监测站网，积累了多年长序列观测资料。目前，全国31个省（自治区、直辖市）气象部门均不同程度地开展了环境气象业务，其中以霾预报、沙尘暴预报、空气污染气象条件和空气质量预报、酸雨监测、生活指数、高温中暑预警、紫外线预报最为普遍。国家级业务单位也开展了相应的预报服务工作。

三、应急联动机制响应机制

陈振林介绍说，"大气污染具有区域性特征，所以需要区域联防联控，单靠一个城市采取措施达不到应有的效果。"以京、津、冀为例，山西地区的大气污染物很容易在偏西南气流的输送下，沿着太行山系中的洋河河谷和桑干河河谷向京、津、冀地区输送，导致大范围、区域性污染。《行动计划》明确指出，京津冀、长三角、珠三角等区域，要建立健全区域、省、市联动的重污染天气应急响应体系。

《行动计划》要求，按不同污染等级确定企业限产停产、机动车和扬尘管控、中小学校停课以及可行的气象干预等应对措施。"多部门及时启动联动联防对于防治大气污染至关重要。"陈振林说，"气象部门在这一方面大有可为，联合环保部门监测预警，为部门应急联动起到'消息树'作用；在条件具备的情况下，通过人工影响天气等气象干预措施，可以对重污染天气污染物起到冲刷、稀释的作用。"

除了与环保部门合作以外，气象部门还与发改委、卫生、交通运输、教育、电力等 20 多个部门建立信息共享和应急联动机制，第一时间向各部门发布环境气象预报信息，提供预警服务和应对防范建议。

四、科技研发和人才培养

抓科技就是抓发展，谋人才就是谋未来。《行动计划》提出，强化科技研发和推广，加强研究灰霾、臭氧的形成机理、来源解析、迁移规律和监测预警等，为污染治理提供科学支撑。同时，加强大气环境管理专业人才培养。

中国气象局历来高度重视科技创新和人才培养，一直深入思考、实践探索，环境气象科技支撑能力不断增强。近年来，中国气象局开发了化学天气预报平台，建立沙尘暴和霾数值预报系统，建立城市大气污染数值预报系统……这些为区域和城市空气质量、能见度、霾的预报预警提供了重要技术手段和科技支撑。

中国气象局已出台《环境气象业务发展指导意见》，将环境气象业务作为今明两年重点工作任务之一，充分发挥技术和专家优势，着力提升环境气象核心技术支撑能力，通过多途径提高环境气象业务人才队伍总量和质量。

五、大气污染防治科普宣传

环境治理，人人有责。《行动计划》要求积极开展多种形式的宣传教育，普及大气污染防治的科学知识。引导公众从点滴做起、从身边的小事做起，在全社会树立起"同呼吸、共奋斗"的行为准则，共同改善空气质量。

"大气污染防治需要政府和社会公众的共同参与，气象部门会继续组织专家多形式、多渠道加强面向公众的大气污染成因解读和科普知识宣传，提高全社会科学认知和应对大气污染的能力和水平。"陈振林表示，中国气象局会不断加强应对大气污染防治的科普宣传工作。

毋庸置疑，防治大气污染需要综合治理、长期重治，需要依靠科技、依靠人才、依靠群众，需要区域协调、部门联动、社会参与。气象部门将进一步深化与环保等部门的合作，加大大气污染防治气象工作力度，以气象工作者义无反顾、责无旁贷的信心勇气和实际行动为我国防治大气污染贡献力量。

（国家气象局网站 2013 年 9 月 16 日）

当前我国水污染防治的重点

宋国君　任慕华　时　钰

水污染防治政策的最终目标是维护地表水体健康，即恢复和维持水体的化学、物理和生物方面的完整性和特性，中间目标是入河污染物排放得到控制，直接目标是点源和非点源的排放得到控制。

我国《环境保护法》和《水污染防治法》均明确了"保护和改善环境"的原则和目标。但水污染防治政策与管理依然存在诸多问题，主要是有些地方没有抓住重点，也不专业：点源排放控制目标没有确保所排入水体的水质达标；没有对污水处理厂的来水进行限制，导致其排放无法达标；非点源排放控制没有实施最佳管理实践，而是采取关厂、停产、禁止等行政管制措施。

一、对点源实施排污许可证管理

排污许可证制度是点源排放控制的基础和核心制度。由于排污许可证的内容包含了点源排放控制的所有法规规定，因此，政府管理部门可以排污许可证作为执法文书，将所有排放要求及标准都明确写在排污许可证中。点源按照规模可以分为大点源和小点源，规模大小的划分界限不是绝对的，是相对于既定的污染源管理能力而定的。例如，按照污染物的排放量确定大点源，工商业大点源的排污许可证由省环保厅直接负责，市环保局负责小点源的简易许可证，生态环境部保留许可证最终管理权和监测核查的权利。一旦出现违证情况，可依法对违证企业进行处罚，直至制止违法行为。当前，对许可证的颁发和管理规定尚不清晰，已颁发的排污许可证也并未对点源的所有规定整合在一起，管理文件分散，降低了排污单位系统学习和落实排污许可证要求的效果。

　　排放限值是排污许可证的核心内容，一般区分为基于技术的排放限值和基于地表水质的排放限值。基于技术的排放限值由国家统一制定，是该类别企业的最低排放要求。但由于基于技术的排放限值没有考虑具体的水体特征，因此，无法确保点源所排入水体的地表水质达标，基于地表水质的排放限值就成为解决该问题的有效补充手段。

　　点源在向天然水体排放污水时会在排口附近形成高浓度污染物区域，即有限混合区。为保证地表水质达标，可根据地表水质标准和流域水体特征计算水生生物在河流中存活的区域，并由此计算污染物基于地表水质标准的排放限值。当前我国水污染物排放标准仅考虑了经济、技术可行性，仅有污染物排放标准（技术标准），法律法规中尚没有基于地表水质排放限值和有限混合区的相关概念，使得现有的点源排放标准与所排入水体的地表水质标准脱钩，致使某些情况下，即使点源达标排放，也无法保证所排入水体的地表水质达标。此外，目前对于水质达标控制的管理目标没有具体到点源减排目标，对点源具体控制措施或减排目标的设定也没有提出减排要求，难以在点源排污许可证中落实地表水质达标的目标。因此，点源排污许可的核心作用没有得到很好的体现。

　　我国水污染防治工作应加快实施和完善点源排污许可证制度，并在地表水质达标管理中，以流域为管理单元，科学制定点源排放混合区划定原则。按照有限混合区的理念制定基于地表水质的排放限值，明确点源减排目标及污染控制措施，将点源排放控制与地表水质改善结合起来，落实到流域 3 年地表水质达标方案中，并通过点源排污许可证予以实施。

　　对于市政点源。主要是城市生活污水处理厂，除需要执行点源排污许可证外，还需要对排入城市污水处理厂的工商业点源执行预处理制度。工商业废水中会有各种城市生活污水处理厂不能处理、难以处理或导致失效的污染物，必须通过预处理排放标准对其实施控制，确保城市污水处理厂安全、稳定和有效运行。我国至今还没有一个专门和有效的预处理制度，需尽快实施，且实施也基本不存在技术难度。

二、对非点源实施排放控制

一般认为，非点源污染具有以下特征：分散于较广的区域内，排放的污染物最终以分散的方式进入地表水或地下水；污染程度与不可控的气候变化及地理、地质条件有关，并且在不同地点、不同年份有很大的不同；与点源污染相比，进行监测的难度往往更大，费用更高；治理的重点在于管理土地和地表径流，而不是流失物。

目前，我国针对非点源的普遍做法是采取直接关厂、停产、禁止等行政手段，这种办法不仅低效，且容易对社会经济产生副作用。国内对非点源污染控制领域开展的政策研究较少，也没有切实有效的政策法规，少数相关规定分散在其他法律中，针对性不强，强制性不够，缺乏完整系统的具体技术和经济措施。

治理非点源污染应主要通过在非点源污染产生的过程中规范和约束排污者的生产行为。例如对于农业非点源排放管理的思路就是加强源头和过程控制，减少非点源污染物进入天然水体的量。一方面是对水土流失进行防治，切断营养物质进入水体的通道；另一方面就是从源头上防止污染的产生，即通过流域中种植业生产方式的调整，减少氮肥、磷肥以及农药的施用量，提高作物对氮、磷元素的吸收利用程度等。

这种思路强调的是管理的行动办法，而非监测等对已排放污染物的要求。我国需尽快编制非点源最佳管理实践指导手册，形成最佳管理实践的非点源控制制度，深化非点源源头和过程控制理念，制定管理措施，提高非点源管理效果。

（《学习时报》2018 年 8 月 22 日）

构建多元体系打好土壤污染防治攻坚战

陈卫平

一、我国土壤污染防治工作有序推进

地方"土十条"陆续出台。自 2016 年国务院发布"土十条"以来，地方各级政府陆续制定并公布土壤污染防治工作方案或实施方案，确定土壤污染防治的重点任务和工作目标。地方版"土十条"主要以"摸清家底、风险管控"为主要思路对"国标"进行分解和细化，其中也不乏根据当地土壤污染特点、环境和经济发展状况等因素突出地方特色。

土壤污染防治立法取得实质性进展。土壤污染防治法是打赢污染防治攻坚战必不可少的法律保障。2017 年底，土壤污染防治法草案二审稿提请至全国人大常委会，就强化农用地风险管控责任进行审议。2018 年对草案进一步修改完善。目前，土壤环境立法工作取得实质性进展，土壤污染防治法有望快速出台。

土壤污染详查工作稳步进行。各省区市按国家统一要求，以农用地和重点行业企业用地为重点，持续推进土壤污染详查工作，摸清地方土壤污染底数。根据"土十条"要求，2018 年底要完成农用地土壤污染状况详查工作，共布设详查点位 55.3 万个。据了解，大部分省区市与计划进度基本一致，但分析测试环节总体滞后，个别省区市工作进展缓慢。

技术标准规范配套实施。为深入推动"土十条"的贯彻落实，相关部门先后配套发布了一批技术文件、标准和管理办法，不仅为指导、规范各地农用地土壤污染状况详查和重点行业企业用地调查样品分析测试工作提供了科学的技术支撑，也为开展农用地分类管理和建设用地准入管理提供了技术依据，对于贯彻落实"土十条"、保障农产品质量和人居环境安全具有重要意义。

土壤污染防治示范工程效果显著。"十三五"以来，中央启动了多个土壤污染治理与修复技术应用试点项目，并加快推进土壤污染防治先行区建设。当前，各示范工程和先行区已取得了显著的阶段性成果，但总体来讲，我国土壤污染治理工作仍处于起步阶段，距"出模式、出经验、出效果"的目标还存在一定差距。

二、我国土壤污染防治任重道远

首先，我国幅员辽阔，土壤污染形势复杂，家底尚未完全摸清。当前各地正遵循《全国土壤污染状况详查总体方案》开展土壤污染详查工作，然而掌握全国土壤污染状况是一项艰巨工程，土壤污染空间异质性强，区域差异大，"点位超标率"不等于污染超标面积。因而，很难通过一两次的调查查明土壤污染的面积和程度，以及对农产品质量和人群健康的影响。

其次，土壤污染成因复杂。土壤污染输入途径多，工矿企业活动、农业生产活动、交通运输等都可能造成土壤污染，虽然单次输入量很小，但日积月累也会导致土壤污染状况逐步恶化。污染物在土壤中的累积和残留也与土壤性质、气候条件和植物覆盖等密切相关。总之，土壤是污染物的主要受体，大量水、气污染也能陆续转化为土壤污染，因而，在我国整体环境质量改善之前，土壤污染形势难以根本逆转。

再次，土壤污染风险不确定性高。土壤功能的多样性和区域差异性决定了土壤污染风险的复杂性。如农田重金属污染并不一定导致农产品重金属超标，不同污染物和不同情景下，污染暴露途径和暴露剂量差异很大，对人体健康的影响也有很多差别，需因地制宜采取风险管控措施。

三、构建科学有效的防治体系

为了保障土壤污染防治计划的有效落实，应该全面构建涵盖法律法规体系、技术标准体系和可持续管理体系的"法律—技术—管理"三位一体土壤污染防治体系。

首先，法律体系。尽管"土十条"被当作当前和今后一个时期我国土壤污染防治的行动纲领，在一定程度上为土壤质量管理提供了政策性指引，但其约束力有限，必须全面构建我国土壤污染防治法律制度，尽快出台土壤污染防治法案，尤其需要明确土壤污染预防与责任机制、土壤监测与信息公开机制。

因为土壤一旦被污染，治理与修复难度大、投入多、周期长，因此，污染预防比污染后修复更重要，必须严格遵循"谁污染、谁治理、谁付费"的责任认定原则，但在个体责任人不明或者不履行相关义务的情况下，政府主体需承担兜底责任。与此同时，公众知情权和参与权是实现土壤污染防治可持续的基本前提，依法公开土壤污染监测数据及污染状况、调查结果、修复效果等土壤环境相关信息，以"公开＋激励"的管理机制保障公民及其他社会力量参与和监督土壤污染防治的权利，可最终形成全民监督、同治共进的土壤污染防治格局。

其次，技术体系。随着土壤污染防治工作的深入推进，许多专业性、技术性问题已然引起业界关注，需要针对土壤污染状况调查与风险评估技术体系、土壤污染修复技术体系等关键问题开展深入调研。

土壤污染本身极具复杂性，超标不等于污染，污染不等同于有风险，有风险不等同于要修复（可改变土地用途）。因此，需建立基于土壤调查的科学有效的分类、分区、分级土壤污染风险管控体系。同时，从修复技术角度来说，土壤污染治理与修复是一项复杂的系统工程，全面治理和彻底修复是不现实且不必要的。应建立以风险管控为导向、适合我国国情的修复技术体系，避免过度修复和修复技术选择的随意性，以及修复过程中的二次污染问题等，科学有序推进土壤污染治理修复。也可借鉴发达国家的经验，确立适合我国实际国情的绿色、可持续修复原则。

再次，管理体系。一是确立风险管理体系。我国土壤类型的多样性和土壤污染的复杂性等特点决定了应按污染程度和土地用途实施土壤环境风险分类分级管理的基本决策。例如农用地清洁土壤采取优先保护，轻度污染土壤采取农艺调控，中度污染土壤采取治理修复，对重度污染土壤采取替代种植措施等风险管控措施。对建设用地根据企业生产状态分别实施管理措施，要形成集污染预防、环境调查、风险评估、治理修复、全过程监管和可持续再利用为一体的建设用地风险管理体系。

二是建立统一的信息平台。土壤污染防治需要大量的数据支撑，也需要加强数据共享，为准确研判土壤环境质量状况和污染趋势提供真实有效的数据支撑。

三是完善融资机制。目前用于土壤污染防治的中央专项资金远不能满足巨大土壤污染修复市场需求。我国土地的国有性质、经营主体的多样化决定了我国污染土壤修复责任主体认定的复杂性，也造成了我国污染土壤环境修复资金机制的不明晰。"污染者付费"的实践证明，其在执行中会遇到诸如无法追溯责任人的历史污染、责任人无力承担巨额修复资金、多个污染方如何划分责任等各种难题。因此，有必要进一步发挥市场作用，制定资金管理办法和使用制度，拓宽土壤修复融资渠道和资金缴纳主体。

四是鼓励利益相关方参与。土壤污染防治具有涉及领域广、专业性强、地域特色明显的特点，涵盖科技研发、工程施工、项目咨询、部门监理等多个环节。需要加强多部门联动，鼓励第三方评估机构、社会大众和新闻媒体的积极参与，开展国内与国际、企业与政府的密切合作，形成融合政府、企业、科学家、公众、新闻媒体等多方力量的跨地区、跨职能利益方参与体系。

（《学习时报》2018年8月6日）

树立和践行绿水青山就是金山银山理念

张建龙

习近平总书记多次强调，绿水青山就是金山银山。这一理念作为习近平生态文明思想的重要组成部分，已经成为我们党治国理政的重要理念，必须准确把握并深入践行，努力推进生态文明建设迈上新征程。

一、绿水青山就是金山银山理念内涵深刻

习近平总书记提出的绿水青山就是金山银山理念，是我们党对客观规律认识的重大成果，是处理发展问题的重大突破，是生态文明理论的重大创新，发展了马克思主义生态经济学，是习近平新时代中国特色社会主义思想的重要内容。

深刻把握人与自然的辩证关系。绿水青山与金山银山的关系，实质上就是生态环境保护与经济发展的关系。习近平总书记指出，在实践中对二者关系的认识经过了用绿水青山去换金山银山、既要金山银山也要保住绿水青山、让绿水青山源源不断地带来金山银山三个阶段。这是一个理论逐步深化的过程。人类必须善待自然。只有抱着尊重自然的态度，采取顺应自然的行动，履行保护自然的职责，才能还自然以宁静和谐美丽，让人与自然相得益彰、融合发展。

深刻把握自然生态的重要价值。绿水青山、金山银山分别体现自然资源的生态属性和经济属性，是推动社会全面发展的两个重要因素。绿水青山就是金山银山理念阐述了自然资源和生态环境在人类生存发展中的基础性作用，以及自然资本与生态价值的重要性，强调生态就是资源，就是生产力。保护和改善生态环境，就是保护和发展生产力。从长远来看，绿色生态效益持续稳定、不断增值，总量丰厚、贡献巨大，是最大财富、最大优势、最大品牌。因此，我们必须重视

培育和发展自然资源，加强自然资源和生态环境的保护和利用，增加生态价值和自然资本。

深刻把握可持续发展的内在要求。生态保护与经济发展的问题，归根到底是可持续发展问题。绿水青山就是金山银山理念告诉我们，必须突破把生态保护与经济发展对立起来的僵化思维，使两者有机统一、协同推进，更好实现生态美百姓富，更好促进经济社会协调可持续发展。

深刻把握执政为民的核心理念。随着经济社会快速发展，人们需求层次逐步提高。绿水青山就是金山银山理念坚持以人民为中心的发展思想，把满足人民群众对良好生态环境和美好生活的向往作为奋斗目标，努力为人民群众提供更多优质生态产品，让人民群众共享生态文明建设成果。这一理念饱含对人民群众、对子孙后代高度负责的强烈责任感，强调建设生态文明是关系人民福祉和中华民族永续发展的千年大计，绝不能吃祖宗饭、断子孙路。

二、绿水青山就是金山银山理念引领社会发展变革

绿水青山就是金山银山理念基于长期实践和经验教训而提出，在伟大实践中形成和发展，得到实践验证和社会认同，有着深厚的实践基础和深刻的现实意义。这一理念有力地推进了物质文明和生态文明的共同发展与有机融合，对社会发展和变革产生了广泛而深远的影响。

为生态文明建设提供实践指引。生态文明建设是一项长期的战略任务和目标。绿水青山就是金山银山理念明确了生态文明建设的目标方向、途径方法和规范要求。坚持生态保护优先、自然修复为主，加大生态治理、修复和保护力度，坚守生态功能保障基线、自然资源利用上线、生态安全底线。坚持重点突破、整体推进，坚持久久为功、善作善成。

为绿色发展提供理论基础。自然资源和生态环境，是经济发展、绿色发展的重要基础和制约条件。践行绿水青山就是金山银山理念、推进绿色发展，就是要推进绿水青山向金山银山转化，对绿水青山这一优质自然资源和优美生态环境，精心培育、严格保护、合理利用，把生态优势变成经济优势，使金山银山常有、绿水青山常在；就是要落实新发展理念，协同推进生态保护与经济发展，在保护

中发展、在发展中保护，既不能脱离生态保护搞经济发展，也不能离开经济发展抓生态保护；就是要转变发展方式，加快经济结构调整和传统产业升级改造，着力培育新的经济增长点和发展支撑点，推进生产经济活动过程和结果的绿色化、生态化，推动形成绿色发展方式和生活方式。

为现代化建设提供生态路径。全面建成社会主义现代化强国，美丽中国是重要标志，人与自然和谐共生是基本特征，提供丰富优质生态产品是重要任务。美在绿水青山，富在金山银山。践行绿水青山就是金山银山理念，既为现代化建设找准了着力点，也为实现现代化找到了生态路径。这就是做好"山水"大文章。要画好"山水画"，通过推进生态修复保护，浓墨重彩绘就绿水青山，为美丽中国铺实绿色底色。要念好"山水经"，通过山水林田湖草系统治理，拓展生态空间、生态容量及生态承载能力，打造金山银山，使生态与经济良性循环、互利双赢。要唱好"山水戏"，通过打造绿色家园和生态文化，彰显山水风光、地域风情和乡土风俗，让人们融入大自然，看山望水忆乡愁。

为实现全面小康提供决战主场。小康全面不全面，生态环境质量是关键。生态文明建设的成效，既影响小康程度，也制约小康进程。当前我国生态资源总量不足，生态系统脆弱。生态文明建设仍是全面建成小康社会的突出短板和主攻战场。践行绿水青山就是金山银山理念，就是要做强生态弱项、补齐生态短板、增进生态福祉，使生态文明建设的内涵更丰富、外延更拓展，生态惠民的动能更强劲、成效更彰显。通过实施生态攻坚，尽快扭转生态脆弱状况，优化生存环境，增添人们的安全感和舒适感；通过搭建实践平台，让更多的人参与生态文明建设与创业，创建美丽家园，创造美好生活，增添人们的自豪感和成就感；通过推进绿色惠民，发展生态产品、绿色产品和生态文化，扩大人民生态福利，增添人们的获得感和幸福感。

三、林业和草原建设在践行绿水青山就是金山银山理念中大有可为

林业和草原部门承担着修复和保护森林、草原、湿地、荒漠生态系统和维护生物多样性的重要职能，肩负着生产生态产品和保障林草产品供给的双重任务，是生态文明建设的主体，也是践行绿水青山就是金山银山理念的主阵地。我们要

以绿水青山就是金山银山理念为指导，加快林业改革发展，全面推进林业现代化建设，既当好绿水青山的建设者，也当好金山银山的打造者。

推进生态修复和保护，营造绿水青山。林业和草原部门要切实履行生态修复和保护的职责，在扩面增绿、提质增效上下功夫，加大林草植被恢复和保护力度，确保山更绿、水更清、环境更优美。在生态修复方面，大规模开展国土绿化行动。持续实施三北防护林体系建设、新一轮退耕还林还草、京津风沙源治理和石漠化综合治理等一系列重大生态修复工程，扩大工程造林规模。全面加快"一带一路"、京津冀、长江经济带等重点地区造林绿化和防沙治沙，大力开展森林城市建设和国家储备林建设，全面实施乡村绿化美化工程和森林质量精准提升工程。在生态保护方面，全面实施天然林资源保护、湿地保护与恢复、濒危野生动植物抢救性保护等重点工程。全面停止天然林商业性采伐，加强森林资源和草原保护管理与执法监督。加强自然保护区、风景名胜区、自然遗产、地质公园等自然保护地的保护和管理。加强国家公园建设顶层设计，加快推动建立以国家公园为主体的自然保护地体系。力争到 2020 年，全国森林覆盖率从目前的 21.66% 提高到 23.04%。

推进生态惠民和产业发展，打造金山银山。依托绿水青山，科学开发利用森林草原湿地荒漠等资源，着力培育新产业新业态和新的经济增长点，使资源变成资产、资本，使绿水青山和冰天雪地变成金山银山。围绕产业富民，加快改造升级木材培育、木材加工、木浆造纸、林产化工、林业机械等传统产业，着力发展经济林、林下经济、森林旅游、休闲观光等特色富民产业，大力培育生物制药等新兴产业，促进现代林业服务业快速发展。围绕创业增收，推进依林就业创业，让农民就地就近就业和返乡创业，不出家门也能增收致富，使林农收入渠道更加多元化。围绕精准脱贫，开展生态建设扶贫、生态保护扶贫和生态产业扶贫。特别是在贫困地区选聘贫困人口作为生态护林员，在参与生态保护中实现就业。在全国已落实生态护林员 37 万人、精准带动 130 多万贫困人口实现稳定增收和脱贫的基础上，到 2020 年再新增 40 万个生态护林员岗位。围绕公共生态福利，大力建设森林城市、美丽乡村等，推进身边增绿，让城乡环境更宜居，让人们更好地享受窗外有绿树、野外有好去处的生态福利。

推进改革和创新，构建绿水青山就是金山银山形成机制。把改革的红利、创新的活力、发展的潜力有效叠加起来，加快形成持续健康的发展模式。一是形成完善的林业经营管理体制机制。全面深化集体林权制度、国有林场、国有林区三大改革，积极推进国家公园管理体制和国有自然资源资产管理体制试点，抓好东北虎豹、大熊猫、祁连山国家公园体制试点，在关键领域寻求突破，增强林业发展的内生动力。二是形成有力的强林惠林政策制度体系。建立生态资源定价、环境赔偿和自然资源有偿使用制度，完善天然林保护、森林、草原和湿地等补偿制度和保护立法，推进林业碳汇交易制度和项目开发，实现森林生态效益的量化和价值补偿，使生态建设保护参与者得到合理回报和经济补偿。三是形成良好的共建共享参与机制。建立自然资源和生态环境保护的公众参与、党政同责、终身追责、离任审计等制度。积极探索多种国土绿化形式，优先支持政府和社会资本合作国土绿化项目，推广政府主导、企业主体、全社会共同参与的植树造林模式。建立多元化林业和草原建设参与机制，让群众更好地参与建设、分享成果。

推广先进典型和生态文化，打造绿水青山就是金山银山现实样板。宣传和推广践行绿水青山就是金山银山理念的先进典型，弘扬其致力修复生态、实现转型发展的感人事迹，发挥好典型引领示范带动作用。绿水青山就是金山银山理念发源地浙江省安吉县，从 2003 年开始实施生态立县，下决心关停造纸厂和煤矿，变靠山吃山为养山富山，大力实施生态修复，发展林业产业，全县森林覆盖率提高到 70% 以上，财政总收入年均增长超过 20%。河北省塞罕坝机械林场、山东省淄博原山林场、甘肃省民勤县、山西省右玉县，经过五六十年造林绿化攻坚，在荒山荒地荒漠地区营造了规模宏大的人工林，辖区内森林覆盖率由建设初期的不足 10% 增加到 90% 左右，"不毛之地"变成了"绿洲林海"。这些地区以生态为本、绿色兴业、产业富民的实际行动，成为绿水青山就是金山银山理念践行样板、生态文明建设典范，带动了更多社会力量参与生态文明建设和自然保护，让绿水青山就是金山银山理念在中华大地落地生根、开花结果。

（《求是》2018 年第 18 期）

坚决打好污染防治攻坚战

李　伟

生态文明是实现人与自然和谐发展的必然要求，生态文明建设是关系中华民族永续发展的根本大计。习近平总书记在 2018 年 5 月 18 日至 19 日召开的全国生态环境保护大会上发表了重要讲话，系统总结了十八大以来我国生态文明建设和生态环境保护工作的历史性成就和变革，深刻阐述了生态文明建设的重大意义，明确提出了新时代生态文明建设的基本原则，对加强生态环境保护、打好污染防治攻坚战作出了全面部署。习近平生态文明思想，是推进生态文明建设、打好污染防治攻坚战的根本遵循。

一、准确把握生态文明建设和污染防治的基本态势

习近平总书记在全国生态环境保护大会讲话时指出，我国"生态文明建设正处于压力叠加、负重前行的关键期，已进入提供更多优质生态产品以满足人民日益增长的优美生态环境需要的攻坚期，也到了有条件有能力解决生态环境突出问题的窗口期"。习近平关于我国生态文明建设和污染防治处于"关键期""攻坚期"、"窗口期"的重要判断，是今后全面部署和开展生态文明建设与污染防治工作的根本遵循，我们必须准确把握其基本特征。

一是准确把握生态文明建设关键期的基本特征。目前，我国多领域、多类型、多层面生态环境问题累积叠加，污染的复杂性、严重性前所未遇。大气、水和土壤污染高度关联，单一污染类型的控制无法从根本上实现环境质量改善的目标。随着消费结构和消费方式的转型升级，消费驱动的生活污染使得环境问题进一步复杂化。与此同时，地区间污染状况不平衡、治污任务不平衡和治污能力不平衡

进一步加剧了污染防治攻坚战的难度，如果处理不好，严重的环境污染可能导致局部生态环境质量产生不可逆转的恶化。压力叠加固然会给工作带来挑战，但如果处理得好也可以将压力转化为动力。负重固然增加前行的难度，但如果处理得好则有利于行稳致远。

二是准确把握生态文明建设攻坚期的基本特征。在全面建成小康社会进程中，更高的环境保护要求与经济社会正处于艰难协调发展的状况中。当前，正处在全面建成小康社会的攻坚期，环境质量不改善就不是真正的小康。随着居民收入水平提升与中等收入人群数量增多，日益增长的环境公共服务需求与滞后的环境设施供给之间的矛盾正迅速上升为社会主要矛盾的突出表现形式之一，环境公共服务水平、数量、质量、方式及其均衡性等供需矛盾亟待解决。社会公众对环境风险的认知和防范意识越来越强，对环境风险容忍度越来越低。攻坚并不可怕，我国改革开放的巨大成就，都是在不断攻坚克难的过程中取得的，更何况人民对美好生活的向往会极大地焕发自觉主动保护生态环境的积极性和创造性，为攻坚克难提供强大而不竭的动力。

三是准确把握生态文明建设窗口期的基本特征。当前，我国具备了解决生态环境突出问题、加快推进生态文明建设的基础条件。经济上有能力，我国可以大规模投资生态环境治理并且动员社会资本参与；技术上有支撑，源解析、治污设备等可以满足现有污染防治的需求，信息技术、人工智能等可以支持高质量绿色发展；人才上有储备，我国已经培育和拥有了一批生态环境治理的专门技术力量和人才队伍；制度上有保障，我国已经建立了系统完整的生态文明制度体系，特别建立和强化了领导干部的生态文明建设问责机制；全社会有共识，全社会保护生态环境的意识显著增强，生态文明理念日益深入人心；经验上有积累，全国各地经过长时期、大规模的生态环境治理，积累了丰富的管理与实践经验。更为重要的是，党中央、国务院把生态文明建设置于"五位一体"的现代化总体布局中，并把污染防治攻坚战作为未来三年全党工作的重点之一，使我们具备了解决生态环境突出问题的政治意志和行动部署。这个"窗口期"是全社会参与生态文明建设、共享生态红利的机遇期，不是削弱或者剥夺部分地区、部分群体发展权和分享生态红利的闭门期。

二、坚决打好污染防治攻坚战须处理好五个重要关系

打好污染防治攻坚战是生态文明建设的重要内容，是建设美丽中国、满足人民群众美好生活需要的内在要求，也是落实中华民族永续发展"根本大计"的关键一步。污染防治攻坚战是一项涉及面广、综合性强、艰巨而复杂的系统工程，必须正确处理好多重关系。

一是处理好污染防治攻坚战与全面推进生态文明建设的关系。污染防治攻坚战是生态文明建设的重要内容，生态文明建设是污染防治攻坚战的方向指引和最终目标。没有生态文明建设总体目标指引的污染防治攻坚战只能治标不能治本。不打好污染防治攻坚战，不从根本上解决环境污染问题，就无法满足老百姓的美好生活需要，生态文明建设也就缺乏感召力和群众基础。污染防治攻坚战不仅仅是环保问题，更是全部门、全领域、全社会的发展问题。打好污染防治攻坚战时间紧、任务重、难度大，是一场大仗、硬仗、苦仗。在打好污染防治攻坚战的同时，要加快构建生态文明体系，为实现美丽中国提供有力制度保障；要全面推动绿色发展，构建高质量现代化经济体系；要把解决突出生态环境问题作为民生优先领域，还老百姓蓝天白云、鱼翔浅底的景象；要有效防范生态环境风险，构建全过程、多层级生态环境风险防范体系；要提高环境治理水平，推动构建人类命运共同体；要加强党的领导，坚决担负起生态文明建设的政治责任。

二是处理好污染防治攻坚战与经济高质量发展的关系。打好污染防治攻坚战就是促进经济高质量发展，污染防治攻坚战是经济高质量发展的必然要求，也是实现经济高质量发展的重要途径；实现经济高质量发展是解决环境污染问题的根本之策。我国经济已由高速增长阶段开始转向高质量发展阶段，正处在转变发展方式、优化经济结构、转换增长动力的攻关期。经济高质量发展的最终目的是满足人民对美好生活的需要。人民日益增长的美好生活需要是多方面的，既包括物质和精神生活的丰富，也包括民主法治、公平正义的保障和提升，还包括对安全和良好生态环境的需要等。经济高质量发展需要提供更多优质生态产品以满足

人民对美好生态环境的需要。实现经济高质量发展，需要从根本上将过去高消耗和高排放的发展方式，转变为资源节约型、环境友好型的绿色发展方式。打好污染防治攻坚战和实现经济高质量发展在本质上一致，保护好绿水青山、修复好绿水青山，才能使绿水青山变成金山银山。

三是处理好污染防治攻坚战与其他两个攻坚战的关系。能否打好防范化解重大风险、精准脱贫、污染防治三大攻坚战，决定着全面建成小康社会即"第一个百年目标"能否实现，也关系到"第二个百年目标"的实现进程。三大攻坚战的协同推进，可以促进高质量经济发展的稳健性、均衡性和可持续性，可以为国家保安全、为人民谋福利、为社会求稳定。在打好污染防治攻坚战的同时，要协调好与其他两大攻坚战的关系。污染防治攻坚战需系统开展，要避免用简单粗暴的办法关停企业，导致企业系列违约引发地区金融风险；也要防止因规避风险清理PPP项目导致污染防治缺乏资金来源。污染防治攻坚战更需因地制宜，对生态脆弱的连片贫困地区采取特殊政策，避免污染防治攻坚战导致地方返贫。污染防治攻坚战需统筹考虑，避免污染防治攻坚战导致三大攻坚战间的压力传递。

四是处理好污染防治攻坚战中水、气、土三大领域之间的关系。山水林田湖草是一个生命共同体，生态是统一的自然系统。打好污染防治攻坚战，需要统筹落实大气、水和土壤三大领域的行动计划。三大领域污染防治攻坚战的任务难度差异大，蓝天、碧水、净土保卫战难度依次增大，三大领域污染防治攻坚战的工作成效也进展不一。在协同推进三大领域污染防治攻坚战时，需要进一步总结大气污染防治的经验，适当运用于水和土壤污染防治，持之以恒，让中华大地天更蓝、山更绿、水更清、环境更优美，让人民生活更美好。

五是处理好污染防治攻坚战中政府推动和社会参与的关系。打好污染防治攻坚战，需要构建党委领导、政府主导、企业主体、社会参与的环境治理体系。要建立健全职责明晰、分工合理的环境保护责任体系，持续开展环境保护督察，严格执行生态环境损害责任终身追究制，落实环境保护"党政同责""一岗双责"；要加快培育环境治理市场主体，落实企业环境治理主体责任，推进生产方式绿色化；要充分发挥政协的作用，为打赢污染防治攻坚战发展壮大最广泛的统一战线；

要倡导文明、节约、绿色的消费方式和生活习惯，把公民环境保护意识转化为保护环境的行动，让人人成为保护环境的参与者、建设者、监督者和受益者，形成全民共治的环境治理新格局。

（摘编自《人民论坛》2018 年 8 月 15 日）

打造天蓝地绿水清的优美环境
——污染防治攻坚战怎么打

日前美国国家航空航天局发布的一项研究报告称，过去十多年间，全球新增的绿化面积四分之一来自中国。2018 年，京津冀地区一级优天气明显增加，曾热销的空气净化器一度出现了滞销现象；浙江"千村示范、万村整治"工程获得联合国"地球卫士奖"，世界看见了青山绿水下的中国乡村图景。

但成绩斐然的绿色发展"答卷"只是一面，另一面是随时可能卷土重来的雾霾天气、变味变色的黑臭水体、跨省转移的危险废物。污染防治远没到喘口气的时候，必须保持加强生态环境保护建设的定力，不动摇、不松劲、不开口子，改革完善相关制度，协同推动高质量发展和生态环境保护。

一、巩固扩大蓝天保卫战成果

蓝天一年比一年增多，人们的心情也跟着好了起来，不用再天天看"指数"了。过去一年，全国 338 个地级及以上城市优良天数比率达到 79.3%、同比上升 1.3 个百分点，细颗粒物 PM2.5 平均浓度达到 39 微克 / 立方米、同比下降 9.3%。但是，很多地方的空气仍没有实现基本达标的"及格线"，与老百姓期待的"天天蓝"还有差距。2019 年《政府工作报告》强调，要持续推进污染防治，着力做好京津冀及周边、长三角、汾渭平原大气污染治理攻坚，提出二氧化硫、氮氧化物排放量要分别下降 3% 的目标。

大气污染表现在天上，根子却在地上。究其原因，是产业结构、能源结构、交通结构和生活方式等方面出了问题。火电、钢铁、建材等重点行业排放在工业中占了大头。烟粉尘排放总量中，火电占 10%、钢铁占 35%、建材占 33%。运送同样货物的能耗，公路是水运的 14 倍、铁路的 7 倍，而我国公路货运比例约为 77%。虽然柴油货车保有量占比仅为 7.8%，但污染物排放却占到机动车排放总量的 60% 以上。要紧盯工业、燃煤、机动车这"三大污染源"，继续推动重点行业提标改造，加快调整运输结构，实施油品质量升级，强化柴油车尾气治理，严厉打击生产、销售假劣车用油品行为。

大气污染物的成分因时因地有所不同，但主要来自能源利用过程。我国是一个严重依赖化石能源的国家，在一次能源消费中煤炭占比接近 60%。北方地区每年冬季取暖消耗散煤 2 亿吨左右，是雾霾的重要来源之一。要持续加强散煤治理，因地制宜推进北方地区冬季清洁取暖，继续实施以气代煤、以电代煤，统筹做好气源电源供应、安全运营、取暖补助等工作，使居民既能看到蓝天，也能温暖过冬。

二、加快水污染综合治理

水是生命之源。长江黄河奔流不息，孕育了古老的中华文明，大小湖泊点缀城市，给城市带来灵气和活力，不少城市因水而兴。但被污染的河流、湖泊不仅危及饮水安全，影响人居环境，也会破坏区域流域生态。2019 年《政府工作报告》要求，加快治理黑臭水体，防治农业面源污染，推进重点流域和近岸海域综合整治，化学需氧量、氨氮排放量要分别下降 2%，努力还老百姓清水绿岸、鱼翔浅底。

水源地是百姓的"大水缸"。在很多人看来，水龙头一拧，干净的自来水就来了，但实际上，保障饮用水安全并不简单。水源地的环境质量是保障饮用水安全的第一道关卡，决定了后续处理效果。若源头水超标，常规水处理工艺不仅无法去除部分有毒有机物，还有可能产生新的消毒副产物。要让老百姓的小水杯端得踏实，就需要加强水源地、净水厂、管网到水龙头全过程管理。对"千吨万人"以上饮用水水源地进行排查评估，开展饮用水水源保护区划定工作，强化南水北调水源区和沿线水质保护及生态修复，持续提升水源地规范化建设水平。

整治黑臭水体是改善水环境质量的必然要求，也是人民群众的殷切期盼。黑臭水体形成的重要原因，在于污水收集和处理能力赶不上污水产生量。要根治黑臭水体，首先要控源截污，完善城市污水收集系统，确保污水纳管不乱排、治污设施转起来。要瞄准未达标重点城市以及长江经济带地级以上城市，显著提高黑臭水体消除比例，让一条条河流由浊变清，一条条滨水廊道成为景观。

渤海上承海河、黄河、辽河三大流域，下接黄海、东海海域，是一个半封闭的内海，也一直是我国环境质量最恶劣的海区。溢油、赤潮等海洋环境灾害与突发事件频发，不断威胁着海域生态安全。围海造地、盐田修建等开发活动，使大量滨海湿地永久丧失了自然功能。要开展环渤海区域重点攻坚行动，加强渤海湾、辽东湾、莱州湾、辽河口、黄河口等河口海湾的综合整治，强化入海河流水质管理，确保渤海生态环境继续好转。

三、改革创新环境治理方式

烟头的背后，是乱扔烟头的人；污染的背后，则是不合理的生产生活方式。早在150多年前，马克思就发出警告，人类"要一天天地学会更正确地理解自然规律，学会认识我们对自然界习以为常所做的干预所引起的较近或较远的后果"。当前我国的生态环境问题有着复杂成因，要看到，几十年积累的问题难以在几年内完全解决。但也要看到，在我国经济由高速增长阶段转向高质量发展阶段的过程中，污染防治是必须跨越的一道重要关口。基于我国国情和发展阶段，协同推动经济高质量发展和生态环境高水平保护，必须统筹兼顾、标本兼治，在提高环境治理能力上下功夫。《政府工作报告》强调，要改革创新环境治理方式，对企业既依法依规监管，又重视合理诉求、加强帮扶指导，对需要达标整改的给予合理过渡期，避免处置措施简单粗暴、一关了之。

实现生态环境根本好转是一个长期的过程。英国治理泰晤士河，从1850年开始修城市下水道，到2000年大马哈鱼回归，共用了150年。对于污染防治攻坚战，我们要有坚定的决心和信心，不能放宽放松，不能走"回头路"；还要保持耐心和恒心，遵循自然规律和经济社会发展规律，着力在转变发展方式上下功夫、在调整经济结构上找出路、在促进绿色消费上做文章，翻越经济转型的"高山"，迈过环保的"长坎"。

环境治理是一个系统工程，需要综合运用法治、市场、科技等多种手段。我们要坚持依法行政、依法推进，对企业既要做到严格监管，强化排污者主体责任，又要做到热情服务，重视企业的合理诉求，帮助制定环境治理解决方案，提供必要的技术等支持。优化和完善环保标准，提高科学性、稳定性和可预见性，为企业发展营造良好政策环境。企业有内在动力和外部压力，污染防治一定能取得更大成效。

污染源分布零散，环境执法人员要及时发现污染点位并不容易。如今，技术进步帮上了大忙：综合卫星遥感、空气质量地面观测等数据的热点网格APP，可以告诉执法人员大气污染的准确位置；基于高分卫星遥感数据提取的风险源信息，可以呈现水体污染的情况，及时锁定污染。要加快建立天地一体环境监测网，推进环境执法平台、生态环境保护大数据系统建设，为科学决策、环境管理、精准治污提供支撑。开展大气污染成因与治理、水体污染控制与治理、土壤污染防治等重点领域科技攻关，加快空气、地表水自动监测数据全国联网共享，进一步提升空气质量预测预报能力。

四、增强发展的"绿动力"

加强生态环境保护，既要做控污的减法，也要做加法，这就是发展绿色环保产业。烟气脱硫脱硝、清除黑臭水体、土壤修复等污染防治和生态保护领域都需要相应的环保技术，也离不开绿色环保产业的支撑。改革开放40多年来，我国城市污水处理厂处理能力提高245倍，也是得益于水务行业的快速发展。发达国家在环境治理过程中，持续培育绿色环保产业，不仅有效推进了本国环境改善，还成为引领世界绿色环保产业发展的龙头。

在推动重点行业清洁化改造过程中，可以带动环保技术和装备制造业发展。我国传统产业比重大，资源利用水平低，单位产出的能源消耗较高，同经济社会发展需要和国际先进水平相比仍有较大差距。要严格节能、节水、节地和环境、安全等标准，在能源、冶金、建材、有色、化工、电镀、造纸、印染等行业，全面推进清洁生产改造。在火电和钢铁行业，继续推进超低排放改造，最大限度降低煤炭燃烧带来的污染排放。在农业领域，推进畜禽粪污、秸秆、农膜等废弃物的资源化利用。

在建设公共治污设施中，能够促进环境治理模式创新。启动城镇污水处理提质增效三年行动，抓紧还上欠账、补齐短板，尽快实现污水管网全覆盖、全收集、全处理。支持中西部污水处理厂建设，加强污水处理设施维护。培育和发展交易平台，加快健全用能权、用水权、排污权、碳排放权交易市场。推行政府和社会资本合作、污染第三方治理等模式，积极探索区域环境托管服务等新业态新模式。完善助力绿色产业发展的财税、金融、价格、投资等政策，加快培育环境治理市场主体。推进社会化生态环境治理和保护，鼓励通过政府购买服务等方式，吸引社会资本参与投资运营。

能源清洁化利用是治理污染的重要手段，也是清洁能源产业发展的方向。一方面，我国以煤为主的能源结构短期内难以发生大的变化，要大力推广煤炭清洁利用技术，支持煤炭清洁加工和分级分质利用；加强国内油气勘探开发，健全天然气产供销体系，加快油气管网建设，提高油气国内供应保障水平。另一方面，推动新能源产业规模化发展，建立健全可再生能源电力消纳长效机制，抓紧解决风、光、水电消纳问题，改革完善补贴机制，让可再生能源尽快扔掉补贴的拐杖，在电力市场中参与公平竞争。

五、加强生态系统保护修复

塞罕坝，地处内蒙古浑善达克沙地南缘。由于历史上过度采伐，土地日渐贫瘠，风沙肆无忌惮侵入北京等地。林场建设者们在"黄沙遮天日，飞鸟无栖树"的荒漠上艰苦奋斗，硬是造出112万亩世界上最大的人工林，将森林覆盖率从11.4%提高到80%，创造了荒原变林海的绿色奇迹。这再一次证明，只要遵循生态系统内在机理和规律，坚持保护优先、自然恢复为主，加强生态保护修复，就能不断提升生态系统的质量和稳定性。

自然生态系统包括森林、草原、湿地、沙漠等多种形态，是相互依存、紧密联系的有机系统。地球上最大的生态系统是"生物圈"，具有自我维持稳态的能力。人类生产生活产生的污染物进入大气、水体等环境介质，在各种物理化学作用下会降解、转化，但这种调节能力是有限度的，超过后就会破坏生物圈的动态平衡。因此，生态保护和污染防治密不可分、相互作用，在做好减法降低污染物排放量的同时，要做好生态保护的加法以扩大环境容量。要深入推进山水林田湖草修复工程试点，持续开展大规模国土绿化行动，加大"三北"等地区退化防护林修复力度。全面加强草原保护，继续抓好湿地保护修复，加快防沙治沙步伐。

加强生态保护修复需要调动各方面参与的积极性，关键是建立完善的生态补偿机制，探索生态价值实现途径。要增加均衡性转移支付，保障重点生态功能区的基本财力。完善多元化横向生态补偿机制，鼓励生态受益地区与生态保护地区、流域下游与流域上游，通过资金补偿、对口协作、产业转移、人才培训、共建园区等方式建立横向补偿关系。使上游的保护为下游发展护航，下游的发展带动上游一起进步。在具备重要饮用水功能及生态服务价值、受益主体明确、上下游补偿意愿强烈的跨省流域，支持开展省际横向生态补偿。

生物多样性是人类赖以生存和发展的基础。我国生物多样性保护工作取得显著成效，但生物多样性下降总趋势尚未得到有效遏制，生物多样性保护与开发建设活动之间的矛盾依然存在。要进一步加强生物多样性保护工作，加快构建生态廊道和生物多样性保护网络，完善生物多样性迁地保护设施。要加快推进国家公园体制试点，启动编制海南热带雨林等国家公园总体规划。加强试点公园管理机构建设和运行保障，编制国家公园自然资源资产管理办法、巡护管理办法、建设项目准入清单，抓好生态环境和自然资源监测试点。

绿色是生命的象征、大自然的底色，是美好生活的基础、人民群众的期盼。弥补环境欠账需要痛下决心，铁腕治污才能力保山清水秀，推动绿色发展人人有责。每个人都应更加自觉地珍爱自然，更加积极地保护生态，为建设天蓝地绿水清的美丽中国尽一份责、出一份力。

（国务院研究室编写组：《2019 政策热点面对面》，

中国言实出版社 2019 年 3 月）

生态文明建设的根本遵循

潘 岳

党的十八大以来，以习近平同志为核心的党中央把生态文明建设作为统筹推进"五位一体"总体布局和协调推进"四个全面"战略布局的重要内容，开展一系列根本性、开创性、长远性工作，提出一系列新理念新思想新战略，形成了习近平生态文明思想，为建设生态文明、建设美丽中国提供了方向指引和根本遵循。立足中国特色社会主义新时代，我们要认真学习领会习近平生态文明思想，全党全国全社会一起动手，持之以恒抓紧抓好生态环境保护，推动我国生态文明建设迈上新台阶。

习近平生态文明思想体现了对马克思主义生态观的继承和创新，汲取了中华优秀传统文化的相关精髓，是对可持续发展理念的丰富和升华。

习近平总书记指出，学习马克思，就要学习和实践马克思主义关于人与自然关系的思想。马克思主义认为，自然物构成人类生存的自然条件，人类在同自然的互动中生产、生活、发展，人类善待自然，自然也会馈赠人类，但"如果说人靠科学和创造性天才征服了自然力，那么自然力也对人进行报复"。人与自然的和谐发展只能以人与社会关系的根本改变为前提。资本主义工业文明以人类中心主义为出发点，以追求利润最大化为根本目标，以资本的无限扩张为手段，必然导致人与自然关系的紧张、人与人关系的异化，必然出现生态环境成本在全球范围内的转移。马克思主义用自然辩证法对资本主义进行了深刻批判，指明了社会主义在促进生态问题根本解决上理应比资本主义更能体现制度优越性，社会主义追求人与人、人与自然、人与自身关系的整体重构，包括思想与制度、自然环境与人文环境、环境公平与社会正义等，它是人和自然之间、人和人之间矛盾的真正解决。

习近平总书记指出，中华民族向来尊重自然、热爱自然，绵延 5000 多年的中华文明孕育着丰富的生态文化。孔子说："子钓而不纲，弋不射宿。"《吕氏春秋》中有言："竭泽而渔，岂不获得？而明年无鱼；焚薮而田，岂不获得？而明年无兽。"古人关于对自然要取之以时、取之有度的思想，有着十分重要的现实意义。中华传统生态文化所蕴含的"和合"理念，把天、地、人作为一个统一的和谐整体来考虑，并将此思维方式运用于社会各个方面。在中国历朝历代治国理政实践中，特别是在律令中，也体现着平衡、节制、有序、内敛的生态智慧。例如，《逸周书·大聚解》记载："禹之禁，春三月，山林不登斧，以成草木之长；夏三月，川泽不入网罟，以成鱼鳖之长。"作为中华优秀传统文化的忠实继承者和弘扬者，我们理应促进传统生态文化和生态伦理的现代转型。

可持续发展的根本要求是在发展中既要立足当前发展，又要着眼未来发展的需要，不应以牺牲后代人的利益为代价来满足当代人的利益，其本质就在于协调代内、代际之间的利益冲突。20 世纪中叶，工业文明过度发展导致人与自然关系进入空前紧张阶段，发达国家连续出现大规模环境公害危机，引发整个国际社会对传统工业文明发展模式的普遍反思。可持续发展理念正是在这一背景下提出的，它的实施要求各国政府对区域性和全球性的环境问题负有重大责任，在各国共同利益的前提下通力合作，共同行动。早在 1994 年，国务院常务会议通过《中国 21 世纪议程》，确定实施可持续发展战略，中国成为世界上第一个制定实施本国可持续发展战略的国家。与此同时，中国坚定支持并全力落实《联合国千年宣言》，促进国际社会达成并实施 2030 年可持续发展议程。习近平总书记在全国生态环境保护大会上明确指出，要实施积极应对气候变化国家战略，推动和引导建立公平合理、合作共赢的全球气候治理体系，彰显我国负责任大国形象，推动构建人类命运共同体。

习近平生态文明思想指明了生态文明建设的方向、目标、原则和路径，对建设富强民主文明和谐美丽的社会主义现代化国家具有非常重要的指导作用。

习近平生态文明思想在战略定位上揭示了生态环境是关系党的使命宗旨的

重大政治问题，也是关系民生的重大社会问题，生态文明建设是关系中华民族永续发展的根本大计；在战略部署上，将生态文明纳入中国特色社会主义事业"五位一体"总体布局，将"绿色"纳入新发展理念，将"美丽"作为社会主义现代化强国的目标之一，要求加快构建生态文明体系；在战略举措上，要求坚决打好污染防治攻坚战，深入实施大气、水、土壤污染防治三大行动计划；全面加强党对生态环境保护的领导，落实领导干部生态文明建设责任制，严格实行党政同责、一岗双责，强化考核问责，对生态环境保护责任没有落实、推诿扯皮、没有完成工作任务的，依纪依法严格问责、终身追责。进一步打好污染防治攻坚战，根本在于学懂弄通做实习近平生态文明思想，辩证看待经济发展和生态环境保护的关系，构建与高质量发展相适应的制度体系，确保生态文明建设决策部署落地见效。

在全国生态环境保护大会上，习近平总书记深刻阐述了加强生态文明建设的重大意义，明确提出加强生态文明建设必须坚持的重要原则，对加强生态环境保护、打好污染防治攻坚战作出了全面部署，并提出，要通过加快构建生态文明体系，确保到 2035 年，生态环境质量实现根本好转，美丽中国目标基本实现。到本世纪中叶，物质文明、政治文明、精神文明、社会文明、生态文明全面提升，绿色发展方式和生活方式全面形成，人与自然和谐共生，生态环境领域国家治理体系和治理能力现代化全面实现，建成美丽中国。建设美丽中国，要以习近平生态文明思想为指引。习近平生态文明思想发展了马克思主义生态观，凸显了人与自然是生命共同体，主张尊重自然、顺应自然、保护自然，体现了对马克思主义关于人与自然关系理论的继承。丰富了马克思主义生产力理论，把自然生态环境纳入生产力范畴，揭示了生态环境是生产力的内在重要属性。指明了生态文明是相较于工业文明更高级别的文明形态，符合人类文明演进客观规律。强调生态文明建设是一个综合指标体系，不是将生态文明限于环境保护领域，而是将其扩展到经济、科技、社会、文化、伦理等综合领域，为建设生态文明、建设美丽中国指明了路径和方向。

（《光明日报》2018 年 11 月 2 日）

"绿水青山就是金山银山"有哪些丰富内涵

梁佩韵

2005 年 8 月 15 日，时任浙江省委书记的习近平同志在安吉县余村考察时首次提出："我们过去讲，既要绿水青山，也要金山银山。其实，绿水青山就是金山银山。"在 2018 年 5 月 18 日召开的全国生态环境保护大会上，习近平总书记进一步指出："绿水青山就是金山银山，阐述了经济发展和生态环境保护的关系，揭示了保护生态环境就是保护生产力、改善生态环境就是发展生产力的道理，指明了实现发展和保护协同共生的新路径。""绿水青山就是金山银山"内涵丰富、思想深刻、生动形象、意境深远，是习近平生态文明思想的标志性观点和代表性论断。

"绿水青山就是金山银山"的提出来自对实践诉求的深层回应。对绿水青山与金山银山关系的深刻认识，正是源自于习近平总书记长期对生态文明建设的实践与思考。20 世纪 80 年代，他还在河北正定工作的时候，就提出了"宁肯不要钱，也不要污染"的理念；在福建工作期间，他五下长汀，走山村、访农户、摸实情、谋对策，大力支持长汀水土流失治理，经过连续十几年的努力，长汀实现了从荒山到绿洲再到生态家园的历史性转变。

改革开放几十年来，东部沿海发达省份浙江较早遇到了保护生态环境与加快经济发展的矛盾。当时，有两种发展思路：一种是继续发展"高速经济"模式，可以在"百强县""亿元乡"的名单上登榜；另一种是寻找新出路，将生态经济作为未来发展的方向。浙江省走在改革开放前列，在经济率先腾飞的同时也感受到了破题的压力。此时，安吉余村集体经济转型的"小切口"投射出了时代前行的"大问题"，为"绿水青山就是金山银山"重要思想的提出带来了源头活水。

可以说，这一重要思想是习近平同志破解浙江发展难题、总结浙江发展经验的理性升华，是长期研究思考我国经济社会发展方式的认识飞跃，也是对人类文明发展道路深刻反思的思想结晶。

"绿水青山就是金山银山"指明了经济发展与生态环境保护协调发展的方法论。习近平总书记曾提出对绿水青山和金山银山之间关系认识的三个阶段。对三个阶段的认识，反映了发展的价值取向从经济优先，到经济发展与生态保护并重，再到生态价值优先、生态环境保护成为经济发展内在变量的变化轨迹。保护生态环境不是不要发展，而是要更好地发展。生态环境越好，对生产要素的集聚力就越强，就能推动经济社会又好又快发展。"绿水青山就是金山银山"立足我国国情，把握未来趋势，既深刻揭示了在相当长一段时间里，解放和发展生产力仍是社会主义初级阶段的首要任务；又深刻回答了如何正确处理好经济发展与生态环境保护的关系，为加快推动绿色发展提供了方法论指导和路径化对策。

"绿水青山就是金山银山"体现了对自然规律的准确把握。习近平总书记指出："人类发展活动必须尊重自然、顺应自然、保护自然，否则就会遭到大自然的报复。"在人类发展史上，特别是工业化进程中，曾发生过大量破坏自然资源和生态环境的事件，酿成惨痛教训。20世纪发生的"世界八大公害事件"，如洛杉矶光化学烟雾事件、伦敦烟雾事件、日本水俣病事件等，对生态环境和公众生活造成巨大影响。生态环境没有替代品，用之不觉，失之难存。没有绿水青山，何谈金山银山？人类可以通过社会实践活动有目的地利用自然、改造自然，但不能凌驾于自然之上，对自然界不能只讲索取不讲投入、只讲利用不讲建设。"绿水青山就是金山银山"理论的提出，继承和发展了马克思主义生态观，蕴含和弘扬了天人合一、道法自然的中华民族传统智慧，开辟了处理人与自然关系的新境界。

"绿水青山就是金山银山"贯穿了坚持以人民为中心的发展思想。习近平总书记强调："发展，说到底是为了社会的全面进步和人民生活水平的不断提高。"顺应人民群众的新期待，是我们考虑一切问题的出发点和落脚点。随着物质文化生活水平的不断提高，人民群众对生态产品的需求越来越迫切，既要温饱更要环保，既要小康更要健康。山清水秀但贫穷落后不是我们的目标，生活富裕但环境退化也不是我们的追求。"绿水青山就是金山银山"是对民生内涵的丰富发展，体现了对群众期待的回应，彰显了以人为本、人民至上的民生情怀。同时，指导生态文明建设实践的理论必须被群众所接受、所领悟、所欢迎，"绿水青山就是金山银山"既有思想的深刻性，又有语言的群众性，代表了人民的心声，顺应了人民的期待，容易转化为人民的自觉实践。

（《中国环境报》2019 年 3 月 28 日）

生态文明建设要统筹兼顾避免误区

周宏春

习近平总书记强调："在'五位一体'总体布局中生态文明建设是其中一位，在新时代坚持和发展中国特色社会主义基本方略中坚持人与自然和谐共生是其中一条基本方略，在新发展理念中绿色是其中一大理念，在三大攻坚战中污染防治是其中一大攻坚战。"当前，保持加强生态文明建设的战略定力，探索以生态优先、绿色发展为导向的高质量发展新路子，必须掌握和运用唯物辩证的方法，统筹兼顾，并避免陷入误区。

一、做到"四个统筹"

加强生态文明建设，要做到"四个统筹"，正确处理好理念与实践、重点突破与整体改善、当前与长远、国内与国际等关系，发挥能动性，把握主动权。

其一，处理好树牢理念与自觉践行的关系。推进生态文明建设，必须树立绿色发展理念，不断增强人们的生态文明意识，并着力解决生态文明意识日渐觉醒而实际行动滞后乏力的问题。一方面，生态文明理念不会自发形成，其树立与培育需要一个长期过程。必须加大生态文明理念宣传教育的广度、力度和深度，切实增强全民的节约意识、环保意识、生态意识，营造爱护生态的良好社会风尚，使生态文明理念真正成为每个社会成员的广泛共识和行为准则；另一方面，坚持建设美丽中国全民行动。无论政府、社会、企业还是个人，都要从长远着眼、从细节入手，落实保护环境人人有责的理念，以自觉的行动来贯彻和体现生态文明观，身体力行推动人与自然和谐发展。

其二，处理好重点突破与整体推进的关系。推进生态文明建设，既要抓好突出的生态环境问题，又要注重生态文明建设的系统性、整体性，更要从中国特色社会主义事业"五位一体"总体布局和"四个全面"战略布局出发，把生态文明融入经济建设、政治建设、文化建设、社会建设的各方面和全过程，优先解决损害群众健康的突出环境问题。把推进生态文明建设作为一项系统工程，统筹资源节约、生态修复与环境保护，统筹源头治理、过程严管与排污不达标严惩，统筹生态理念传播、制度构建、技术创新与资金投入，使各环节各要素构成一个严密整体。推动实现生态文明理念与经济、政治、文化、社会等领域建设的有机融合，真正让绿水青山成为金山银山。

其三，处理好当前建设与长远发展的关系。既要立足当前，又要着眼长远。既要短期谋划，又要长远安排。既要采取有力有效行动，解决紧迫的环境问题；又应坚持预防为主，预防污染。既要着眼全面建成小康社会目标，贯彻落实党的十九大报告提出的生态文明建设的阶段性任务，形成节约资源与保护环境的空间格局、产业结构、生产方式和生活方式；又要着眼建成社会主义现代化强国、实现中华民族伟大复兴中国梦，筹划中长期生态文明建设的战略目标、原则和路径，努力建成人与自然和谐共生的现代化。要结合各地区各部门各单位实际，进一步将宏观战略细化深化分化优化，形成切实可行的生态文明建设的施工图路线图，确保生态文明建设目标如期实现。

其四，处理好国内治理与国际合作的关系。必须统筹国内国际两个大局，构建以政府为主导、企业为主体、社会组织和公众共同参与的国内环境治理体系。立足中国国情，着力解决国内的生态环境问题，坚定走生产发展、生活富裕、生态良好的生态文明发展道路，建设美丽中国。积极参与全球环境治理，将我国生态文明建设纳入全球视野，推动各国开展生态文明领域的交流合作，争取国际话语权，为应对全球性生态挑战、推动世界可持续发展作出贡献。我国作为负责任的发展中大国，将积极参与全球生态治理，承担同自身国情、发展阶段、实际能力相符的国际责任，充分运用"一带一路"建设等合作机制，在管理模式、先进技术、经验成果等方面与国际社会开展交流合作，坚持共谋全球生态文明建设。

二、避免"四个误区"

生态文明建设是一项复杂的系统工程，是一个长期的建设过程，必须按照自然规律和经济规律办事，避免陷入误区。

误区一：生态好等于生态文明了。文明是社会进步状态，生态文明是指人与自然和谐的状态。人是生态文明的主体，人类社会文明决定环境状况。生态文明，不仅要有良好的生态环境，更要有物质文明和精神文明，而精神文明对生态环境保护尤为重要。世界银行的相关研究发现，世界上一些贫困地区的生态环境很好，但由于物质十分贫乏，人们不得不"砍柴烧"，导致水土流失和生态退化，反过来又加剧了贫困，形成"贫困—生态退化—贫困"的恶性循环。可见，环境好了，精神文明也要相应跟上。

误区二：生态文明必然与经济发展对立。一些人只谈绿水青山，不谈金山银山。换言之，只强调生态环境保护的重要性，忽视经济发展的基础性。生态文明建设并不是不要发展，而是要低消耗、高效益、高质量的发展。发展也不仅指经济发展，更不能简单地等同于 GDP 增长。资源节约、环境保护、科技创新、文化繁荣和社会进步等，都是发展的内涵。"绿水青山就是金山银山"是一个完整表述。"既要绿水青山，也要金山银山"，强调在发展中保护，在保护中发展。我们既不能以牺牲环境为代价谋求一时一地的发展；也不能只讲环境保护，守着"绿水青山"放弃发展。生活富裕但生态退化不是生态文明，山清水秀但贫穷落后也不是生态文明。要实事求是地平衡好经济发展与环境保护的关系，把握好"度"。正如习近平总书记所言：保护生态环境和发展经济从根本上讲是有机统一、相辅相成的。

误区三：生态文明建设等同于环境保护工作。生态文明建设有广义和狭义理解。广义的生态文明建设包括生态环境建设、生态文化建设等方面；狭义的生态文明建设包括国土空间优化、整治与可持续安全，资源节约、保护与可持续利用，环境保护、污染治理与环境质量持续改善，生态保育、修复与可持续承载等方面。由此可见，环境保护是狭义的生态文明建设的一部分。无疑，在环境形势较为严峻的当下，环境保护应摆在生态文明建设的重中之重，但不能把生态文明建设仅仅看成是对环境保护工作的提升。空间优化、资源节约、环境保护、产业升级、绿色建筑、绿色交通、科技创新、生态文化、绿色消费、绿色财税、绿色金融等，都是生态文明建设的重要内容。

误区四：生态优先就是环保优先。资源、环境、生态是一体的，是从不同角度界定人类生存和发展所依赖的自然界。资源侧重于利用的目的，如经济资源、战略资源等；环境侧重于生存的目的，如宜居环境、优美环境等；生态侧重于生物与环境及其相互之间的关系，人是生物物种之一。生态优先，是生物优先、环境优先、还是生物与环境关系优先，存在多解性，认识上的模糊性必然会带来行动上的多样性。例如，一些地方以生态建设之名行开发破坏之实；一些地方花巨资在河流和湿地上建起"三面光"的人工水泥堤坝，破坏了动植物与水的联系；一些地方违背自然规律，用"大跃进"方式建设生态城市，大搞大树进城，指望"今天栽树、马上乘凉"；一些地方"一刀切"关停企业，不仅影响当地经济发展，更增加了就业压力和社会稳定的隐患。

所有这些，都与生态文明建设原则和重点南辕北辙。因此，必须避免陷入上述误区。同时，也不能把生态环境保护作为懒政、庸政和不作为的挡箭牌。

（《经济日报》2019 年 4 月 15 日）

全面正确理解污染防治攻坚战

吴舜泽　赵子君

党的十九大明确提出，在全面建成小康社会的决胜期，特别要坚决打好防范化解重大风险、精准脱贫、污染防治的攻坚战，使全面建成小康社会得到人民认可、经得起历史检验。全国生态环境保护大会对打好污染防治攻坚战这一重大决策做出了具体部署。一些地方和干部群众对打污染防治攻坚战的必要合理性、全面内涵、具体路径的认识还不完全清晰，这直接影响从各自本职工作主动推进污染防治战的积极性。下面就为什么要打污染防治攻坚战、什么是污染防治攻坚战以及如何打好打胜污染防治攻坚战三个问题进行阐述。

第一，环境形势判断、全面小康内涵、主要矛盾转化和高质量发展要求，都决定了当前必须进行污染防治攻坚战。

习近平总书记指出，我国生态环境质量持续好转，出现了稳中向好趋势，但成效并不稳固，我国生态文明建设正处于压力叠加、负重前行的关键期，已进入提供更多优质生态产品以满足人民日益增长的优美生态环境需要的攻坚期，也到了有条件有能力解决生态环境突出问题的窗口期。这一重大战略判断强调等不起、慢不得、不迟疑，实际上也是对社会上存在的三种错误观点的纠偏。其一认为，前期工作成绩好就可以懈怠一下。应注意，生态环保工作犹如逆水行舟，不进则退，稍有松懈就有可能出现反复。如果现在不抓紧，将来解决起来难度更大、代价更大、后果更严重。其二认为，不用这么着力、不需要加快治理。在生态环保问题上，我们不能搞击鼓传花，让风险因素累积演变成为灰犀牛事件，必须更多更好更快地提供优质生态产品，满足人民群众的需求。其三认为，打不赢。要充分发挥党的领导和我国社会主义制度能够集中力量办大事的政治优势，充分利用改革开放 40 年来积累的坚实基础，增强打赢打胜的信心。

从 2000 年建设小康社会，到 2020 年全面建成小康社会，20 年时间全党全国努力的方向就在于"全面"两字。习近平总书记用两句话深刻阐述了"全面建成小康社会"的内涵："小康全面不全面，生态环境质量是关键"；"全面小康，覆盖的领域要全面，是五位一体全面进步，不能长的很长、短的很短"。在三年左右的时间内，举全党全国之力，集中力量，加快补齐生态环境这一突出短板，直接关乎第一个百年奋斗目标的实现。这是一项摆在我们面前必须攻坚完成的历史任务和时代使命。

党的十九大提出社会主要矛盾发生转化，其中生态环境是社会主要矛盾的一个方面，人民群众对清新的空气、干净的水、优美的生态环境等要求越来越高。我们所有的工作就是为了解决社会主要矛盾。既然社会主要矛盾发生转化，老百姓对美好生活的向往有了更高要求，我们就奔着这个方向去加大攻坚力度。一个阶段有一个阶段的发展重点和价值取舍，目前改善生态环境是重中之重。高质量发展阶段下的环境，不能作为无价低价的生产要素被忽视，也不能仅仅将其作为支撑发展的一个条件，而应把生态环境资源作为稀缺资源要素，予以高标准保护、大力度修复。

我国经济已由高速增长阶段转向高质量发展阶段，污染防治攻坚战就是需要跨越的重要的非常规关口。这是一个凤凰涅槃的过程。我们必须咬紧牙关，要在三年之内，举全党全国之力，集中力量，下狠手扭转粗放型发展的惯性模式，爬过这个坡，迈过这个坎。打好污染防治攻坚战，实际上也能推动绿色转型、绿色发展、高质量增长、供给侧改革，带动性强，有综合多重效益。

第二，污染防治攻坚战是在既定规划目标要求下，突出重点的阶段性大战、苦战、硬战。

从目标指标来看，污染防治攻坚战目标与国民经济和社会发展"十三五"规划纲要，"十三五"生态环境保护规划，大气、水和土壤三个"十条"等规划计划目标，保持了连续性和稳定性。攻坚战目标就是"十三五"规划确定的生态环境质量总体改善。攻坚战不可能让生态环境在短短三年内全面达标，根本好转是 2035 年的远期目标，不能因污染防治攻坚战打乱总体部署，或者急躁盲动。在实践中，也反对目标指标的层层加码、级级提速，反对三年任务两年完成，反对"口号环保"和"一刀切"。

从任务部署来看，污染防治攻坚战并非针对所有的生态环境问题全面开花，而是目标和任务有清晰的限定，不搞"大而全"，突出重点、以点带面，有所为、有所不为。具体就是七场标志性重大战役——打赢蓝天保卫战，打好柴油货车污染治理、城市黑臭水体治理、渤海综合治理、长江保护修复、水源地保护、农业农村污染治理攻坚战；以及四大专项行动——落实《禁止洋垃圾入境推进固体废物进口管理制度改革实施方案》，打击固体废物及危险废物非法转移和倾倒，垃圾焚烧发电行业达标排放，"绿盾"自然保护区监督检查，实现在解决人民群众反映强烈的突出生态环境问题方面明显见效。

从内涵上看，不能把污染防治攻坚战作为单一的污染防治或者末端治理。按照全国生态环境保护大会和《中共中央国务院关于全面加强生态环境保护坚决打好污染防治攻坚战的意见》精神，污染防治攻坚战涵盖绿色发展、生态保护和五个体系建设等全方位内容。首先，绿色发展是解决污染问题的根本之策，当前环境质量呈现稳中向好趋势，但成效并不稳固，其核心在于黑色增长的惯性和路径依赖，攻坚重点难点在于调整产业结构、能源结构、运输结构、农业投入结构。其次，生态保护与污染防治密不可分、相互作用，分子与分母协同发力。其三，要尽快形成生态环境监管体系、经济政策体系、法治体系、能力保障体系、社会行动体系，构建激励与约束并举的长效政策制度链条。

污染防治攻坚战的一个内在特征是依法常态化严格监管，要深刻认知这是协同推动经济高质量发展和生态环境高水平保护的关键。环保执法督察力度的不断加严，强调突出重点、精准发力、统筹兼顾、求真务实，绝非不分青红皂白一律关停企业。这样做不仅不会对经济发展造成负面影响，反而会促成经济发展与生态环境保护协同共进的良好局面。2017 年，在环境质量持续改善的同时，全国经济增速同比上升 0.2 个百分点，规模以上工业增加值增速同比提高 0.6 个百分点，工业企业利润同比增长 21%。京津冀及周边地区清理整治了 6.2 万家"散乱污"企业，促进了传统产业转型升级，实现了增产不增污。

攻坚战具有举旗定向的标志性意义，时间紧、任务重、难度大，绝不是过去工作的平推，注定是一场大战、苦战、硬战。在某种意义上，是对过去牺牲资源环境换取发展的粗放模式的强力纠偏，一定会有地区有干部不适应，一定有局部利益受损，也还有很多需要破除障碍的环节。对此，我们需要保持战略定力。

第三，打好打胜污染防治攻坚战是对地方党委政府施政能力水平的一场考验。污染防治攻坚战是一项涉及面广、综合性强、艰巨复杂的系统工程，要综合施策、层层落实，方能打好打胜污染防治攻坚战。

首先，全面加强党对生态环境保护的领导。要紧盯关键，压实责任，采用"排查、交办、核查、约谈、专项督察"的"五步法"，压实地方各级党委政府责任，形成抓好生态环境保护、全力治污攻坚的政治理念、制度氛围和刚性约束，形成"党委领导、政府主导、企业主体、公众参与"的生态环保大格局。

其次，树立正确思路。坚持保护优先、强化问题导向、突出改革创新、注重依法监管、推进全民共治的基本原则，以改善生态环境质量为核心，以推进经济高质量发展为动力，以解决人民群众反映强烈的突出生态环境问题为重点，以压实地方党委和政府及有关部门责任为抓手。

再次，确立战略。体现"五个一"的要求，即明确一个指导思想——习近平生态文明思想；压实一个政治责任——"党政同责、一岗双责"；把握一个核心目标——环境质量只能更好、不能变坏；立足一个基本实际——问题导向、目标导向、能力导向；形成一套策略方法——监测体系、督察体系、宣传体系。

最后，优化战术。贯彻"六个坚持"，即坚持稳中求进，既要打攻坚战又要打持久战；坚持统筹兼顾，既追求环境效益又追求经济和社会效益；坚持综合施策，既要发挥好行政、法治的约束作用，又要发挥好经济、市场和技术的支撑保障作用；坚持两手发力，既要抓宏观顶层设计又要抓微观推动落实；坚持突出重点，既要全面部署、全面推进，又要有所侧重、分轻重缓急；坚持求真务实，既要妥善解决好历史遗留问题又要把基础夯实。

（《中国社会科学报》2018 年 11 月 4 日）

坚决打好污染防治攻坚战
——访生态环境部党组书记、部长李干杰

闫书华

习近平生态文明思想推动我国生态文明建设和生态环境保护从实践到认识发生了历史性、转折性、全局性变化，取得了历史性成就。要深入贯彻落实习近平生态文明思想，保持加强生态环境保护建设的战略定力，坚守阵地、巩固成果，绝不放宽放松，平衡和处理好发展与保护的关系，实现发展和保护协同共进。

污染防治攻坚战是党的十九大提出的我国全面建成小康社会决胜时期的"三大攻坚战"之一。污染防治攻坚战取得了哪些成效？如何打赢打好污染防治攻坚战？记者专访了生态环境部党组书记、部长李干杰。

习近平生态文明思想为推动生态文明建设提供了思想指引和根本遵循。就生态环境部如何抓好落实，李干杰表示，党的十八大以来，习近平总书记就生态文明建设和生态环境保护提出了一系列新理念新思想新战略新要求，形成了习近平生态文明思想，推动我国生态文明建设和生态环境保护从实践到认识发生了历史性、转折性、全局性变化，取得了历史性成就。生态环境部从4个方面贯彻落实习近平生态文明思想。

一是深入学习宣传贯彻习近平生态文明思想。习近平生态文明思想博大精深，其中最重要的有"八个观"，即生态兴则文明兴、生态衰则文明衰的深邃历史观，人与自然和谐共生的科学自然观，绿水青山就是金山银山的绿色发展观，良好生态环境是最普惠的民生福祉的基本民生观，山水林田湖草是生命共同体的整体系统观，用最严格制度保护生态环境的严密法治观，全社会共同建设美丽中国的全民行动观，共谋全球生态文明建设的共赢全球观。对我们而言，习近平生

态文明思想既是重要的价值观又是重要的方法论，是做好工作的定盘星、指南针、金钥匙。当前的首要任务，就是要深入学习宣传贯彻习近平生态文明思想，以此提高认识、统一思想、指导实践、推动工作。

二是坚决打好污染防治攻坚战。以改善生态环境质量为核心，以解决人民群众反映强烈的突出生态环境问题为重点，围绕污染物总量减排、生态环境质量提高、生态环境风险管控三类目标，突出大气、水、土壤污染防治三大领域，坚决打好污染防治攻坚战。

三是夯实三大基础。即推动形成绿色发展方式和生活方式，加强生态系统保护和修复，推进生态环境治理能力和治理体系现代化。

四是抓好试点示范。大力推动生态文明示范区创建、绿水青山就是金山银山实践创新基地建设，积极探索以生态优先、绿色发展为导向的高质量发展新路子，在全国形成可复制、可推广的经验。

就污染防治攻坚战一年多来的进展和成效，他表示，污染防治攻坚战是以习近平同志为核心的党中央着眼党和国家发展全局，顺应人民群众对美好生活的期待作出的重大战略部署。

一年多来，各地区、各部门、各个方面深入贯彻习近平生态文明思想和全国生态环境保护大会精神，按照党中央、国务院决策部署，扎实推进蓝天、碧水、净土保卫战，污染防治攻坚战总体而言开局良好，生态环境质量持续改善。2018年，全国338个地级及以上城市优良天数比例同比上升1.3个百分点，细颗粒物平均浓度同比下降9.3%。总之，生态环境保护各项目标指标均圆满完成年度任务，并全部达到"十三五"规划序时进度要求。具体而言，我们主要做了以下工作。

一是全面推进蓝天保卫战。开展蓝天保卫战重点区域强化监督，帮助地方和企业解决问题，向地方政府新交办2.3万个涉气环境问题。全国达到超低排放限值的煤电机组约8.1亿千瓦，占全国煤电总装机容量的80%。北方地区冬季清洁取暖试点城市由12个增加到35个，完成"煤改电"和"煤改气"480万余户。煤炭等大宗物资运输加快向铁路运输转移，铁路货运量同比增加9.1%。

二是着力打好碧水保卫战。水源地保护、城市黑臭水体治理、农业农村污染治理、渤海综合治理、长江保护修复等攻坚战行动计划发布实施。推进集中式饮用水水源地环境整治，1586个水源地6251个问题整改率达99.9%。强化入河、入海排污口监管，开展"湾长制"试点。推动2.5万个建制村开展环境综合整治。圆满完成1881个国家地表水水质自动站新建和改造工作。

三是扎实推进净土保卫战。完成农用地污染状况详查。严厉打击固体废物及危险废物非法转移和倾倒行为，挂牌督办的1308个突出问题中1304个完成整改，整改率达99.7%。推进垃圾焚烧发电行业达标排放，存在问题的垃圾焚烧发电厂全部完成整改。

四是大力开展生态保护和修复。初步划定京津冀、长江经济带和15个省份生态保护红线，其他省份划定方案基本形成。开展"绿盾2018"自然保护区监督检查专项行动，严肃查处一批破坏生态环境的典型案例。

五是强化生态环境督察执法。分两批对20个省（区）开展中央环保督察"回头看"，公开通报103个敷衍整改、表面整改、假装整改的典型案例，推动解决群众身边的生态环境问题7万多个。出台进一步强化生态环境保护监管执法的意见，规范执法行为。

六是积极推动经济高质量发展。出台生态环境领域进一步深化"放管服"改革15项重点举措。编制长江经济带11省（市）及青海省生态保护红线、环境质量底线、资源利用上线和生态环境准入清单。全国完成21.6万个项目环评审批，总投资额超过26万亿元。

七是有序推进生态环境保护机构改革。顺利完成生态环境部组建工作。深化生态环境保护综合行政执法改革，整合组建生态环境保护综合执法队伍。省以下生态环境机构监测监察执法垂直管理制度改革在全国推开。累计完成18个行业3.9万多家企业排污许可证核发，提前一年完成36个重点城市建成区污水处理厂排污许可证核发。

这些进展和成效，尤其是生态环境质量改善是在2017年生态环境质量同比改善幅度很大的基础上取得的，应该说很不容易，说明各有关方面做了大量卓有成效的工作、付出了艰苦的努力，也说明污染治理的方向和路子是切合实际、可行有效的，坚定了我们继续做好工作的决心和信心。

当前，国际国内环境正在发生深刻复杂变化，就打好污染防治攻坚战面临的形势与生态环境部打算如何继续推动攻坚战，李干杰表示，党中央、国务院高度重视生态环境保护，推动经济高质量发展有利于生态环境保护，宏观经济和财政政策支持生态环境保护，体制机制改革红利惠及生态环境保护，正确的路子和方法能够切实推进生态环境保护。综合起来看，机遇与挑战并存，机遇明显大于挑战。我们完全有条件有能力解决生态环境突出问题，打好打胜污染防治攻坚战。

下一步，打好污染防治攻坚战总的考虑是，坚决贯彻落实习近平总书记在中央经济工作会议和全国两会上的重要讲话精神，保持加强生态环境保护建设的战略定力，坚守阵地、巩固成果，绝不放宽放松，更不走"回头路"，保持方向、决心和定力不动摇。就生态环境部具体推动这场攻坚战的思路和举措而言，可以概括为"四、五、六、七"。

"四"就是有效克服"四种消极情绪和心态"。即克服自满松懈、畏难退缩、简单浮躁、与己无关这四种消极情绪和心态。

"五"就是始终保持"五个坚定不移"。即坚定不移深入贯彻习近平生态文明思想，坚定不移全面落实全国生态环境保护大会精神，坚定不移打好污染防治攻坚战，坚定不移推进生态环境治理体系和治理能力现代化，坚定不移打造生态环境保护铁军。

"六"就是认真落实"六个做到"。做到稳中求进，既打攻坚战，又打持久战；做到统筹兼顾，既追求好的环境效益，又追求好的经济效益和社会效益；做到综合施策，既发挥好行政、法治手段的约束作用，又更多发挥经济、市场和技术手段的支撑保障作用，特别强调要依法行政、依法治理、依法推进；做到两手发力，既抓宏观顶层设计，又抓微观推动落实；做到点面结合，既整体推进，又力求重点突破；做到求真务实，既妥善解决好历史遗留问题，又攻坚克难把基础夯实，绝不搞"数字环保""口号环保""形象环保"，确保实现没有"水分"的生态环境质量改善，确保攻坚战实效经得起历史和时间的检验。这"六个做到"，既是我们推动污染防治攻坚战相关具体工作的总体立场和态度，也是基本策略和方法。

"七"就是聚焦打好七大标志性重大战役。即打赢蓝天保卫战，打好柴油货车污染治理、城市黑臭水体治理、渤海综合治理、长江保护修复、水源地保护、农业农村污染治理攻坚战，以生态环境质量改善的实际成效取信于民。

目前我国经济的下行压力加大，就怎样平衡经济发展与环境保护之间的关系以及环境保护在促进经济高质量发展中能够起到的作用，李干杰表示，长期以来，我们一直在积极探索发展与保护的关系，努力实现生态环境效益、经济效益和社会效益多赢。党的十八大以来，习近平总书记深刻把握人类文明发展规律、经济社会发展规律和自然规律，多次强调"生态兴则文明兴""坚持人与自然和谐共生""绿水青山就是金山银山""推动形成绿色发展方式和生活方式"，阐述了经济社会发展与生态环境保护的关系，指明了实现发展和保护协同共进的新路径，为破解发展与保护的难题、实现人与自然和谐共生的现代化提供了方向指引和根本遵循。

近年来，我们不断加大生态环境保护工作力度，在改善生态环境质量的同时，不断增强推动经济高质量发展的重要力量，主要体现在三个方面：

一是推动供给侧结构性改革。严格执行环评制度，严把项目准入关口，优化产业布局和结构；依法依规加大督察执法力度，一批污染重、能耗高、技术水平低的企业被淘汰，一批绿色生态产业加快发展，一批传统产业优化升级。

二是营造公平竞争的市场环境。严格环境督察执法，进一步规范市场秩序，从更深层次激活了生产要素，有效解决"劣币驱逐良币"问题，促进合规企业生产负荷和效益不断提升。

三是培育经济发展新动能。2018 年，全国生态保护和环境治理投资同比增长 43%，同比上升 19.1 个百分点，环保产业预计销售收入同比增长两位数以上，对经济发展的贡献度日益上升，成为经济增长的新亮点。

必须看到，加强生态环境保护是有利于经济发展的。就长远而言是如此，从当下来看也是如此。很多治污工作不仅不影响经济发展，还会拉动经济发展。比如开展黑臭水体治理，2018 年，全国重点城市直接用于黑臭水体整治的投资累计 1143.8 亿元，很多昔日的"臭水沟""臭水塘"变成市民休闲娱乐的公园和科技创新企业的聚集地，提升了城市品质，有力促进了城市高质量发展；在散煤治理中采取"煤改电"和"煤改气"，也有效拉动了消费和投资，提高了老百姓的生活水平。

下一步，在平衡和处理好发展与保护的关系方面，宏观层面，要坚持做到两点。一是坚持稳中求进，一步一个脚印，有序推进污染防治攻坚战各项任务，既打攻坚战，又打持久战。坚决反对脱离实际，"层层加码、级级提速"。二是坚持统筹兼顾，力争每一项工作都能够同时实现"三个有利于"，即有利于减少污染物排放、改善生态环境质量，有利于推动结构调整优化、促进经济高质量发展，有利于解决老百姓身边的突出环境问题、消除和化解社会矛盾、促进社会和谐稳定，最终实现环境效益、经济效益和社会效益多赢。

微观层面，具体到对企业的环境执法监管，也是要坚持两点。一是依法依规对环境违法行为坚决查处，防止"劣币驱逐良币"。二是对守法合规的企业，减少执法对正常生产经营的影响。这种"有保有压"的做法，就是要树立守法企业受益、违法企业受损的绿色发展导向。

（摘编自《学习时报》2019 年 3 月 27 日）

深化体制机制创新 破解生态文明建设难题

常纪文

党的十一届三中全会后，中国进入改革开放时代。在改革开放的 40 年里，中国在面对历史遗留的生态破坏和环境污染的同时，着力解决经济和社会发展伴生的环境污染和生态破坏，不断提升经济和社会可持续协调发展的能力。特别是党的十八大以来，在习近平生态文明思想的指引之下，中国正在走生产发展、生活富裕和生态良好的文明发展之路。

一、生态文明建设取得巨大成就

改革开放 40 年特别是党的十八大以来，中国不断推进环境保护工作。特别是提出建设生态文明以来，生态文明建设理论、政策和制度体系逐步健全，国家立法和党内法规建设逐步完善，执法监管手段不断丰富，市场调节作用日益凸显，生态文明法治和共治程度不断提升。

党的十八大以来，以习近平同志为核心的党中央把生态文明建设作为统筹推进"五位一体"总体布局和协调推进"四个全面"战略布局的重要内容，形成了习近平生态文明思想，对中国生态文明文化培育、生态文明制度体系构建、生态文明体制改革、生态文明产业体系构建、生态文明能力建设都具有顶层的理论指导意义，生态文明建设全面提速、成效显著。

二、生态文明建设的重大举措

一是健全党内法规和环境立法，开展制度建设。党的十八大以来，党中央重视党内法规建设，通过制度来加强党对环境保护工作的领导。《党政领导干部生态环境损害责任追究办法（试行）》《生态文明建设目标评价考核办法》《领导干部自然资源资产离任审计暂行规定》《关于深化环境监测体制改革提高环境监测数据质量的意见》《环境保护督察方案（试行）》等一系列党内法规或改革文件出台，环境保护"党政同责"、中央生态环境保护督察、生态文明建设目标评价考核、领导干部离任环境审计等举措得以实施，各级党委、人大和政府更加重视环境保护。2015 年 1 月 1 日，新《环境保护法》开始实施，有法必依、违法必究的法治氛围正在形成。

二是实行环境保护"党政同责"与"一岗双责"，促进环境共治。党的十八大以来，通过自然资源资产负债表、领导干部自然资源资产离任审计、生态文明建设目标评价考核、生态环境损害责任追究等措施，有效地发挥了地方党委、政府、人大、政协、司法机关、社会组织、企业和个人在生态文明建设中的作用。

三是开展中央生态环境保护督察和环境保护督查，倒逼地方转型和提质增效。党的十八大以来，党中央推动环境保护"党政同责""一岗双责"，突出地方党委和政府在环境保护治理体系中的作用，突出其他监管部门的分工负责作用，并配套以失职追责的机制。因为环境保护方面存在问题，一些地方党委和政府做出深刻检查，一些地方政府负责人被约谈，地方党委和政府将生态文明建设和生态环境保护摆上更重要的位置。

四是打击监测数据和环境治理作假行为，开展环境信用管理。《环境保护法》针对排污单位环境监测数据造假的行为规定了行政拘留的措施；针对国家机关和国家公职人员环境监测数据造假的行为，规定了行政处罚的措施。《生态环境监测网络建设方案》《关于省以下环保机构监测监察执法垂直管理制度改革试点工作的指导意见》《生态文明建设目标评价考核办法》《关于深化环境监测体制改革提高环境监测数据质量的意见》等一系列文件陆续出台。

五是开展区域统筹和优化工作，改善区域环境质量。国家加强了京津冀、长三角、珠三角、汾渭平原、长江经济带等区域和流域的环境保护协调工作。通过"多规合一"、划定生态红线、建立健全区域环境影响评价制度和区域产业准入负面清单制度等，优化了区域产业布局，预防和控制了区域环境风险，区域生态保护补偿机制正在全面建立。

总体来看，党的十八大以来，我国生态环境保护从认识到实践发生了历史性、转折性和全局性变化，生态文明建设取得显著成效，进入认识最深、力度最大、举措最实、推进最快，也是成效最好的时期。可以说是五个"前所未有"：思想认识程度之深前所未有；污染治理力度之大前所未有；制度出台频度之密前所未有；监管执法尺度之严前所未有；环境质量改善速度之快前所未有。

从地方实践来看，具体成效包括：通过生态文明建设目标评价考核，一些地方通过特色发展、优势发展、错位发展，增强产品和服务的科技含量与比较优势，减少污染和资源消耗，绿色发展模式正在确立。在生态保护方面，通过"绿盾"行动等措施，侵占自然保护区、破坏湿地、污染环境的现象被大力遏制，一批综合和特色的国家公园已经建立，一些物种正在恢复，生物系统的稳定性得以增强。在环境质量改善方面，京津冀、长三角、珠三角等重点区域2017年细颗粒物（PM2.5）平均浓度比2013年分别下降39.6%、34.3%、27.7%，分别达到64、44和35微克/立方米。在经济发展质量方面，企业发展活力和经济发展质效继续提升。

三、生态文明建设面临的挑战及建议

虽然生态文明建设取得了巨大成就，但是也要看到，中国目前仍然属于发展中国家，区域发展差异很大。在看到成绩的同时，也应看到生态环境形势仍然严峻，生态文明建设面临的挑战仍然很大。各地应按照绿色发展和高质量发展的要求，通过均衡发展和充分发展来解决环境与发展的协调共进问题。

一是各区域生态文明理念的树立存在差异。因为条件、基础不同，在发达地区，生态文明理念正进入自信和自觉阶段，环境保护成为社会共识。而在一些欠发达中西部地区，生态文明理念仍然处于灌输和自发阶段，环境保护工作压力层层衰减。在环境共治方面，一些地方公众参与程度仍然较低，参与模式单一。

二是生态文明建设能力发展不均衡。一些地区产业结构偏重、能源结构偏重、产业分布偏乱、环境资源承载能力下降，需要予以长效地解决。在一些中西部地区，经济和技术发展落后，环境保护基础设施建设滞后，环境污染治理和生态修复的历史欠债多，生态文明建设的内生动力不足，难以适应产业转型升级和布局优化的要求。一些地区传统的粗放式发展方式没有根本改变，绿色发展能力差，仍然在发展黑色经济，接受发达地区污染型产业的转移。

三是环境保护和经济发展的协调能力有待提升。环境保护既不能违背环境保护规律，也不能违背经济发展规律，但是一些地方环境保护行动缺乏区域和领域的灵活性，对历史遗留问题和现实能力考虑不足，一些地方出现执法"一刀切"现象。

四是环境保护责任追究仍需加强。一些地方"捂盖子"的现象比较普遍，环境问题存在敷衍整改、表面整改、虚假整改的现象，平时不用力、接受督察后"一刀切"的问题较多，责任追究难以落实。

五是生态文明建设系统性和协调性不足。一些地方改革文件没有考虑基层实际情况和各地财政承受能力的差异，缺乏可实施性。由于视角与方法的不同，各部门下发的改革文件，尺度、标准、方法与目标也不同。

具体来看，推进我国生态文明建设有以下建议：

在生态文明建设政策和法律制定方面，要加强系统性和协调性。建议制定生态文明促进方面的基本法律，从宏观、系统的角度为生态文明建设和改革指明方向，做出规划，提出要求，统领生态文明有关的法律法规。建议进一步推进生态文明建设体制改革，形成各方面、各层级共同开展生态环境保护和环境污染防治的合力。

在生态文明建设目标方面，需要考虑各地发展差异。我国地域广袤，行业、区域和城乡差距仍然很大，各地各行业的转型期窗口时间不一样，转型的能力和进度不一样，因此，政策和目标既要有原则性，也要考虑各地的经济、社会发展的差异性，保证措施的可操作性。按照污染防治攻坚战部署，可针对每类战役制定攻坚计划和考核办法，合理确定总目标和年度任务，实行中期考核和终期验收，确保生态文明建设取得预期成效。

在生态文明体制建设方面，需要疏通堵点，保证制度和机制的顺畅运行。

要加强生态环境保护的区域化、流域化监管体制的改革，体现统筹性、协调性，与属地监管有机结合。全面落实垂直管理制度改革，建立尽职免责的环境监管制度，克服地方保护主义和环境保护形式主义，杜绝生态环境监测数据作假的现象。

在生态文明的制度和机制建设方面，要进一步加强创新。在加强事中监管和事后的补救制度建设的基础上，需要加强事前预防性的制度建设，建立工业园区和开发园区的规划环境影响评价制度，把区域环境风险控制和建设项目环境影响风险控制相结合。要创新机制特别是信息化、信息公开、公众参与、社会监督和公益诉讼机制，建立行政处罚、引咎辞职、诉讼受理和行政追责等行政措施或者行政处罚自动启动的机制。要创新管理模式，通过行政管制、市场调节、技术服务、信用管理相结合的措施，适应新形势下生态环境保护方式的转型需要。

在生态文明共治方面，需要构建生态环境保护社会行动体系。比如，信息公开方面，各级地方政府建立环境信息公开的模板，开展考核。加强业务培训，提高信息公开负责人员对环境信息公开法律法规的认识，提高网站管理水平，防止目前一些地方宣传教育网络空心化、形式化。在公众参与方面，对环保社会组织开展辅导，通过政府购买社会服务等方式，鼓励地方各级党委政府与环境保护社会组织合作，开展培训、宣传、社会调查、技术服务和监督。

在生态文明的保障措施方面，需要加强与工作需要相适应的能力建设。深入开展全民生态文明宣教工作，加强对"关键少数"的生态文明理念培育工作。对照生态文明体制改革的要求，督促地方开展"多规合一"、区域空间开发利用布局优化、城乡环境保护基础设施建设等工作，实现标本兼治，促进各地方、各行业更好地协调经济发展和生态环境保护。

（《中国环境报》2018 年 11 月 5 日）

第三部分
地方经验

北京：建立垃圾分类回收体系的经验与实践

罗 伟

2017 年 2 月 23 日，习近平总书记视察北京的时候，要求北京市率先建立生活垃圾强制分类制度，为全国作出表率，推进垃圾分类工作成为贯彻落实总书记部署的"建设一个什么样的首都、怎样建设首都"这一时代课题的重要任务。北京环卫集团在北京市委市政府有关部门的指导下，积极履行社会责任，遵循产业发展规律，努力推进了首都垃圾分类体系的建设。

一、推进工作的主要思路

一是统筹兼顾，全面认识城镇固废的范畴和规模。北京市颁布的生活垃圾管理条例就具有其先进性和前瞻性，这个条例将生活垃圾的范畴涵盖了城市固废的全体，将再生资源、建筑垃圾、地沟油等统一纳入，据测算北京市常规认识到的生活垃圾占不到三分之一，因此仅仅做好传统生活垃圾的收运体系是不够的，要分门别类做好固废的收运和处置，才能真正构建完善的生活垃圾分类体系。

二是两网融合。依靠相对完善的垃圾收运网络，协同做好再生资源等其他固废的回收利用。着眼于垃圾产生、减量、分类、回收、运输、处理、利用的全生命周期管理，按照有利于规范分类回收秩序、有利于降低分类利用的成本，构建符合北京市情的垃圾分类体系。

三是因地制宜，构建科学的垃圾分类城市。特别是在一线人口密集的大城市，应该采用源头分类＋工业化集中分选＋末端分质处理的完整体系，其中，源头分类是决定末端高品质利用的决定性环节。源头要按照便利性和激励性相结合的原则，努力引导居民完成"干湿分类"。干垃圾要更多地采用工业化集中分选模式，通过一定规模的集中分选，实现干垃圾的机械化分类、规模化利用。

四是体系健全，坚持末端保障前端的垃圾分类模式。要分门别类建设不同的处理设施，既要有能源化利用的垃圾焚烧，也要有肥料化、能源化利用的生化措施，更要有填埋处理设施，对于可以循环利用的再生资源和低值可回收物，要通过物流打包中心、合理布局的末端处理基地，将再生资源制备成再制造原料，实现产业化利用的目标。以上末端设施应在大城市的周边城市中合理布局、科学规划，统一纳入城市基础设施建设。

五是目标明确，实现垃圾分类的真正价值。纵观国际上的先进经验，垃圾分类的真正目的不外四个方面：一是实现社会资源的再生利用；二是有效防止污染，特别是二次污染；三是末端处理设施的无限膨胀；四是对人行为的一种教育。

二、推进工作的主要实践

北京市在充分研究国际化大都市发展规律的基础上，早在 2011 年就部署了坚持再生资源回收管理、市容环境卫生管理相结合，充分利用好现有垃圾回收体系，将再生资源回收与垃圾分类紧密结合的工作。2016 年，又率先由北京市城管委统一管理生活垃圾与再生资源的职能。应该说，北京市是中国最早提出和实践两网衔接模式的城市。

集团在市里的正确领导下，2014 年开始进军再生资源回收行业，将环卫公共服务向社区、单位最前端延伸，将垃圾分类回收和再生资源回收利用从源头减量、分拣运输、处理利用各环节全过程衔接，有效融合，构建起一个应收尽收、两网融合、分类利用、安全处理为目标，以政府主导、全面参与、法规保障、企业为主的城市垃圾治理体系。

一是在前端推动垃圾智慧人工分类，有效疏解首都人口。2014 年以来，集团大规模进驻社区，建立垃圾分类投放和分类收集网络，推动垃圾分类与再生资源回收协同运行，主要实施"干湿分开"为目的，宣传教育与二次分拣为目的的垃圾分类模式，率先在全国建成了社区厨余分类、再生资源回收统一运营的模式。同时将原有的垃圾楼和再生资源回收站点升级改造为"生态绿岛"，除再生资源的中转功能外，为废品回收提供交易便民服务、积分兑换的综合性服务。通过这种惠民服务的方式，降低规范化运营的成本。

集团还运用互联网技术开发了垃圾智慧分类平台，采取智能硬件、生态账户、互联网平台模式，内设可采集数据的智能厨余桶和再生资源回收柜，建立了"e资源"垃圾智慧分类综合服务平台，实现了在线预约、上门回收、积分奖励、商品兑换等智能服务的多种功能，实现居民投递行为的实时奖励反馈，垃圾分类数据的实时分布、发布，垃圾分类去向的实时查询，打破了原有分类效果不对称的弊端，为分类量化考核奠定了基础。目前集团已经在北京市八个区覆盖垃圾智慧分类服务，建设生态绿岛10个，进驻社区800多个，政府机关单位、学校20余所，大型商超40余座，线下铺设智能垃圾分类设备近千台，覆盖了居民30万户。通过延伸产业链，到垃圾产生源身边实现专业服务，将小、散、乱的局面变无序为有序，使得垃圾分类的回收效率提高了五倍以上，服务区域可以减少三分之一的回收人员数量。

二是在终端进行分类集中收运，构建两网融合的分类运输网络。在前端垃圾分类回收的基础上，组建绿色物流支队，与社区分类垃圾形成桶车直运模式，全面保证垃圾的分类及时清运、日产日清、规范化运输，积极探索推动生活垃圾收运、再生资源回收两网融合的运行模式。在终端分拣打包环节，利用北神树填埋场建设了日处理能力100吨的废弃物打包站，分选出可回收物，作为次级产品的原料进行再生利用，并有效避免二次污染。物流打包中心具有节点和计量的功能，与集团外部的基地衔接，具备资源可追溯的平台作用。

三是在末端进行分类处理，构建京津冀协同处置的再制造利用基地。集团统筹利用现有的垃圾处理设施，规划建设污泥、园林垃圾、医疗垃圾等多种垃圾协同处理的循环利用园区，实现园区共建、设施共享，确保处理的分质化、协同化、专业化、标准化、融合化，同时贯彻京津冀协同发展战略机遇，着眼于北京市再生资源和低值可回收物的主要种类，通过跨区域的运作投资，分别构建了北京市废旧纸张、废塑料、废橡胶、废织物、废玻璃的处理基地，建设高标准、专业化的废弃物资源再生基地，有效解决低值可回收物的处理利用问题。

（摘编自环卫科技网 2017 年 4 月 1 日）

内蒙古：库布其治沙模式的成功经验

王占义

库布其治沙形成了一套成熟先进的治理模式，创造了一系列可持续、可复制的经验。库布其模式的核心要义，是政府政策性支持、企业产业化投资、农牧民市场化参与、技术持续化创新的"四轮驱动"，促使生态持续性改善。其中，政府确定发展方向并给予政策支持，企业落实各项政策并进行投资运营，农牧民全面参与并从中受益，技术不断改进并吸收世界各国最先进经验。这四个"轮子"分属不同角度，相互补充，相互促进，协同配合，共同发力。

一、政府政策性支持

30年来，中国政府先后出台林权制度的改革政策，颁布了《防沙治沙法》，通过政府企业联动的模式，支持企业和社会力量实施大型治沙工程，发展林沙产业，形成防沙治沙合力，实现生态改善，企业增效、群众增收。党的十九大报告把生态文明的大战略提高到国家战略新高度，提升为中华民族永续发展的千年大计。科技部、国家林业局十几年如一日支持沙漠治理。通过库布其论坛推动科技创新交流、汇聚世界治沙新技术，并在库布其支持设立沙漠生态科技中心、创建了中国西北地区最大的种质资源库。内蒙古大力构筑祖国北疆绿色生态安全屏障，坚持以社会化的方式推进沙漠治理，加强政策引导，实施奖补机制，优化资源配置，充分调动企业、群众等各方面力量参与荒漠化治理，实现了防沙治沙主体由国家和集体为主向全社会参与、多元化投资转变。鄂尔多斯市和杭锦旗在发展沙产业、生态移民、禁牧休牧、生态基础设施建设方面给予了企业和群众更加具体直接的支持。此外，各级金融部门对于沙漠治理也给予了优惠信贷支持，保证了治沙事业的可持续发展。

二、企业产业化投资

30年来，亿利资源集团牢牢立足治沙，大力推动"治沙手段产业化"发展战略，创新设计了一系列沙漠生态产业，走出了一条产业化治沙的新路子。一是农业治沙。通过开发本土化耐、耐旱、耐盐碱种质资源，挖掘沙漠植物经济价值，适度开发甘草、苁蓉、有机果蔬等种植加工业。同时，按照"宜草则草、草畜平衡、静态舍养、动态轮牧"的原则，依托沙柳、柠条、甘草、紫花苜蓿等高蛋白沙生植物资源，实施灌木林平茬复壮饲草化利用，发展有机无抗生素饲料，在生态修复区适度发展牛、羊、地鵏等本土化畜禽养殖，激励群众自发种植养殖积极性。二是工业治沙。利用生物、生态，工业废渣和农作物秸秆腐熟等技术，发展土壤改良剂、复混肥、有机肥料等制造业。治沙改土，打造农庄有机田，减少沙层，变废为宝。三是能源治沙。充分利用沙漠每年3180小时日照的资源，大力发展沙漠光伏项目。通过"板上发电、板间养羊、板下种草"的方式，利用光伏板生产绿色能源，通过光伏板间草林种植防风治沙，通过光伏板下养殖羊及家禽形成的天然生物肥反哺种植，实现了良性互动。四是金融治沙。亿利资源集团联合数十家大型企业和金融机构共同发起设立了"绿丝路基金"，通过金融手段撬动更多资金，投资沙漠产业。

三、农牧民市场化参与

企业通过租地到户、包种到户、用工到户的模式，调动起了当地几万农牧民的积极性，使这些农牧民成为库布其治沙事业最广泛的参与者、最坚定的支持者和最大的受益者。通过参与治沙，十多万沙区农牧民实现脱贫。一是通过出租土地，实现了从农牧民到"地主"的转变。3000多名农牧民把151万亩荒弃沙漠转租给亿利资源集团，人均收入16.6万元。另有93万亩农牧民承包的沙漠入股亿利，按固定比例分红。二是通过积极参与治沙产业，实现了从农牧民到产业工人的转变。亿利集团精心细分产业环节，精心设计贫困户参与方式，千万百计为贫困人口创造参与产业发展的机会。仅在沙漠治理中，就先后组建 232 个治沙民工联队，5820 人成为生态建设工人，人均年收入达 3.6 万元。三是通过参与沙漠旅游服务业，实现了从农牧民到小企业主的转变。沙漠旅游是沙漠产业的重要组成部分。随着沙漠旅游的日益红火，近 1500 户农牧民发展起家庭旅馆、餐饮、民族手工业、沙漠越野等服务业。500 多户农牧民实行标准化养殖和规模化种植。

四、技术持续化创新

一是提出了系统化治沙的理念。30 年前刚开始治沙时，虽然也取得了一定成效，但没有从根本上解决问题，主要原因还是没有系统化。后来，在政府支持下，逐渐探索、完善了系统化的治沙技术，通过"锁住四周、渗透腹部、以路划区、分而治之"和"南围、北堵、中切"的策略，建设了 240 多公里防沙锁边林，整体生态移民搬迁，建设大漠腹地保护区，建设规模化、机械化的甘草基地，林草药"三管齐下"，封育、飞播、人工造林"三措并举"，最终形成沙漠绿洲和生态小气候环境。二是创造了一系列世界领先的治沙技术。依靠科技治沙是库布其模式的突出特色。经过多年努力，亿利资源集团研发了沙柳、柠条、杨柴、花棒等 1000 多种耐寒、耐旱、耐盐碱的植物种子，建成了中国西部最大的沙生灌木及珍稀濒危植物种质资源库，创新了气流法植树、无人机植树、甘草平移栽种等 100 多项沙漠生态技术成果，开创了豆科植物大混交植物固氮改土等多种沙漠生态工艺包。三是建立了一系列世界先进的示范中心，包括旱地节水现代农业示范中心、生态大数据示范中心、智慧生态光伏示范中心、沙漠生态旅游示范中心，以及与联合国环境署共建的"一带一路"沙漠绿色经济创新中心等。

总之，在库布其 30 年的治沙实践通过政府政策性支持、企业产业化投资、农牧民市场化参与、技术持续化创新的"四轮驱动"，成功实现了"富起来与绿起来相结合、生态与产业相结合、企业发展与生态治理相结合"的机制，成功实现了"治理—发展—再治理—再发展"的良性循环，形成了"防沙治沙、生态改善、产业发展、民生改善"的互动多赢格局。

（中国搜索 2018 年 2 月 4 日）

浙江安吉、永嘉和江苏高淳、江宁：美丽乡村建设四种模式比较

吴理财

一、美丽乡村建设的四种模式

对于美丽乡村建设，目前尚没有统一的界定。一些地方根据本地实际，基于对美丽乡村建设概念的不同理解，探索形成了风格各异的实践模式。

（一）安吉模式

浙江省安吉县是一个典型山区县，经历了工业污染之痛以后，1998 年安吉县放弃工业立县之路，2001 年提出生态立县发展战略。2003 年，安吉县结合浙江省委"千村示范、万村整治"的"千万工程"，在全县实施以"双十村示范、双百村整治"为内容的"两双工程"，以多种形式推进农村环境整治，集中攻坚工业污染、违章建筑、生活垃圾、污水处理等突出问题，着重实施畜禽养殖污染治理、生活污水处理、垃圾固废处理、化肥农药污染治理、河沟池塘污染治理，提高农村生态文明创建水平，极大地改善了农村人居环境。在此基础上，安吉县于 2008 年在全省率先提出"中国美丽乡村"建设，并将其作为新一轮发展的重要载体。计划用 10 年时间，通过"产业提升、环境提升、素质提升、服务提升"，把全县建制村建成"村村优美、家家创业、处处和谐、人人幸福"的美丽乡村。

自 2003 年以来，安吉县通过环境整治和美丽乡村创建，大大改善了社会经济面貌。地区生产总值从 2003 年的 66.3 亿元增加到 2012 年的 245.2 亿元，年均增长 12.3%；财政总收入由 7 亿元增加到 36.3 亿元，年均增长 20.1%（其中，地方财政收入由 3.4 亿元增加到 21.1 亿元，年均增长 22.5%，比全省高 3.3 个百分

197

点）；农民人均收入由 5402 元增加到 15836 元，年均增长 12.69%，由低于全省平均水平转变为高出全省 1000 多元。

安吉县美丽乡村建设的最大特点是，以经营乡村的理念，推进美丽乡村建设。安吉立足本地生态环境资源优势，大力发展竹茶产业、生态乡村休闲旅游业和生物医药、绿色食品、新能源新材料等新兴产业。仅竹产业每年为农民创造收入 6500 元，占农民收入的 60% 左右；农民每年白茶收入 2000 多元，因休闲旅游每年人均增收 2000 元，各占农民收入的 13.5% 左右。

（二）永嘉模式

浙江省永嘉县以"环境综合整治、村落保护利用、生态旅游开发、城乡统筹改革"为主要内容开展美丽乡村建设。

一是以"千万工程"为抓手，进行环境综合整治。全县通过推进垃圾处理、污水处理、卫生改厕、村道硬化、村庄绿化等基础设施建设，大力实施立面改造、广告牌治理、田园风光打造、高速路口景观提升等重点工程，着力改善农村人居环境。

二是以古村落保护利用为重点，优化乡村空间布局。对境内 200 多个历史文化、自然生态、民俗风情村落进行梳理、保护和利用。对分散农村居民进行农房集聚、新社区建设，推进中心村培育建设，从而实现乡村空间的优化布局。

三是以生态旅游开发为主线，推进农村产业发展。积极挖掘本地人文自然资源，精心打造美丽乡村生态旅游；大力发展现代农业、养生保健产业，加快农村产业发展。

四是以城乡统筹改革为途径，促进城乡一体发展。通过"三分三改"（即政经分开、资地分开、户产分开和股改、地改、户改），积极推进农村产权制度改革，着力破除城乡二元结构，加快推进新型城镇化建设以及农村公共服务体系建设，促进城乡一体化发展，让农民过上市民一样的生活。

永嘉县美丽乡村建设的主要特点是通过人文资源开发，促进城乡要素自由流动，实现城乡资源、人口和土地的最优化配置和利用。

（三）高淳模式

江苏省南京市高淳区以"村容整洁环境美、村强民富生活美、村风文明和谐美"为内容建设美丽乡村。

一是改善农村环境面貌，达成村容整洁环境美。按照"绿色、生态、人文、宜居"的基调，高淳区自2010年以来集中开展"靓村、清水、丰田、畅路、绿林"五位一体的美丽乡村建设。对250多个自然村的污水处理设施、垃圾收运处理设施、道路、河道、桥梁、路灯进行了提升改造。

二是发展农村特色产业，达成村强民富生活美。以"一村一品、一村一业、一村一景"的思路对村庄产业和生活环境进行个性化塑造和特色化提升，因地制宜形成山水风光型、生态田园型、古村保护型、休闲旅游型等多形态、多特色的美丽乡村建设，基本实现村庄公园化。通过整合土地资源、跨区域联合开发、以股份制形式合作开发等多种方法，大力实施产供销共建、种养一体、深加工联营等产业化项目；深入开展"情系故里，共建家园"、企村结对等活动，通过村企共建、城乡互联实施一批特色旅游业、商贸服务业、高效农业项目，让更多的农民实现就地就近创业就业。

三是健全农村公共服务，达成村风文明和谐美。高淳区从本地实际出发，围绕"打造都市美丽乡村、建设居民幸福家园"为主轴，积极探索生态与产业、环境与民生互动并进的绿色崛起、幸福赶超之路，实现环境保护与生态文明相得益彰、与转变方式相互促进、与建设幸福城市相互融合的美丽乡村建设。目前，全区以桠溪国际慢城、游子山国家森林公园等为示范的美丽乡村核心建设区达200平方公里，覆盖面达560平方公里，占全区农村面积的2/3，受益人口达30万，占全区人口的3/4。近3年来，镇村面貌焕然一新，群众幸福指数得到提升。

高淳区美丽乡村建设以生态家园建设为主题、以休闲旅游和现代农业为支撑、以国际慢城为品牌，集中连片营造欧陆风情式美丽乡村，形成独特的美丽乡村建设模式。

（四）江宁模式

江宁区作为南京市的近郊区，提出了农民生活方式城市化、农业生产方式现代化、农村生态环境田园化和山青水碧生态美、科学规划形态美、乡风文明素质美、村强民富生活美、管理民主和谐美的"三化五美"的美丽乡村建设目标。

江宁区通过点面结合、重点推进方式建设美丽乡村。面上以交建平台和街道（该区撤并乡镇全部改为街道）为主，通过市场化运作建设 430 平方公里的美丽乡村示范区。点上以单个村（社区）进行美丽乡村示范和达标村创建。对一些重大基础设施和单体投资较大的项目，采取国企（如交建集团）主导、街道配合的建设路径；对一些能够吸引社会资本进入的项目，鼓励街道吸引社会资本进入。如大塘村、大福村等特色村建设都有社会资本参与；对一些适合农民自主建设的项目积极引导农民参与建设，杜绝与民争利。

江宁区美丽乡村建设的主要特色是积极鼓励交建集团等国企参与美丽乡村建设，以市场化机制开发乡村生态资源，吸引社会资本打造乡村生态休闲旅游，形成都市休闲型美丽乡村建设模式。

二、美丽乡村建设的主要经验

由于各地美丽乡村建设的理念不一致、资源禀赋和经营方式的不同以及城镇化和经济社会发展水平的差异，形成了特色各异的美丽乡村建设模式。通过比较，发现美丽乡村建设存在着以下几点共同的经验，可供借鉴。

（一）政府主导，社会参与

政府主导主要体现在组织发动、部门协调、规划引领、财政引导上，形成整体联动、资源整合、社会共同参与的建设格局。政府主导不是政府包办一切，美丽乡村建设要形成多元参与机制。

在美丽乡村建设中，永嘉县坚持政府主导、建制村主办、全员参与。成立了书记和县长担任组长、22 个相关部门一把手为成员的美丽乡村建设领导小组，全面负责美丽乡村建设的组织协调和指导考核工作。建立县 4 套班子领导"九联系"制度，实行一周一督查、半月一早会、一月一排名、一季一追责制度，及时了解和帮助解决问题。同时，通过蹲点调研、走村入户、走出去请进来等方式，广泛开展宣传引导，充分调动广大群众的积极性和主动性，有效形成了美丽乡村建设的强大合力。近年来许多在外企业家和社会能人纷纷捐资助力家乡美丽乡村建设，一些市民和企业家主动当起了"河长""路长"，有力助推了美丽乡村建设。

美丽乡村建设是一项系统工程，需要各部门整体联动，各负其责，形成合力。安吉县建立齐抓共管、各负其责的责任机制。县一级政府负责美丽乡村总体规划、指标体系和相关制度办法的建设、对美丽乡村建设的指导考核等工作；乡级政府负责整乡的统筹协调，指导建制村开展美丽乡村建设，并在资金、技术上给予支持，对村与村之间的衔接区域统一规划设计并开展建设；建制村是美丽乡村建设的主体，由其负责美丽乡村的规划、建设等相关工作。同时，理顺部门之间的横向关系，对各部门的责任和任务进行量化细分。

在资金投入上，发挥财政投入引导作用，积极吸引企业和社会资金共建美丽乡村。譬如，南京市市级财政安排 10 亿元土地整治专项资金，支持每个试点镇街 1 亿元开展土地综合整治工作；对试点镇街、美丽乡村示范区内土地出让收益市、区留成部分全额返还优先用于农民安置和社会保障。高淳区整合各类资金，如财政部门的一事一议奖补资金、农业开发资金，环保部门的农村环境连片整治资金，住建部门的村庄环境整治资金和省级康居乡村建设资金，水利部门的村庄河塘清淤及其他专项资金等各项专项资金，集中用于美丽乡村建设，发挥资金合力。南京市江宁区引入国有企业江宁区交建集团参与美丽乡村建设，企业累计投资达到 1.2 亿元。

（二）规划引领，项目推进

从实践来看，注重规划引领，并通过项目形式进行推进，是美丽乡村建设的一条重要经验。

首先，美丽乡村建设规划做到统筹兼顾、城乡一体。编制美丽乡村规划要坚持"绿色、人文、智慧、集约"的规划理念，综合考虑农村山水肌理、发展现状、人文历史和旅游开发等因素，结合城乡总体规划、产业发展规划、土地利用规划、基础设施规划和环境保护规划，做到"城乡一套图、整体一盘棋"。

其次，做到规划因地制宜。安吉县在编制《中国美丽乡村建设总体规划》和《乡村风貌营造技术导则》时，按照"四美"标准（尊重自然美、侧重现代美、注重个性美、构建整体美），要求各乡镇、村根据各自特点，编制镇域规划，开展村庄风貌设计，着力体现一村一业、一村一品、一村一景，按照宜工则工、宜农则农、宜游则游、宜居则居、宜文则文的原则将建制村分类规划，将全县的建制村划分为工业特色村、高效农业村、休闲产业村、综合发展村和城市化建设村五类。

其三，尊重群众意愿。安吉县美丽乡村建设规划设计，按照"专家设计、公开征询、群众讨论"的办法，经过"五议两公开"程序（即村党支部提议、村两委商议、党员大会审议、村民代表会议决议、群众公开评议，书面决议公开、执行结果公开），确保村庄规划设计科学合理，达到群众满意。

其四，注重规划的可操作性。为了把规划蓝图落地变成美好现实，就必须把规划内容分解成定性定量的具体内容，转化成年度行动计划，细化为具体的实施项目。根据总体规划，安吉县研究制订了《建设"中国美丽乡村"行动纲要》，计划用10年时间完成。前两年抓点成线打出品牌、中间3年延伸扩面产生影响，后5年完善提升全国领先。分年度落实建设计划，根据"先易后难、分类指导"的原则，以指令创建和自主申报相结合的方式，分步实施，有序推进。同时，构建相应的指标体系。该指标体系围绕"村村优美、家家创业、处处和谐、人人幸福"四大目标，细化为36项具体指标，既是工作目标，又是考核指标，实行百分制考核。

（三）产业支撑，乡村经营

美丽乡村建设必须有产业支撑。无论是浙江的永嘉县、安吉县，还是江苏南京市的高淳区、江宁区，在美丽乡村建设的产业发展中都体现了乡村经营的理念，通过空间改造、资源整合、人文开发，达到美丽乡村的永续发展。

譬如，永嘉县发挥本地生态、旅游、"中国长寿之乡"品牌等资源优势，大力推进农业"两区"建设，重点发展现代农业、休闲旅游业和养生保健产业，促进农村产业发展。

特色产业发展是美丽乡村建设的题中之义。安吉县按照"一乡一张图、全县一幅画"的总体格局，加快现代农业园区、粮食生产功能区建设，大力发展生态循环农业、休闲农业，推进"产品变礼品、园区变景区、农民变股民"。同时抓产业转型提升和富民增收。

（《河南日报》2014年7月16日）

浙江"千万工程"：七大经验推进农村人居环境整治

2019年3月，中共中央办公厅、国务院办公厅转发了《中央农办、农业农村部、国家发展改革委关于深入学习浙江"千村示范、万村整治"工程经验扎实推进农村人居环境整治工作的报告》，并发出通知，要求各地区各部门结合实际认真贯彻落实。

通知指出，党中央、国务院高度重视农村人居环境整治工作。近期，习近平总书记作出重要批示："浙江'千村示范、万村整治'工程起步早、方向准、成效好，不仅对全国有示范作用，在国际上也得到认可。要深入总结经验，指导督促各地朝着既定目标，持续发力，久久为功，不断谱写美丽中国建设的新篇章。"

浙江省15年推动"千万工程"的坚守与实践，主要有7方面经验。

一、始终坚持以绿色发展理念引领农村人居环境综合治理

改善农村人居环境，是以习近平同志为核心的党中央从战略和全局高度作出的重大决策。浙江省15年间久久为功，扎实推进"千村示范、万村整治"工程，造就了万千美丽乡村，取得了显著成效，为全国农村人居环境整治树立了标杆。习近平总书记多次作出重要批示，要求进一步推广浙江好的经验做法，建设好生态宜居的美丽乡村。

学习"千万工程"经验，首要就是必须始终坚持以绿色发展理念引领农村人居环境综合治理。其次要坚持生态优先，"宁要绿水青山，不要金山银山"。再次要发展绿色产业，"既要绿水青山，又要金山银山"。

农村人居环境的改善关系到农民的幸福感获得感安全感，也为农村经济发展带来了新的机遇。我们要以学习浙江"千万工程"经验为突破口和新动力，有

力有序扎实推进农村人居环境整治，不断谱写美丽中国建设新篇章。

二、始终坚持高位推动党政"一把手"亲自抓

农村人居环境整治不是单一事项，需要硬件改善与软件提升双管齐下，当前举措与长远目标多方协调，产业提振与文化重塑、社会再造共同发力，任重而道远，必须始终保持一个强有力的推动力。从浙江"千万工程"15年的经验来看，这个强劲动力，就是始终坚持高位推动，党政"一把手"亲自抓。

凡属重大改革，都不可能一蹴而就。任务越是艰巨，矛盾越是复杂，就越要加强党的领导，需要各级党政"一把手"亲自上阵，以上率下。要建立明确的"一把手"责任制。"一把手"的"一"字，是排序第一，更是责任第一、担当第一。要建立各司其职的工作推进机制。农村人居环境整治是一项系统工程。有"一把手"亲自抓，还要有分管领导直接抓，要有各相关部门心往一处想，劲往一处使。要建立可考核、能检验的奖惩机制。要把农村人居环境整治纳入为群众办实事内容，纳入党政干部绩效考核和末位约谈制度，强化监督考核和奖惩激励。

上承党中央重大决策部署，下接一方百姓殷殷期望，各地党政"一把手"要切实担负起历史的职责和使命，深入学习浙江"千万工程"经验，将农村人居环境整治这场硬仗打出彩、打出水平。

三、始终坚持因地制宜分类指导

"百里不同风，十里不同俗。"我国乡村数量众多，地域广博，不同地区气候条件、地形地貌、经济水平、风俗文化等千差万别。浙江"千万工程"造就万千各具特色、各美其美的宜居乡村，其中重要的一条经验就是始终坚持因地制宜，分类指导。

习近平总书记就推广浙江"千万工程"经验作出重要指示，特别强调农村环境整治要"因地制宜，精准施策"。学习浙江经验，就要牢牢把握这一要求的精髓，不简单照搬城镇规划，不搞"一刀切"，区别不同情况，科学准确地把握乡村的多样性，让各具特色的现代版"富春山居图"浮现于广袤的农村大地。

改善农村人居环境是实施乡村振兴战略的第一场硬仗。只要我们能做到一切从实际出发，统筹兼顾、科学发展、齐心戮力，必能走出一条适合各地农村特点的环境整治之路，绘就一幅各美其美、美美与共的靓丽乡村图景。

四、始终坚持有序改善民生福祉先易后难

良好的生态环境关系到广大农民的切身福祉、农村社会的文明和谐。全国各地经济发展程度不同，但是整洁、卫生、环保、美丽是所有农民的共同需求。学习"千万工程"经验，核心就是要树立"以人民为中心"的发展理念，持续提升农村生活品质，让广大农民在乡村振兴中有更多获得感、幸福感。

"要坚持以人为本，遵循客观规律，尊重农民意愿，推进包括整治村庄环境、完善配套设施、节约使用资源、改善公共服务、提高农民素质、方便农民生产生活在内的各项建设。"习近平总书记的"民本思想"贯穿"千万工程"始终，这既是做好农村人居环境整治的出发点，也是方法论。建设生态宜居的美丽乡村，归根结底是为了更好地满足农民群众对美好生活的向往。要把改善民生福祉作为根本出发点，聚焦农民关心的人居环境痛点难点问题，在治理行路难、如厕难、环境脏、村容村貌差等方面持续发力，处理好"难与易""快与慢""点与面"的关系，不搞脱离农村实际、违背农民意愿的形象工程，让农村人居环境整治真正成为让农民满意、让农民受益的"民心工程"。

"天地之大，黎元为先。"加快推进农村人居环境整治，只有统筹考虑发展水平和农民关切，科学确定目标任务，有序推进整治进度，才能在这场大考中交出一份满意的答卷，真正让农村美起来、生活好起来。

五、始终坚持系统治理久久为功

改善农村人居环境是一个系统性、长期性工程，不是抓一两项工作、努力一两年就能干成的。学习浙江"千村示范，万村整治"工程经验，就是要始终坚持系统治理、久久为功，建立健全长效治理机制。

农村人居环境问题从根本上看是城乡发展不平衡和乡村发展不充分的体现，

是许多年来农村基础设施建设和公共服务供给落后、环境治理缺位的结果，问题累积多、治理底子薄。它涉及硬件和软件、技术和机制、设施和观念等许多方面，仅当下需要重点解决的，就涉及到农村厕所改造、垃圾污水治理和村容村貌提升等领域，可谓千头万绪、百端待举。放眼长远，若没有建立起有效的后续管护机制，若不能改变农村的一些不良生活习惯和落后观念，就难以达到治本之效。因此，推进农村人居环境整治必须始终坚持系统治理，久久为功，从根上革除弊病，从面上实现普惠共享。

我们必须以咬定青山不放松、不获全胜不收兵的姿态，传好接力棒，压实干部责任，调动好各方面资源，开展好各方面工作，早日画出村美业美人美的大美乡村。

六、始终坚持真金白银投入强化要素保障

改善农村人居环境工作涉及到农村经济社会事业方方面面，无论是改水改厕、河道治理、村容改善等硬工程建设，还是垃圾的清运、污水管网的维护等软机制建立，都需要资金为后盾，都离不开实打实的投入。纵观浙江15年"千万工程"的实践，一个显著的特点和重要的经验，就是以真金白银的投入激活真抓实干的动力，不断强化要素保障，筑牢农村人居环境整治的物质基础。

要加大投入，钱从哪里来？浙江省的做法是，通过建立政府投入引导、农村集体和农民投入相结合、社会力量积极支持的多元化投入机制，有效解决了投入不足的问题。学习浙江"千万工程"经验，就要在农村人居环境整治中舍得投入、善于投入，用活资金、用好资源。一要加大财政投入，做好整合的文章。二要拓宽资金渠道，形成多元的格局。三要注意的是，要坚持真金白银的投入，并不意味着经济落后的地区就没法开展了。习近平总书记多次强调，农村环境整治这个事，不管是发达地区还是欠发达地区都要搞，但标准可以有高有低，但最起码要给农民一个干净整洁的生活环境。所谓"穷有穷过，富有富过"，改善农村

人居环境，既要尽力而为，也要量力而行；既要防止某些地区搞过度建设、盲目攀比，也要避免消极无为。不见投入不干事。

七、始终坚持强化政府引导作用，调动农民主体和市场主体力量

浙江省坚持调动政府、农民和市场三方面积极性，建立"政府主导、农民主体、部门配合、社会资助、企业参与、市场运作"的建设机制。政府发挥引导作用，做好规划编制、政策支持、试点示范等，解决单靠一家一户、一村一镇难以解决的问题。注重发动群众、依靠群众，从"清洁庭院"鼓励农户开展房前屋后庭院卫生清理、堆放整洁，到"美丽庭院"绿化因地制宜鼓励农户种植花草果木、提升庭院景观。完善农民参与引导机制，通过"门前三包"、垃圾分类积分制等，激发农民群众的积极性、主动性和创造性。注重发挥基层党组织、工青妇等群团组织贴近农村、贴近农民的优势。通过政府购买服务等方式，吸引市场主体参与。同时，通过宣传、表彰等方式，调动引导社会各界和农村先富起来的群体关心支持农村人居环境，广泛动员社会各界力量，形成全社会共同参与推动的大格局。

（浙大继续教育学院网站 2019 年 4 月 3 日）

安徽合肥：推进林长制的探索与实践

近年来，安徽省合肥市坚持以习近平生态文明思想为引领，推深做实林长制，加快推进绿色发展。以"兴林富民、建设生态文明"为宗旨，立足市情，抢抓机遇，调整农业产业结构，大力发展绿化苗木花卉产业，生态环境大大改善，为农民增收致富闯出了一条新路。

目前，合肥市林长制体系建设更加完善，项目推进进一步加快。已完成江淮分水岭区域绿化 3 万亩，合肥植物园扩建、大蜀山国家森林公园西扩提升、炯长路绿色长廊、管湾国家湿地公园等项目快速推进，全市林长制重点项目完成投资超 10 亿元。全市苗木产业种植面积达 100 万亩，年产值近 90 亿元，成为合肥市农村经济中一项重要的支柱产业。

一、政策扶持

合肥市苗木花卉产业发源于肥西县三岗村，起步于 20 世纪 60 年代，已有 60 余年的发展历史。1998 年之后，是合肥市苗木花卉产业大发展时期。当时，粮食价格普遍下跌，农民增收比较困难。合肥在全市范围内先后开展了定向育苗、评选林业致富带头人等活动，组织实施了万亩育苗工程、林业新品种、新技术示范等项目，极大地调动了群众育苗的积极性，促进了基地建设，壮大了基地规模。从 2003 年开始，连续 15 年成功举办苗木花卉交易大会，扩大了产业影响，树立了产业形象，促进了产品销售。2005 年，市政府 1 号文件就是《关于加快苗木花卉产业发展的意见》，实施了苗木花卉产业发展的具体扶持办法；2008 年又出台了《合肥市促进现代农业发展若干政策》，进一步引导苗木花卉产业规模化、专业化、标准化、设施化发展。

近年来，随着《合肥市促进现代农业发展若干政策》《合肥市植树造林重点工程奖补细则》《合肥市绿化大会战奖补细则》等以及县（市、区）苗木产业奖补政策的相继出台，极大地调动了全社会参与植树造林工作的积极性，最大限度激活投资主体的积极性、主动性，苗木产业得到了迅速发展。

二、发展迅速

在发展苗木产业的同时，合肥市通过顶层设计，重点在江淮分水岭地区、环巢湖地区、水源保护地、城郊结合部以及主要通道两侧等重点区域发展大面积苗木产业集群，既取得经济效益，又收获绿色生态，生动诠释了"既要绿水青山，又要金山银山"的重要意义。现建有苗木基地100多万亩，苗木生产经营企业3000余家，1000亩以上规模企业200余家，园林绿化企业近1000家，是全国最大的苗木生产基地，育苗技术先进，资源基础雄厚。

三、转型升级

当前，合肥市正在加速对各类苗木品种进行更新换代，加大对低密度稀植技术、引种驯化技术、优良品种扩繁技术、平衡施肥技术、新型嫁接技术以及节水灌溉设施、日光温室大棚设施、全光育苗设施、新型栽培基质等新技术、新材料的推广应用，逐步提高了苗木花卉生产集约化水平。特别是设施栽培有了较快的发展，全市苗木产业正在由粗放经营向以高投入、高产出为主要特征的集约经营转变。

目前全市绿化苗木花卉品种多达1000个，近几年种植量比较集中的品种有香樟、桂花、女贞、栾树、石楠、紫薇、红叶李、樱花、朴树、枫香、乌桕、柳树、国槐等，肥西三岗的红叶李、蜀山小庙的樱花等已形成较有特色的品牌。尤其是桂花、腊梅在全国独树一帜。

四、市场全国化

通过连续15届中国·合肥苗木花卉交易大会的推介和打造，合肥已成为全国苗木花卉信息中心和重要的集散地之一，形成了"买全国、卖全国"的良好局面。产业的发展吸引了社会资本的注入，使苗木花卉产业由过去单纯以农户种植为主转变为包括农户在内的各类社会主体共同参与的产业发展态势。

五、产业多元化

苗木零售业、绿化施工业、休闲旅游业蓬勃发展。肥西三岗村依托苗木花卉基础兴起的众多农家乐，进一步带动了旅游业、服务业等发展，提升了区域经济的综合增长能力。

官亭生态园就是苗木产业发展的典型案例。官亭生态园东接蜀山区，南连紫蓬山风景区，西至铭传乡，北靠312国道，目前发展规模6万多亩，核心展示区2.8万亩，以官亭镇回民社区为核心，迅速辐射周边张祠、童大井、焦婆社区三个村（社区），通过多年苗木产业发展升级，目前已成为合肥市郊最大的观赏林和天然氧吧。

2010年以来，为解决新农村后续发展，帮助社区居民解决就业、实现"生产发展，生活富裕"的新农村建设目标，官亭镇依托社区土地整理改良后大片优质的耕地和农业设施配套完善的优势，按照"政府引导、社区为主、群众参与"的方式，引导发展以"精品苗木花卉、优质粮油、蔬菜瓜果和甜油桃"为四大支柱产业的现代农业，坚定走现代农业规模化、集约化、精品化之路，大力引导农村群众创新求变，积极探索实践土地流转、调整产业结构、发展现代农业、解决群众就业增收，让生态园迅速发展成为引领地方农业发展的重要基地。尤以引进的安徽腾头园林苗木有限公司、安徽艺林园艺发展有限公司、龙利苗木科技有限公司等为代表的一批资金实力雄厚的全国知名企业，助力地方农业产业迅速升级换代，显现出强劲的发展态势并快速向周边辐射。

六、兴苗富民

苗木生产单位面积经济效益约为传统农作物的5—10倍，高额回报极大地调动了农民生产苗木的积极性。目前苗木进入升级提档期，肥西县农民苗木销售收入约占农户经营性收入的30%。苗木产业的发展，为城乡居民提供了大量创业、就业的机会。全市有50多个乡镇开展苗木花卉种植，从业人员达20万人。依托苗木花卉生态和景观效应兴起的乡村旅游业，林下种植和养殖业等退耕还林后续产业也呈现出良好的发展态势，成为该市消化农村剩余劳动力、缓解农民就业压力、吸引农民工返乡创业的有效途径。

（《安徽日报》2018年10月17日）

中国特色社会主义生态文明何以可能
——福建长汀生态文明建设经验启示

林默彪

中国特色社会主义生态文明何以可能？这是一种康德式的设问，需要在逻辑上析出这种可能的必要条件，在经验中找到能够实证这种可能的范例。

一、经验范例

在当代中国，"绿色发展"成为社会发展的一个基本理念，"生态文明"成为社会实践的价值目标。在发展的宏观层面上，党的十八大把生态文明建设纳入中国特色社会主义"五位一体"的总体布局。在指导思想上，习近平总书记从人与自然的关系、保护生态与发展生产力的关系、生态环境与民生福祉的关系以及生态红线、生态系统观等方面提出了中国特色的生态哲学思想和生态实践观念。所有这一切，意味着在当代中国围绕生态文明建设的价值理念、发展战略、改革方案、制度安排、实践路径等一系列顶层设计的基本框架已经形成。与生态文明建设的这种发展战略相对应，生态文明建设在现实实践层面上也正在方兴未艾地展开。

在生态文明发展战略与实践的互动过程中，福建省的绿色发展可谓是远见卓识，先行先试，蔚然成风。早在 2000 年，时任福建省省长的习近平提出建设生态省的战略构想，并担任生态省领导小组组长加以实施。2014 年，福建省被国务院确定为全国第一个生态文明先行示范区，而长汀县则是这块实验区里最具地方性范本意义的一块试验田。如今，习近平总书记当年在这块试验田里种下的那棵樟树已经根深叶茂，绿满枝头。长汀的水土流失治理正在向习近平总书记所批示的"进则全胜"的方向推进,生态家园建设正按规划得以落实并取得切实的成效,经济发展与环境保护呈良性循环发展的态势,福建省"产业优、机制活、百姓富、生态美"的有机统一的生态省战略目标在长汀的实践已渐成气候,长汀正在走向社会主义生态文明的新时代。

长汀县地处福建西部闽、赣两省的边陲,土地面积 3099 平方公里,其中山地面积约占 85%。

长汀是我国南方红壤地区水土流失最严重的区域之一,解放前,它就与陕西长安、甘肃天水并称为中国水土流失最严重的三大地区。据 1985 年普查,全县水土流失面积达 146.2 万亩,占国土面积的 31.5%。光秃的山岭红壤裸露形成赤红色的"火焰山"成了长汀一道特色的"风景"。

如今,红壤裸露的荒山已是绿色葱茏,昔日的"火焰山"如今变成绿色飘香的"花果山"。全县水土流失面积已经由 1985 年的 146.2 万亩降为 39.6 万亩。森林覆盖率达到 79.8%,植被覆盖率达 81%,空气环境质量达国家一级标准,基本上解决了水土流失之患。长汀水土保持和生态建设的实践被国家水利部誉为"不仅是福建生态省建设的一面旗帜,也是我国南方地区水土流失治理的一个典范"。长汀"红壤丘陵区严重水土流失综合治理模式及其关键技术研究"成果,荣获第四届中国水土保持学会科学技术一等奖。近年来,长汀先后被评为全国生态文明建设示范县、全国现代林业建设示范县、全国水土保持生态文明县、福建省生态县,省级生态乡镇创建率达 100%。在党的领导下,几代长汀人筚路蓝缕,用数十年的努力,发扬"滴水穿石,人一我十"的精神,给百万亩"火焰山"披上绿装,创造了水土流失治理的"长汀经验"。并在生态治理成果的基础上,提出业兴民富、山清水秀、客风古韵、和谐宜居、幸福安康的生态家园的建设目标,规划生态文明示范县建设的"五大体系"和汀江生态经济走廊建设的"六大板块",实现从生态治理到生态家园建设的转型升级,成为中国水土流失治理的典范、福建生态省建设的一面旗帜。

长汀这一片红土地铸就的红色精神高地,在长汀人民的生态治理与生态家园建设的实践中,孕育造就出一方青山绿水的新天地,也为我们研究当代中国社会绿色发展的理论与实践提供了一个鲜活的地方性的经验范本。

长汀由生态治理走向生态家园建设的实践历程，为我们研究生态文明建设提供了一个比较完整的、正在现实实践中生成的范例。长汀既有着生态治理成功的经验，又有着如何把握住绿色发展的战略契机由生态治理迈向生态家园建设新台阶的理念转换和实践构想，同时也面临着观念习俗、体制机制、利益协调、保护与发展、技术人才以及具体的乡村文明、垃圾处理、河流治理等各种问题与挑战，这为我们进一步深入研究中国特色的社会主义生态文明建设提供了一个总体的、丰富的、可追踪研究的问题域。

长汀在生态治理的实践中，探索出"党政主导、群众主体、社会参与、多策并举、以人为木、持之以恒"的水土流失治理的"长汀经验"，这一经验涵盖了生态治理的主体、机制、方法、宗旨、价值和精神。它启迪我们去思考：党的领导，绿色理念的指引，社会制度的安排，对于中国特色的社会主义生态文明建设的意义何在？

习近平在福建工作期间以及调任中央后一直关注长汀水土流失治理。在他担任福建省委副书记、省长期间，先后五次深入长汀调研水土流失治理和扶贫开发工作。2001 年，他提出"再干 8 年，解决长汀水土流失问题"的治理任务。2011 年 12 月，他在《人民日报》发表的《从荒山连片到花果飘香，福建长汀——十年治荒，山河披绿》一文上作出"请有关部门深入调研，提出继续支持推进的意见"的批示。2011 年 12 月，中央联合调研组到长汀开展水土流失治理专题调研，于 2012 年 1 月 6 日向习近平提交了《关于支持福建长汀县推进水土流失治理工作的意见和建议》，2012 年 1 月 8 日，习近平就此再次作出"进则全胜，不进则退"的批示。一个月间，习近平对长汀水土流失治理作出两次重要批示，掀开长汀乃至福建生态文明建设新的一页。从在福建任职提出建设生态省的战略，强调"任何形式的开发利用都要在保护生态的前提下进行，使八闽大地更加山清水秀，使经济社会在资源的永续利用中良性发展"，到在浙江任职提出"我们既要绿水青山，也要金山银山。宁要绿水青山，不要金山银山，而且绿水青山就是金山银山"的理念，再到中国生态文明建设整体战略构想和绿色发展理念的确立，沿着这条思想轨迹，长汀的生态治理为我们研究习近平的生态思想和绿色发展理念提供了一个最初的实践样本。同时，长汀这一实践范例也引发我们思考：马克思在《1844年经济学哲学手稿》中提出的人与自然和解的哲学命意——在一个新型的社会关系中去考量人与自然的关系，来回答一种康德式的设问：如果按照资本本性的逻辑演化，生态环境的"公地悲剧"将是人类文明的宿命，那么，中国特色的社会主义生态文明何以可能？

二、经验启迪

作为社会主义生态文明建设的一个地方性经验范本，长汀的水土流失治理和生态家园建设实践给我们以诸多的启示。

生态文明建设，首先要解决好发展的价值理念问题。文明的实质首先是一种精神洞见和精神秩序，这种精神洞见和精神秩序的核心在于引导文明发展方向的价值理念。有什么样的发展理念，就有什么样的发展。社会主义生态文明建设，首先必须超越传统工业文明的发展理念，确立新的发展理念。这种新的发展理念，从"可持续发展""科学发展"到"绿色发展"，都是指在生态环境容量和资源承载力条件的约束下，通过保护自然环境实现可持续发展的新型发展模式和发展理念。长汀县曾经为那种以杀鸡取卵、竭泽而渔的方式求经济增长和生活温饱付出惨重的环境代价，水土流失既是"天灾"，更是"人祸"。改革开放以来，长汀人向往绿色，梦想自己的家园绿满枝头，并在实践中把这种梦想变成现实。水土流失治理，长汀人给红壤秃岭换上了绿装；生态家园建设，长汀人给发展的蓝图注入绿的底色。他们自觉地把生态保护作为经济发展的底线、红线，保护水土、保护生态环境、保护汀江母亲河，是长汀谋发展的前置条件。他们在生态治理成功的基础上，以绿色发展理念引领经济社会发展，推动生态文明建设由水土治理向生态家园建设转型升级，以绿色发展为价值理念谋篇布局，优化生产、生活、生态的空间布局。绿色发展理念，已经深植在长汀人民心里，成为推动生态家园建设的坚定信念。

绿色发展是一个围绕人的发展为价值轴心的生态、生产、生活三位一体的绿色循环进程，要处理好经济发展、生态保护和人民生活三者之间的辩证关系，在三者之间保持互动的张力，走生产发展、生活富裕、生态良好的可持续发展道路。生态文明在一般意义上是人类在保护生态环境前提下的文明发展形态，是生态环境保护与经济社会发展相互涵容、相互促进的新文明形态。发展与保护的关系是生态文明建设所内蕴的本质关系。离开环境保护、突破生态阈限的发展，是不可持续的发展。人类应当学会在自然的阈值边界内寻求生产和生活之道，以此作为生存与发展的底线。绿色发展，是以生态保护为红线、为前提的发展，是由绿色、生态来定义的发展，是以生态经济、生态产业、生态技术为支撑、为机遇的低碳发展、循环发展、可持续发展。同时，离开发展来讲生态保护，这种保护也是不现实的、一厢情愿的。离开在经济社会发展中来实现人们的利益，单纯的生态保护将失去内在动力和支撑而变成既无意义又不可持续的保护。长汀生态文明建设的一个重要经验，就是把生态家园建设与经济社会发展辩证统一起来，使二者进入良性的互动，把生态优势转化为经济优势，用经济社会发展来保证青山绿水的永续常驻，在这种互动张力中实现生态保护和经济社会发展的双赢。他们在水土流失治理中引进利益机制，使人们能够在治理水土流失中获得利益，在环境保护中实现发展。如林权制度改革，"谁治理、谁投资、谁受益"的政策导向，就吸引了广大群众和众多公司参与造林，把治理水土流失与发展经济林业结合起来；通过推广"草牧沼果"的循环种养发展生态农业，既保护了水土，又促进了经济发展和群众利益的实现。他们以生态保护为红线，根据汀江流域的生态环境的内涵和特点来规划汀江两岸的发展蓝图，来优化生态、生产、生活的空间布局，在经济社会发展中注入生态保护的内涵。绿色发展是在以人为本的价值目标中注入发展的生态意蕴，它是新的时代背景下对以人为本的可持续发展理念的全新诠释。无论是生态环境保护还是经济社会发展，其价值轴心是人民生活的幸福安康。蓝天白云，青山绿水，环境优美，空气清新，是人民对美好生活的共同向往，良好的生态环境本身就是最公平的公共产品和最普惠的民生福祉。在由人与自然的共生共融所构成的生态系统中，生产节律、生活节律、自然节律是循环互动的，自然只有在与人类生产和生活相互关联和相互作用的辩证关系中才赋予了生态的意义。当我们把"自然"转换为"生态"，就赋予自然以人类文明的价值背景。离开人类文明历史抽象谈论自然，把人类文明进步与自然对立起来，进而把生态文明理解为回归到人类屈从于自然的自在生存状态，这是浪漫的生态中心主义。生态文明是超越工业文明的新型文明形态，它并不排斥技术进步和经济发展，反倒要以技术进步和经济发展为基础为前提。生态文明并非回到穷乡僻壤的生存状态，也不认为在这种状态下人与自然的矛盾就得到解决。山清水秀但贫穷落后，不是美丽福建；殷实小康但资源枯竭、环境污染，同样不是美丽福建。福建省提出的"机制活、产业优、百姓富、生态美"的生态省建设的战略目标，体现了生态文明建设是一个以人为本的生产、生态、生活三位一体的互动进程。长汀生态家园的构建，贯穿着生态为先、发展为重、民生为本的建设理念，在抓好水土流失治理的同时，做好兴业富民工作，让群众在参与水土流失治理的同时，分享生态环境改善带来的成果，在共建中共享，在共享中共建，共建共享一个生态好、产业兴、百姓富的生态家园。

生态文明建设，要推动经济社会发展方式的双重变革，即在绿色发展理念指导下，推动传统粗放的工业生产方式向技术先进、集约高效、低碳环保的现代工业生产方式转变，推动传统的封闭落后的农业生产方式向开放、绿色、低碳、循环的现代农业生产方式的转变。生态环境压力在农耕文明社会就已经存在。例如，美索不达米亚、希腊、小亚细亚以及其他各地的居民，为了得到耕地，毁灭了森林，但是他们做梦也想不到，这些地方今天竟因此而成为不毛之地，因为他们使这些地方失去了森林，也就失去了水分的集聚中心和贮藏库。传统落后的农业生产方式和生活方式，并不像现代的生态浪漫主义者对农耕文明诗意的回望那样是人与自然融洽无间的生存方式。农耕文明中的落后生产和生活方式是生态环境恶化的一个重要原因。长汀水土流失既与传统粗放的工业生产方式（如小水电截流对汀江生态的破坏等）有关，又与传统的农业生产方式和生活方式（如砍伐森林、山地造田、生活垃圾的随意排放等）有关。长汀水土流失治理已有很长一段历史，但效果并不好，一个主要原因在于，这种治理是在不改变原有传统农业生产方式和粗放型工业生产方式来进行治理，是依然沿着传统农业生产和粗放型小工业生产及其能源消费模式，在一个相对封闭落后的经济社会系统中实施治理，它不可能从根本上改变人地之间以及生产空间、生活空间与生态空间之间的紧张关系，而只能是一种治标不治本的治理。传统生产方式和生活方式的循环，使土地负载过重，水土流失恶化，然而又是在这种生产方式和生活方式条件下进行治理，这就使得治理与恶化循环往复，生态环境很难有根本上的治理恢复，这种治理从根本上看是没有出路的。长汀在新时期水土流失治理中取得成效，与新型工业化、城镇化进程促进农业劳动力和人口向非农产业转移从而极大地减轻了水土流失地区生态承载压力，使人地关系的紧张态势有所缓和直接相关（如推进生态移民造福工程，通过人口集聚减轻水土流失区农业人口对生态的承载压力，让更多的农民从土地和传统农业生产中解放出来，进而促进产业集聚等）；也与深化农业生产经营方式改革、转向现代农业生产方式、实施能源替代战略、发展生态农业经济等根本性的变革密切相关。可见，绿色发展必须推动如上所述的经济社会发展的双重变革，只有建立在新型先进的农业和工业生产方式之上，生态文明建设才有一个坚实牢靠的基础。长汀由水土流失治理走向生态家园建设正是建立在经济社会发展的双重变革之上的，是在标本兼治意义上使生态文明建设有了厚实根基的支撑。当然，对于一个底子薄的山区县域经济来说，实现这双重变革还需要各种条件的支持，需要一个长期的历史过程。

绿色发展是涉及价值观念、生产方式和生活方式的整体性、长期性、根本性的绿色变革，要确立辩证的、系统整体的思维方式，着眼长远，谋划大局，整体协调，为生态家园建设谋篇布局，促进人与自然的和谐共生，推动经济社会的可持续发展。生态文明建设的系统整体思维，有两个层面：一是哲学形而上层面。人类为了自身的生存，结成群落并进而结成社会，以自身的生产劳动在与自然界进行物质变换过程中从自然中分离超越出来逐渐形成文明社会，在这一过程中形成并积淀为一种类意识，即把人与自然分离出来甚至对立起来的人类主体意识和自然客体的对象意识——即现在众多生态中心主义者把生态问题归因于"主客二分"的思维方式。这种思维方式在人类文明历史过程中，自有其必然性和合理性。问题在于，当人类开始寻求超越工业文明走向生态文明的时代，我们就必须超越这种思维方式，在一个宏观整体的层面上来把握人与自然、社会系统与生态系统的辩证统一的整体性，把人、社会理解为从自然中分化出来但须臾也离不开自然开归根结底从属于自然生态系统的一个组成部分或自然生命共同体的一个成员，并在自然生命整体生生不息过程中来体认人从自然中走出，又回归于自然，并生存于自然过程中而展开的永恒的生命循环与轮回。这种人与自然共融共生的系统整体性与过程总体性的观念，正是我们今天走向生态文明时代处理人与自然的关系、推动绿色发展的哲学形而上层面的根据。哲学形而上层面的整体性观念，必须也应该体现落实在第二个层面即实践观念层面上，"生态系统观"和"可持续发展观"作为当代全球生态文明的核心实践理念，分别从空间维度的系统整体性和时间维度的过程持续性来架构生态文明。长汀的生态治理和生态家园建设，正是在这种实践观念的层面上把这种辩证整体的思维方式落在实处。在实践观念上，必须按照生态系统的整体性进行整体保护，系统修复，综合治理，以增强生态系统循环能力，使生态的生命共同体生生不息。水土流失治理是一个涉及自然生态系统和人工社会系统及其辩证关系的复杂系统过程，不仅要从山水林湖田的自然生态系统整体中把握生态修复的内在关联，防止"头疼医头""脚痛医脚"的治理方式；又要从人工社会系统的价值观念、生产方式、生活方式、消费方式以及制度安排、政策导向、社会动员、科技支撑、利益协调等各方面统筹兼顾、综合治理、整体推进。长汀人念念不忘前福建省委书记项南给长汀留下的治理水土流失的"三字经"，把系统整体的治理经验总结为通俗易懂、切实有效的实践观念。建设生态家园，无论是规划生态文明示范县建设的"五大体系"还是布局汀江生态经济走廊的"六大板块"，都是根据长汀自然生态系统的区域特点，以一种系统整体的思维方式来谋篇布局，划分主体功能区域，优化生态、生产、生活的空间整体性布局和规划可持续发展的过程整体性布局。

生态文明建设之于我们这个时代，不仅只是问题与挑战，还是一种发展的机遇和新的可能性空间。要善于把握和利用时势和契机，把生态环境的问题与挑战转变为绿色发展的机遇和条件。绿色发展首先是针对环境之于人类生存发展的问题与挑战而言的，资源枯竭、环境污染使当代人面临生存与发展的危机与困境。

但正如汤因比在《历史研究》中把文明的起源与生长理解为人类对生存环境的挑战所作出的成功应战一样，人类对资源和环境危机挑战的应战可能孕育着一种新的文明——生态文明的生成。因为人类在应对这种新的问题和挑战中激发了新的创造潜能，通过创新生存与发展的价值理念、新的思维方式、新的生产方式、新的生活方式、新的技术与制度创新，使人类生存发展跃入一种新的文明发展形态。如在当代中国，已经开始将绿色革命视为新的经济发展引擎，把资源环境约束转化为绿色发展的机遇。绿色发展为经济社会发展提供新的动力；绿色循环低碳产业是当今时代最有前途的发展领域，为经济创造新的投资和发展空间；绿色农业与现代电子商务的结合，使绿色农业走向品牌化、规模化、现代化；绿色经济作为经济发展的一种转型、提升和创新发展，开拓了一条将生态优势转变为经济优势、把生态资本转换为发展资本的一条新的经济发展道路。同时，新常态下经济增长动力转换和结构优化以及绿色的生活方式和消费方式，也为绿色发展、绿色产业链的形成打开了巨大的市场空间。长汀从水土流失治理到生态家园建设的过程生动地体现了这种把问题与挑战转换为发展机遇的辩证法。他们善于抓住和利用绿色发展作为国家发展战略所提供的机遇，如习近平总书记对长汀水土流失治理的长期关注，国家政策提供的条件等机遇，来引导和推动生态治理和生态家园建设；他们利用城镇化进程为治理和保护农村生态环境提供有利的条件和空间，通过推进生态移民造福工程和人口集聚减轻水土流失区农业人口对生态的承载压力，让更多的农民从土地和传统农业生产中解放出来，优化了生产、生态、生活空间布局；他们依托乡村生态和人文环境、资源禀赋，来谋划发展特色产业、绿色品牌产业，培育林下经济的产业链，发展电商、物流业，发展绿色休闲旅游业等，既保住了乡村的青山绿水，又推动了经济社会的发展，同时还富了一方百姓。

生态文明建设，是涉及政府、市场、企业、社会和个人等各种力量的一项整体性和长期性的事业，要充分发挥党政系统在社会动员、政策支持、制度保障、组织力量和整体协调方面的优势，统筹兼顾、持之以恒地予以推进。美好的生态环境是一种公共物品，由于政府本身具有的公共服务和管理的职能以及社会动员、组织、协调的力量，而公共物品之于市场主体、社会主体和个体主体来说则具有外在性的特点，这就需要政府着眼于整体利益和长远利益来率先发动，可以说政府是生态文明建设的第一推动者。长汀水土流失治理和生态家园建设取得成效的一个重要因素就在于政府把良好的生态环境作为自身需要提供给社会和人民的公共物品的职责来加以担当和践履，以"功成不必在我"的胸襟坚持不懈、持之以恒地予以推进。党政部门高度重视，整体规划、大力推动、制度和政策保障、全面协调、常抓不懈是取得成效的一条重要经验。当然，生态文明建设中政府不能唱独角戏，实际上，党政系统在长汀水土流失治理充当第一推动力的同时，充分依靠群众、动员群众、组织群众和教育群众以及发挥市场机制的作用，也是实现有效治理的重要支撑。随着治理实践的深入和向生态家园建设的升级，市场、社会、个体主体的力量和机制正在形成并发挥越来越重要的作用。绿色的可持续发展从根本上看要着眼于自身的"造血"功能，而不能一味地依靠外在的"输血"。如果说政府作为第一推动力在初期的作用主要是通过政策和经费的支持而体现为一种"输血"功能的话，那么，培育各种新型专业合作社、专业协会、种植大户，引进建立现代物流、电商业、畅通市场渠道，从而形成新型的现代市场主体和现代绿色产业链，这样一种内在的"造血"才能使长汀的生态文明建设具有恒久不竭的动力和生命力。

生态文明建设是美丽家园与美丽心灵相互涵育的过程，要把绿色化的理念植入人们的心中，成为人们的价值取向、思维方式和生活习惯，使在生态泽被下的文明有永续发展的自觉和底气。生态文明不是外在于人的文明，而是内化于人的文明。绿色化不仅是自然环境，同时是人的精神的内在绿色化，美丽的环境需要美丽的心灵相映衬、相涵育。只有将绿色发展理念内化于心，才能在生产、生活、行为实践中将绿色发展理念外化于行。"美丽中国"的一个根本性内容是以人与自然和谐共生的价值观为核心的生态文化的养成和公众生态意识的涵育。只有这样，生态文明建设才会成为人们自觉的行为。长汀在机关、企业、学校、社区、农村通过各种形式广泛开展生态文化建设，培育人民爱绿、造绿、管绿、护绿的主动性和自觉性，增强全体社会成员参与生态家园建设的使命感和责任感，提倡健康、绿色、环保、文明的生活方式，营造一个关心和支持生态家园建设的文化氛围。当然，人们生态环境意识和公共生态意识的养成是一个长期的过程，这既与我们长期形成的传统的生活方式和行为习惯有关，也与个体利益与公共利益、目前利益与长远利益之间复杂关系有关，不可能期望通过运动式的宣传毕其功于一役，而只能通过人们在参与生态文明建设的实践过程中来逐渐地涵育和确立。

三、问题与思考

长汀生态文明建设的实践和经验给我们诸多的启示，当然也引发我们对一些深层次问题的思考。诸如如何进一步解决好环境保护与经济发展之间的关系，把生态优势转化为产业优势、经济优势、发展优势，从而真正实现绿色、低碳、循环的可持续发展？如何解决好生态文明建设中的"输血"与"造血"之间的关系，实现由外在的"输血"到内在的"造血"的转换，从而使生态文明建设获得恒久的生机活力？如何在生态文明建设中推动产业结构的优化、转型、升级，实现传统的工业、农业生产方式向技术先进、集约高效、低碳环保、绿色循环的现代工业、农业生产方式变革，从而使生态文明建设获得坚实牢靠的产业支撑？如何在生态文明建设中处理好城镇化与美丽乡村建设之间的关系，既推动农村城镇化进程，优化生产、生态和生活的空间布局，又留住青山绿水，留住乡愁？如何综合运用政府、市场和社会的机制和力量来协调解决好局部利益与整体利益、目前利益与长远利益的关系，从而真正确立和实现生态环境的和谐与正义？如何通过制度安排、市场引导、技术创新、人才支持、社会化服务等必要条件，从而使生态文明建设有可靠的支持和保障？如何用绿色发展理念、生态哲学、生态伦理、生态美学等绿色生态文化来滋润涵养成人们的绿色的美丽心灵，转化为人们的生存理念和生存方式，从而使生态文明建设有永续发展的人文自觉和绿色底蕴？

所有这样一些生态文明建设的宏观的深层次的问题，我们可以从长汀这块"试验田"中得到启迪，但更为重要的是它激发我们去进一步深入探索生态文明建设中需要面对和解决的这些问题及其解决问题的边界条件是如何形成的，而不是现成的答案。在这个意义上，如马克思当年有言："一个时代的迫切问题，有着和任何在内容上有根据的因而也是合理的问题的共同的命运：主要的困难不是答案，而是问题。因而，真正的批判要分析的不是答案，而是问题。"而"问题就是时代的口号，是它表现自己精神状态的最实际的呼声。"长汀作为生态文明建设的"试验田"给我们提供了中国在社会主义生态文明建设过程中需要面对、研究和解决的问题域，而中国社会正是在探索和解决这些问题的过程中走向社会主义生态文明的新时代。

（摘编自《中共福建省委党校学报》2017 年第 7 期）

江西：突出各地特色 创建国家森林城市

江翠芳

近年来，江西加强城乡一体的森林生态系统规划、建设和管理，让森林走进城市、让城市拥抱森林。截至 2018 年底，全省 11 个设区市全部成功创建为"国家森林城市"，江西也成为全国唯一"国家森林城市"设区市全覆盖的省份。全省森林覆盖率稳定在 63.1%，国考断面水质优良率 92%，空气优良天数比例 88.3%；设区市城市建成区绿化覆盖率达 45.2%，绿地率达 42.2%，人均公园绿地面积 14.5 平方米。

一、坚持高位推动，完善创建机制

江西将森林城市创建作为贯彻落实绿色发展理念、推进生态文明建设的重要抓手，从政策体系、组织机构、资金投入等方面着力，建立健全创建工作机制。

一是政策措施有力。早在 2011 年 9 月，就印发了《江西省开展创建省级森林城市活动的意见》，启动省级森林城市创建工作。2016 年 3 月，出台《加快林业改革发展推进我省生态文明先行示范区建设十条措施》，将森林城市创建作为生态文明建设的重要举措，提出到 2020 年全省 11 个设区市全部创建为"国家森林城市"、80% 以上的县（市）创建为"江西省森林城市"的目标。2016 年 8 月，江西被列为首批国家生态文明试验区后，又将森林城市创建与国家生态文明试验区建设相策应、相衔接，作为打造山水林田湖草生命共同体的重要工程来实施。

二是组织机构健全。各申报创建城市均成立以党政主要领导为组长，相关部门为成员的创森工作领导小组，将创森纳入对本级各部门、下级各政府的年度考核内容。制定具体的创建活动实施方案，明确工作职责，细化目标任务，全面推进创建工作。同时建立督查制度，及时通报创建情况，现场解决创建工作的有关问题。

二是资金保障到位。将创森作为城市基础设施建设的重要内容，省财政每年安排 2000 万元用于森林城市、森林公园和湿地公园建设，对获"国家森林城市"的设区市奖励 500 万元，获"国家森林城市"的县（市）奖励 200 万元，获"江西省森林城市"的县（市）奖励 80 万元。各申报创建城市也将创建资金纳入本级政府公共财政预算，同时积极鼓励和引导社会资金参与创森工作，建立起多元化森林城市创建投融资体制。据不完全统计，到 2018 年底，全省累计投入创森资金达 102.84 亿元。

二、坚持统筹推进，提高创建实效

江西将森林城市创建与森林质量提升、城乡绿化一体、城市基础建设、城市功能优化等有机结合，系统性推进森林城市创建工作。

一是规划引领。按照"规划先于创建、规划引领创建"的要求，省级成立由林业、生态、城市建设、园林绿化规划等方面专家组成的创建专家委员会，先后制定《江西省森林城市评价指标》《江西省省级森林城市申报考核办法》《江西省省级森林城市建设总体规划编制技术要求》等规范文件，指导各地编制森林城市建设总体规划。各设区市按照有关要求，聘请权威部门编制国家城市森林建设总体规划。比如，新余市通过编制实施《新余市城市总体规划（1998—2020）》《新余市城市绿地系统规划（2002—2020）》《新余市城市森林建设总体规划（2008—2020）》《新余市绿地系统与绿道总体规划 2014—2030》，2016 年成功通过 5 年一次的"国家森林城市"复查，并再次获得"全国绿化模范城市"称号。

二是质量为重。省林业主管部门将创森作为考核地方林业工作的重要指标，统一创建标准、严把推荐质量，每年推荐 1—2 个设区市申报"国家森林城市"，注重抓好申报设区市所辖县（市）创建省级森林城市工作，要求凡申报创建"国家森林城市"的设区市，其所辖 80% 以上的县（市）必须获"江西省森林城市"称号，有效保证了历年申报创建"国家森林城市"的设区市 100% 获得通过。各申报创建城市跳出"为创建而创建"的狭隘思想，以森林城市创建为平台，以提升城市绿化水平为抓手，启动全域森林提质、城区生态提效、城市功能提升等系列工程。按照山上与山下同步、森林与湿地统筹、提质与增量并举的思路，注重对城市周边的隙地绿化、林相改造和森林管理，加强生物多样性保护、古树名木和湿地保护，大力开展乡村风景林和自然保护地建设，开辟更多的生态空间和公众活动绿地。加强城市森林生态廊道、河湖沿岸自然保护、公路铁路绿色通道、农田渠堤林网等建设，形成森林生态网络。

三、坚持人民主体，强化共建共享

江西坚持政府主导、部门联动、全民参与，广泛开展形式多样的宣传活动，提高创森知晓率和支持率，做到全民共建共享，不断释放生态红利。

一是加强创建宣传。运用各种传统媒体、新媒体、全媒体，全方位宣传创森为民、创森惠民，提高市民植绿、护绿、爱绿、兴绿的生态文明意识。同时，依托自然保护区、森林公园、湿地公园、生态文化村等载体，建设一批未成年人生态道德教育基地、科普宣教基地，开展绿色生态宣传教育和知识普及，营造全民参与创森的浓厚氛围。

二是组织全民植树植绿。通过省、市、县各级领导新春义务植树的带动，全省每年义务植树 1 亿株左右，义务植树尽责率 80% 以上。各地城乡绿化蓬勃发展，新建、改建一大批城市、城郊森林绿地，提升了城乡绿化品位，城乡人居生活环境得到明显改善。

三是彰显绿色生态惠民。各地结合城市扩建、旧城改造、河道整治、道路工程、住宅工程等，见缝插绿、拆墙透绿、借地建绿、拆违扩绿，建设以各类公园、公共绿地为主的休闲绿地，建成一大批森林乡镇、森林村庄、森林街道、森林小区、森林庄园、森林步道、小微湿地，创造良好的人居环境，让群众出门能见得到"绿"。

截至 2018 年底，全省共建设森林公园 182 处（国家级 49 处、省级 121 处），总面积 52.97 万公顷；湿地公园 93 处（国家级 39 处、省级 54 处），总面积 14.97 万公顷，其中湿地面积 11.79 万公顷，不断增强城市生态功能和承载能力，让创森成果全民共享。

（新华网 2019 年 4 月 26 日）

湖北保康：贫困山区的绿色发展之路

张世伟

保康县地处湖北省西北部，全县面积3225平方公里，辖11个乡镇、257个村、19个社区，总人口26.8万。这里历史悠久、文化厚重，是楚国源头和早期楚文化发祥地；这里资源富集、物产丰饶，是"中部磷都""牡丹故里""蜡梅之乡"；这里生态优美、山川秀丽，是生态文化旅游胜地和健康养生福地；这里区位优越、交通便捷，是鄂西北地区重要的交通枢纽。近年来，保康县深入贯彻落实习近平生态文明思想，坚持生态优先、绿色发展，脚踏实地、埋头苦干，初步走出了一条具有保康山区特色的绿色发展之路。

一、理念：生态优先、绿色发展

坚持生态立县。保康最大的优势是生态，最亮的底色是绿色。从20世纪90年代开始，保康就注重生态环境保护，探索经济转型发展之路。特别是党的十八大以来，始终以"绿水青山就是金山银山"的发展理念为指导，自觉强化使命担当，争创绿色发展示范，大力实施生态立县、旅游兴县、工业强县战略，构建以生态旅游业为主体，以磷矿采选业、新型工业和特色农业等产业为支撑的"一体多元"产业体系，推动一二三产业融合发展，把绿水青山的生态优势变成金山银山的后发优势。

坚持规划引领。始终坚持生态优先、绿色发展战略不动摇，坚决不走"先破坏、后治理"的老路，坚持在保护中开发、在开发中保护。2012年以来，聘请专业团队，科学编制了生态旅游规划、有机农业规划、现代林业规划、绿色矿业规划、新型城镇化规划、美丽乡村建设规划、土地利用规划等一系列规划，并与《保康县国家生态文明示范县建设规划》相融合，推进"多规合一"。制定专项规划年度实施方案，明确时间表、路线图，一张蓝图干到底。

坚持绿色惠民。良好生态环境是最普惠的民生福祉。坚持把绿色惠民作为生态文明建设的出发点和落脚点，推动实现脱贫攻坚、转型跨越、绿色示范、全民共享。新时代的保康正在悄然发生蝶变，脱贫奔小康试点县建设综合考评夺得湖北省"七年冠"；2013—2017 年，县域经济分类考核稳居湖北省三类县市区前五名；2015—2017 年，在湖北省贫困县党政领导班子和领导干部经济社会发展与精准扶贫实绩考核中，连续 3 年获得 A 级等次，其中，2016 年、2017 年均为全省第一名。

二、路径：全域旅游、产业融合

做活生态旅游。坚持政府主导、市场运作、企业主体、社会参与，构建"旅游县城＋核心景区＋风情小镇＋美丽乡村"金字塔式的全域旅游发展格局。全县建成尧治河、五道峡 2 个国家 4A 级景区，九路寨创建国家 4A 级景区通过技术评定。依托核心景区开发，注重服务设施配套，规划建设了两峪、龙坪等八大风情小镇。突出产业支撑，力推"一镇一节"，先后成功举办了马良油菜花节、过渡湾蓝莓采摘节、店垭茶文化节、龙坪高山运动帐篷节。"楚国故里·灵秀保康"生态旅游品牌价值彰显。2017 年，全县游客接待量、旅游综合收入分别是 2012 年的 3 倍和 5 倍。

做强有机农业。坚持以工业化理念谋划农业产业化，把农林产品变为旅游商品，推行"公司＋基地＋合作社＋农户"的经营模式，依托全县 80 万亩绿色产业基地，打造集观光、休闲、采摘、体验于一体的农旅融合产业园区，带火了乡村旅游，捧红了美丽乡村，推动了乡村振兴。狠抓农业品牌建设，全县有机产业认证面积突破 6 万亩，"三品一标"认证达到 42 个，建成了湖北省首家县级农产品质量可追溯系统。加快农村电商服务体系建设，给生态农产品插上电商"翅膀"，推动农业从"卖产品"向"卖商品"转变，拓宽了农民增收渠道。

做优矿业经济。大力加强绿色矿山建设，推进磷矿资源集约节约利用，推动矿业经济高质量发展，成为支撑保康绿色崛起的"台柱子"。比如，尧治河村对废弃矿山进行恢复治理，完成了从矿区到旅游景区的"华丽转身"。同时，对现有的矿井全部按照景点来设计建设，转型发展旅游，实现矿山的二次升值和矿业经济的可持续发展。2016年，尧治河绿色矿山建设通过国家评估验收。2017年，尧治河村被授予第四届湖北省环境保护政府奖集体荣誉称号。

三、保障：环境保护、生态创建

开展护绿增绿行动。把造林绿化同退耕还林、产业扶贫、林业产业化和美丽乡村建设结合起来，深入实施"绿满保康"和精准灭荒行动；发展烟叶、食用菌替代产业，减少产业发展对森林资源的消耗；加大天然林保护和自然保护区建设力度，2017年全县森林覆盖率达到76%。

实施碧水蓝天工程。全力以赴打好污染防治攻坚战，全面落实"治气、防尘、控煤、管车、禁烧"措施，全县空气清洁指数连续多年位居湖北省前列。深入开展"厕所革命"、农村垃圾治理、生活污水处理、城乡环境综合整治"四大工程"，境内主要水体水质稳定在Ⅱ类以上，饮用水源地水质达标率100%。

深化生态文明创建。创建国家级生态镇1个，省级生态镇7个、省级生态村62个，尧治河村、格栏坪村入选中国最美休闲乡村。2016年，保康成功创建为湖北省生态县。先后获得全国文明县城、全国卫生县城、全国绿化模范县等荣誉称号。2018年，保康荣获国家生态文明建设示范县称号。2019年，保康入选"2019中国最美县城榜单"。

四、动力：创新机制、激发活力

筑牢项目建设"硬支撑"。严格落实生态红线管控和湖北省重点生态功能区产业准入"负面清单"制度，建立绿色发展项目库，入库项目460多个，总投资超过240亿元。建立完善项目评审机制，提高招商引资门槛，引进无污染、有税收、有就业的"一无两有"好项目，以实实在在的项目支撑绿色发展。

下活资金整合"一盘棋"。结合山区实际，按照"统一规划、集中使用、性质不变、渠道不乱"的原则，出台了 13 类政策项目资金整合"负面清单"，对"清单"以外的资金统筹使用，集中财力支持绿色产业发展和生态文明建设。近两年，全县整合资金均在 16 亿元以上，保康的做法受到国务院扶贫办重视。

高举绿色发展"指挥棒"。全县树立生态优先、绿色发展的鲜明导向，出台了《保康县环境保护工作责任规定》，紧扣环保工作责任链条；将绿色评价纳入乡科级领导班子和领导干部履职尽责考核，占 15% 的权重，严格实行"一票否决"。生态环境保护意识已在全县干部脑子里深深扎根。

用好责任追究"撒手锏"。加大环保执法力度，对环境违法行为"零容忍"。近年来，查处各类环境违法案件 69 起，整改环境突出问题 122 个。严格落实环保责任，出台了《保康县党政领导干部生态环境损害责任追究实施细则（试行）》，先后对 8 名党员干部进行了问责，形成了强力震慑。

（摘编自《学习时报》2018 年 10 月 4 日）

湖南：长株潭试验区绿色发展经验案例

2007年,国务院批准设立长株潭城市群为资源节约型和环境友好型("两型")社会建设综合配套改革试验区。多年来,长株潭试验区以强烈的责任心和使命感,大胆实践、积极探索,在资源节约集约利用、流域协同联动治理、生态环境保护、城乡环境同治等方面,既建章立制又重点突破,取得了积极成效。2011年3月和2013年11月,习近平总书记两次考察湖南时都对长株潭试验区的改革探索给予充分肯定。长株潭试验区乘势而上、攻坚克难,在推进形成绿色生产方式和生活方式、加大生态系统保护的路上越走越坚定,开展了更为广泛的探索,走出了一条中部重化工业城市群打好污染防治攻坚战、实现绿色转型发展的路子。总结推广长株潭经验对于打赢污染防治攻坚战,建设美丽中国具有重要的现实意义。

一、市场、技术、法治协同的流域综合治理

湘江是湖南人民的母亲河,但却长期遭受严重的重金属污染。长株潭试验区获批后,湖南省把湘江流域治理和保护列为"省政府一号重点工程",将治理好流域污染作为两型社会建设的重要标志。通过政府、企业、社会联动,长株潭试验区走出了市场、技术、法治协同的流域治理新路子。

坚定推进产业结构调整是污染防治的关键。为切断主要污染源,政府通过促引结合,推动株洲清水塘、湘潭竹埠港等湘江两岸老工业基地重化工污染企业搬迁改造退出。出台长株潭三市湘江沿线项目准入制度,湘江干流两岸各20公里范围内不得新建高污染项目。关停小化工、小冶炼、小造纸、小电镀、小皮革等高污染、高能耗企业,鼓励成长性较好的企业技术升级改造,政府提供信贷支持异地重建,优先安排进入专业环保工业园。对严重污染、不按期淘汰退出的企

业，质监部门不予颁发生产许可证，环保部门不予发放排污许可证，税务部门不予办理出口退税，金融机构不予信贷支持。

技术创新是污染防治的支撑。在污染企业退出后，地方政府与企业采取 PPP 模式共同组建重金属污染治理公司，引入第三方治理企业，以"重金属土壤修复 + 土地流转"形式，利用企业资金和技术治理污染土壤，并让参与各方从土地增值收益中获得回报。针对技术瓶颈，组织产学研协同攻关，中南大学牵头，株洲清水塘作为治理主体，联合实施湘江流域重金属冶炼废物减排关键技术公关，开发了深度净化不同种类重金融冶炼废水的生物制剂产业化技术，攻克了污酸治理的世界性难题。一些矿区实施生物修复法，采用种植桑树修复镉、硫、锰污染耕地，逐步恢复地表植被和耕地质量。

公众参与监督是污染防治的重要力量。通过向社会公开招募，实施"民间河长"制，调动社会力量参与流域治理。在市县设立河长行动中心，每周六为行动日，由"民间河长"组织有关团队和志愿者开展巡河行动，监督湘江沿岸排污企业和污染排放行为，对水质进行检测，并对周边群众破坏环境行为进行劝导，每月将巡河情况通过 APP、微信公众号向当地"官方河长"反馈。对"官方河长"进行监督，对暴露的重大环境问题的处置情况实行跟踪反馈。"民间河长"成为保护湘江的"绿色卫士"，是河长制的重要补充。

法治是污染防治的重要保障。湖南省在全国出台首部江河流域保护的综合性地方法规——《湘江保护条例》，对水资源管理与保护、水污染防治、水域岸线保护、生态保护等作出了规定。根据不同的污染成因和治理重点，构建属地政府负责、省直对口部门牵头、多部门配合督导支持的多方协同机制。

湘江污染治理是一项系统工程，湖南省调动各方力量，多管齐下，打破了以往单兵突进的局面，突出上下游联动、水陆空联动、存量消化与增量遏制联动，同步实施跨区域重金属污染治理、流域截污治污、城市洁净、农村面源污染治理等工程。目前，湘江水质全面好转，干流 18 个省控断面水质连续达到或优于 III 类标准。

二、绿色产品政府优先采购

政府实施绿色采购制度是引导和促进绿色生产方式和生活方式的有效手段。长株潭试验区率先在全国对绿色产品采用政府优先采购制度，有效发挥了财政资金引导作用，向社会鲜明地传递支持使用和生产绿色产品导向，促进了产业结构调整升级，推动形成了绿色生产生活方式。

绿色产品采购首先在于规范产品申报评审认定程序。政府通过制定绿色采购认定办法，规范申报受理、认定发布等工作流程。绿色产品每年认定一批，参评企业按照指南发布明确的年度申报重点及绿色产品申报条件、受理时间等进行申报。相关主管部门根据产品申报数量、质量及专家评价，分行业领域划定分数线，确定年度拟入选绿色产品名单并向社会公示，公示期满无异议的产品纳入绿色产品政府采购目录，通过政府采购网站等平台向社会公布。绿色产品有效期为两年，到期自动失效，再次纳入需重新申请认定。

绿色产品采购实行"三优先""两不歧视"。凡列入政府绿色采购目录的产品，优先安排采购预算，优先选用收购和竞争性谈判等非公开招标方式采购，评审时可享受一定比例的价格扣除或加分优惠。不歧视中小企业产品，绿色产品的评审优惠可以和政府采购支持中小企业的评审优惠重复享受；不歧视省外产品，鼓励省外产品申报，并享受同等的优惠待遇，确保公平公正公开，不增加市场壁垒。

长株潭试验区绿色产品政府采购制度增加了绿色产品供给，引导社会扩大了绿色产品消费需求。自2013年以来，已先后发布五批绿色产品政府采购目录，累计认定171家企业的793个产品。据抽样调查统计，企业和消费者的采购偏好转向绿色产品，加快了绿色消费模式的形成。一些企业绿色产品中标率超过70%，明显高于一般产品。2016年，纳入采购目录的绿色产品销售收入达253.55亿元，同比增长5.5%。

三、绿色标准认证

长株潭试验区以构建绿色发展制度体系作为使命，从标准认证找突破口，点面结合，从产业、企业、园区，到机关、学校、社区、家庭，到县、镇、村，推动探索制定绿色标准，形成 70 多项绿色标准、规范、指南。

在工业领域，从建立产业准入、退出、提升机制，带动新能源、节能环保等产业发展入手，制定产业、企业、园区等经济活动绿色标准，引导企业在设计、生产、销售等环节全面体现资源节约、环境友好，形成绿色生产方式。在城镇建设领域，从明确不同区域在资源环境方面应达到的绿色水平入手，制定县、镇、村庄、建筑、交通等城乡建设绿色标准，明确不同层级行政区域在资源、环境方面应达到的水平，引导各类项目在规划、设计、建设、运行中充分体现两型要求。在社会生态文明领域，从规范相关社会组成单元的行为入手，制定机关、学校、医院、社区、家庭、旅游景区等绿色标准，明确用能标准，强调垃圾减量、无纸化办公、使用节能节水器具等元素。

贯标是标准落地的关键。绿色标准贯标采取政府购买服务、第三方机构认证的方式，做到"统一认证目录，统一认证标准、统一认证标志"。每一类绿色标准包括资源节约、环境友好等系列指标，每一指标应达到相应分值的 80% 才能通过认证。通过绿色标准认证的企业和单位可享受相关奖励政策，或可得到专项资金、财税、金融等政策支持。

长株潭试验区通过建立"绿色标准＋认证"体系，解决了生态文明建设缺乏可量化指标、可约束手段、可追溯管理、可评价依据、可持续机制等难题，探索出了一条用标准指导实践、助推绿色发展和生态文明建设的新路子，在全国发挥了重要的示范引领作用，其中一些经验做法已上升到国家制度层面。

四、农村环保合作社

为破解农村环境治理成本高、处理效果差、易反复的难题，长株潭试验区首创农村环保合作社，充分发挥农民在生活垃圾分类处理过程中的主体作用，激发了农村环境综合整治持久动力。

环保合作社是农村垃圾分类减量的运营主体，乡镇设总社，各村设分社。总社实行理事会制，理事会成员由各村（社区）推选，镇党委认可，下设财务委员会、监督委员会。每个村由村民提名，村委会决定，明确一名专职保洁员，归口环保合作社管理。保洁员负责本区域垃圾分类处置，指导督促村民将生活垃圾分为可堆肥有机垃圾、可回收垃圾和不可降解有害垃圾三类，定期逐户收集，将回收垃圾进行二次分类。环保合作社有偿回购保洁员收集的垃圾，对不可降解和有害垃圾进行无害化处理。政府负责建立垃圾收运体系，每年安排运行补贴。村级将合作社账务纳入村级账务管理，对环保合作社日常运营给予一定补贴。保洁员的工资大部分由政府财政补助，少部分通过自愿协商，由受益农户按每户每月收取一定金额保洁费自筹。

长株潭试验区探索形成的"农户—村组保洁员—环保合作社"的环保自治体系，将环保纳入"村规民约"，建立利益引导机制，调动村民参与环保的积极性和主动性，鼓励农民自愿投入建设环保基础设施，实现了农村污染从"有人怨、无人理"到"自我约束、村民自治"的跨越。农民环保意识普遍增强，农村人居环境得到明显改善，生活垃圾无害化处理率由原来的60%提高到100%，农民对环境改善的满意度直线上升。

五、"四分"模式处理农村垃圾

长株潭试验区将彻底改变农村环境面貌作为推进两型社会建设的突破口，建立农村垃圾分区包干、分类减量处理、分级投入、分类考核的"四分"模式，探索形成了农村环境治理的长效机制。

分区包干。村级卫生区域划分为公共区和农户责任区。村主干道、主水沟渠、集中活动场所和集贸市场等公共区由村集体出资，聘请专人进行保洁维护，农户房前屋后各自责任区实行"三包"——包卫生、包秩序、包绿化。

分类减量处理。对生活垃圾分类，通过"堆肥、焚烧、回收、填埋"等方法进行减量处理，做到"五个一点"。即"卖一点"，指导农户将可回收利用废品进行整理，卖给保洁员或废品回收公司；"埋一点"，煤渣、炉灰、石块等无害化垃圾，就近铺路填坑；"沤一点"，将可堆肥垃圾，进行集中堆沤，或倒入沼气池，发酵成有机肥；"烧一点"，秸秆、稻草、竹屑类等入焚烧炉烧毁；"运一点"，最后不能处理的固体垃圾，由保洁员统一收集送镇中转站处理。

分级投入。实行"市级统筹、财政下拨、部门支持、乡镇配套、村组自筹结合"的分级投入模式，根据"一镇一站、一村一池、一户一桶"建设要求，市级层面给予每个乡镇每年30万—50万元不等的建设资金，每村每年1.2万元的运行资金。县级财政按照1：1的比例给予相应资金配套。乡镇一级根据实际情况，配套一定的工作经费。鼓励村民自发筹资筹劳参与农村环境综合整治。

分类考核。市考核县（市、区），奖优惩劣，对连续两次排末名的县（市、区）主要领导进行约谈；对干部推行绩酬挂钩，将县乡村三级干部40%的工作津贴切块用于城乡环境同治挂钩；对农户推行"大评小奖"，按清洁、较清洁和不清洁评定等次，评比结果张贴到户，或分组公示，对清洁户给予毛巾、牙膏、雨伞等价值10—20元的小额物资奖励；对参与农村环保的市场主体进行量化考核。

"四分"模式通过明确责任、精细处置、自愿参与、科学考核，有效地破解了农村环境治理责任不清、监督不力等问题，实现了乡、村垃圾收集处理体系全覆盖。通过分类处理，农村垃圾量明显减少，减量率高达90%，仅长沙市每年减少生活垃圾丢弃120万吨以上，经济社会效益显著。农村环境治理不仅改变了村民的居住环境，更改善了村民的生活状况，助推了休闲农业与乡村旅游的蓬勃发展，成为长株潭新的增长点。

六、农村畜禽养殖废弃物第三方治理模式

第三方治理是推进环保设施建设和运营专业化的重要途径。长株潭以市场化、专业化、产业化为导向，推动建立农村环境污染第三方治理新机制，实现环境效益、经济效益和社会效益多赢。

推行"三区""四化"，为实施第三方治理创造条件。明确将畜禽规模养殖区域划分为禁养区、限养区和适养区等"三区"。其中，城区、饮用水源一级保护区为禁养区，禁养区内不得新建、改建和扩建畜禽养殖场，已有的限期关闭或搬迁；对限养区畜禽养殖场（户）强化污染治理，严格执行达标排放，不再新改扩建养殖场（户）；对适养区新建养殖场开展环境影响评价，实施环保"三同时"保证金制度。引导建设标准化养殖场，做到"四化"即养殖规模化、管理专

业化、产品绿色化、环境无害化。

推广"三改两分三利用"的养殖污染治理技术。"三改"即改造传统养殖为标准化养殖、改人畜混居为楼舍分离、改直接排放为处理后排放或零排放;"两分"即清污分流、干湿分离;"三利用"即利用粪污产沼气、种果林、加工有机肥。

推广合同环境服务,通过引入专业环境服务公司,对畜禽养殖污染进行集中式、专业化治理。政府采用公开招标的方式确定第三方服务公司,以乡镇为单位,与第三方签订全域畜禽污染整治合同,共同建设污染治理设施;第三方负责提供畜禽污染治理系统解决方案及运营服务,通过利用粪污制取沼气、发电,种养平衡等多种途径获得持续的经济效益并补贴运营成本。同时,政府整合农村环境综合治理资金,每年安排畜禽养殖污染治理专项经费预算,对完成污染治理的养殖场给予财政补助资金奖励。对存栏500头以上大型养殖场采用沼气能源发电、生产有机肥、生化处理等技术进行处理的给予30元/平方米补助;支持成立清洁能源公司,统一建设沼气池、统一实施定期配送、统一收费标准、统一规范管理,使无养殖户也能使用清洁能源。

长株潭试验区以规划、资金和政策激励为引导,利用第三方治理等市场化手段,实现了治理手段的科学化,有效减少了农村面源污染,规模化养殖场污染治理全面完成,基本实现了"户户治理、场场达标"。

七、绿色文化理念传播

两型社会建设是一项长期而艰巨的任务,长株潭试验区从教育入手,从娃娃抓起,从小事做起,深入传播绿色文化理念,引导形成"处处皆两型、人人可两型"的良好氛围。

在全国率先编制小学生《两型读本》。2009 年,遵循孩子身心发展及认知的阶段性特点,长株潭首创编制全国第一套《小学生两型知识系列读本》(简称《两型读本》),分为《亲亲校园》《两型家庭》《奇妙生物》《珍贵资源》《和谐家园》《绿色湖南》六册,免费向全省小学生发放。

两型进课堂。印发《两型教育指导纲要》,要求学校把《两型读本》学习融入教育计划、课程安排。学校在进行课堂教学的同时，开展变废为宝、河流水质调查、参观污水处理厂、寻找珍稀物种等丰富多彩的实践活动，充分调动了学生参加两型社会建设的积极性。

两型进家庭。由孩子带动家长互动，倡导简约适度、绿色低碳的生活方式，如对生活用水再利用、及时关闭家电电源或采取节电模式，监督家庭成员开展生活垃圾分类、光盘行动等，推动家庭参与两型社会建设，并以家庭"小家"辐射带动社区"大家"，实现"小手"牵"大手"，"小家"带"大家"。

两型进社区。在社区设立两型宣教基地，公开招募教师、公务员、退休人员等当两型公益宣讲员，紧贴居民家庭日常生活实际，定期举办展览、公益宣讲等活动。开展生活垃圾智能分类，设立参与积分兑换区，社区居民办理智能垃圾分类卡，可进行垃圾分类积分兑换和生活用品循环兑换。

长株潭试验区首创开展绿色示范创建行动，推动两型社会建设进园区、进厂区、进校区、进办公区、进社区，打造出一个个看得见、摸得着的两型样本，使绿色文化理念深入人心，达到了"教育一个孩子、带动一个家庭、辐射一个社区、影响整个社会"的良好效果。

八、生态"绿心"保护

生态"绿心"地处长株潭三市结合部，面积522平方公里，植被茂盛，郁郁葱葱。这是三市竞相开发的区域，随着城市边界不断扩张，"绿心"一度被侵蚀蚕食。试验区获批后，湖南省将保护"绿心"作为两型社会建设的重要任务，从规划编制、立法保障入手，实施严格的空间管制，像保护眼睛一样保护生态"绿心"，努力将其打造成城市间绿色发展的新样板。

强化顶层设计，把好"规划关"。湖南省颁布实施长株潭城市群生态"绿心"地区总体规划，将"绿心"划分为禁止开发区、限制开发区、控制建设区三个层次，推进"绿心"总体规划、城镇规划、土地利用规划、产业发展规划"四规合一"。同时，坚持一张规划绘到底，未经法定程序不得变更规划，从根本上解决"绿心"地区规划编制主体间、专项规划间的衔接缺位问题。

出台"绿心"保护条例，把好"责任关"。出台《湖南省长株潭城市群生态绿心地区保护条例》，明确"绿心"保护的责任主体、项目审批主体和审批权限。将"绿心"保护工作纳入政府绩效评估考核的范畴，对有关乡镇人民政府制定专门的考核评价指标体系。建立"绿心"保护目标责任制，市、县、乡三级人民政府逐年逐级签订保护目标责任状。建立省人民政府和长株潭三市定期向本级人民代表大会常务委员会报告制度。

严格落实生态功能分区，把好"准入关"。禁止、限制开发区占到"绿心"总面积的89%。长株潭坚守生态底线，禁踩生态红线，严格功能分区定位，实施保护性发展。在三市试行"绿心"地区项目准入管理程序及项目准入意见书制度，省直部门对"绿心"地区项目建设立项、审批实行严格审查，市级部门建立联合审查机制，坚决叫停不符合"绿心"规划的项目，严禁污染、劳动和土地密集型、高耗能产业项目进入，使"绿心"生态功能分区真正成为刚性约束。

实施"天眼"动态监测，把好"执法关"。湖南省开发了"天眼"卫星监控系统，利用国产卫星影像及现代信息技术，每季度对"绿心"地区新增建设用地行为进行全面监测，并将监测信息反馈给相关部门，通过资料比对和实地踏勘，核实每宗地块动土的详细情况，形成"天上看、地上查、网上管"的监控模式。同时，三市组建"绿心"地区联合执法队伍，实行定期巡查、重点督查、集中整治，并设立举报电话，建立违法违规线索举报者奖励制度，逐步形成政府统筹、部门协同、区县联动的执法合力。

长株潭通过对生态"绿心"的严格保护，强化了城市重要生态功能区优化布局及空间动态监管，使之成为长株潭城市群之间的"绿楔子"，为长株潭提供了共同的"绿肺"和重要的生态屏障。

九、城市环境多主体综合治理

株洲市曾是全国十大污染城市之一。获批两型试验区后，株洲市委市政府加强大环保统筹，建立了一套"权责一致、市场运作、大数据支撑、市民有效监督"的城市环境综合治理机制，城市面貌发生翻天覆地的变化，被评为全国卫生城市、湖南省最干净城市。

建立大环保格局。成立市级环境保护委员会，建立环保"党政同责""一岗双责"机制，规定县市区和市直部门的环境保护工作职责，将环境保护工作列入市委、市政府绩效考核内容，加大考核权重，县市区环境保护指标考核分值由60分提高到95分。建立环境案件环保、公安、检察联动机制，公安部门、检察院在市级、县（市区）级分别设立驻环保工作联络室，实现市区县全覆盖。率先建立市级人民政府向人民代表大会报告环保工作机制，将环保工作情况和政府工作报告一同报告、一同审议、一同表决。

下移事权管理重心。将环卫清扫保洁、园林绿化管养、治违拆违等管理事项下放到城市各区，明确区级政府在城市管理中的主体地位，合理界定市、区、街道和社区四级管理职责及各级的事权、财权和行政许可权，激发区级政府、街道积极性，构建"两级政府、三级管理、四级网络"的城市管理新格局。

实行数字化网格化管理。建立"属地管理、分级覆盖、责任到人"的网格化监管体制，形成统一队伍、统一保障、分开考核工作模式。建立覆盖全市的数字城市管理系统，集成信息采集员、GPS系统、视频探头等实时数据，发现问题，立即通过数字城管系统处置，实现数字化网格化精细化管理。

引入市场主体参与城市环境治理。将城中村改造、城市公园绿地建设、生活垃圾处置等包装成项目，采取PPP、BOT、债券、上市融资等多种方式，鼓励和引导社会资金参与城市治理。如以城区餐厨垃圾无害化处理项目建设和运营管理特许经营权为标的，面向社会公开招标，中标方负责项目投资建设和运营管理，市财政对餐厨垃圾收运给予每吨125元补贴，政府用少量资金就可撬动市场力量，实现全市餐厨垃圾资源化、无害化处理。

引导市民全程监督城市管理。聘请各界市民代表担任考评委员或考评监督员。将城市管理纳入"电视问政"栏目内容，市政府及部门领导接受社会质询。设置城市管理信息举报平台，鼓励群众发现身边与城市管理相关的问题，经核实可得到5元或10元电话费奖励，费用由相关责任单位承担。聘用社会监督员，实行实时教育引导。

十、激励惩戒联动的环保信用评价制度

长株潭试验区将环保信用评价作为社会信用体系建设的重要环节。按照及时、准确、规范、全面的原则，建立了一整套的环保信用评价制度，将排污单位、工业园区、环境服务机构及其从业人员全部纳入环保信用评价范围实施信用记录，并实行守信激励和失信惩戒联动机制，提高各环保责任主体的自律和诚信意识。

创立环境信用信息统一管理平台。环保部门依托现有环保业务信息系统，整合环境信用信息资源，在全国率先建设了统一的环境信用信息管理平台。省、市、县三级环境信用信息系统互联互通，并实现与环保部、省级信用信息共享交换。

制定环保信用评价办法。在全国率先制定了企业环境信用评价管理办法，确立省市分级评价模式，规定各级环保部门职责分工，明确参评企业范围、评价标准、评价方法、工作程序和成果运用等，评价过程中充分征求社会公众和评价对象意见，逐一核实问题。同时，设置企业环境信用等级升降级制度和"黑名单"制度。

实行守信激励和失信惩戒联动机制。强化环境行政管理全过程信用监管，实行事前信用承诺、事中分类监管、事后奖惩联动的机制。对诚信市场主体优先推介，实行行政审批"绿色通道"，优先提供公共服务便利。对环境失信联合惩戒，限制或者禁止环境失信主体的市场准入和行政许可，停止执行享受的优惠政策，在经营业绩考核、综合评价、评优表彰、刑事司法、绿色信贷等工作中，对环境失信主体及相关负责人予以限制。

强化保障措施。建立了省、市、县三级环境信用体系建设的组织领导体系和部门联席会议制度，制定规章制度。树立环境诚信典型，加大对守信行为的表彰和宣传力度。省社会信用体系建设领导小组定期督查、考评相关部门环境守信激励失信惩戒联动工作落实情况，县级以上政府定期对各行政机关进行检查和评估，并作为年度考核重要内容。

十一、精准扶贫与生态保护联动

湖南充分发挥绿色大省、生态强省的资源优势，着力使绿水青山变成金山

银山，探索精准扶贫与生态保护联动机制，推动扶贫开发与资源环境相协调、脱贫致富与可持续发展相促进，念好"生态扶贫经"，实现生态、产业、扶贫联动发展。

实施生态产业扶贫。鼓励发展种植业，引导和支持有劳动能力的贫困户人依靠产业脱贫。如，株洲炎陵县对全县建档立卡贫困户改造笋竹林 5 亩以上、森林抚育 20 亩以上按 100—200 元 / 亩进行奖补，对珍稀树种林苗培育、花卉苗木培育、育苗、新造林（含油茶）、油茶垦复等 1 亩以上按 200—400 元 / 亩进行奖补。依托优势旅游资源，建立旅游产业帮扶机制，政府设立专项资金，引导企业、社会资本参与贫困地区旅游项目开发建设运营。将 3651 户 11479 名贫困人口纳入产业脱贫范围；将贫困地区生态观光景点纳入精品旅游线路带，实施景区带村、旅游企业带组、景区干部职工结对帮扶责任制。采取"旅游＋电商、旅游＋农业、旅游＋新媒体"等新型营销方式，打造以"互联网＋农业生态旅游"为核心的产业链，让更多的农林产品转化为旅游商品。

实施生态项目扶贫。将农村环境整治、国家林业重点工程、科技推广项目、农发林业示范项目等项目资金重点向贫困县倾斜。对建档立卡贫困户退耕还林进行提标补助。如，株洲炎陵县对建档立卡贫困户参与了退耕还林项目建设的，按2016 年国家补助标准，由县级资金提标 30% ~ 40% 进行补助，每户每亩增加收入 1500 元。实施林业基础设施建设补助，在国有林业单位、贫困村和面上村建设林区道路，按照 2 万元 / 公里进行补助。生态护林员项目覆盖省级以上贫困县，对建档立卡贫困人口生态护林员进行补助。炎陵县对建档立卡贫困人口生态护林员按 1 万元 / 年人标准发放劳务费，并在生态公益林补偿公共管护资金中按人平不低于 2400 元 / 年的标准每村配备 1—2 名护林员，使受益贫困人口月增收入200 元以上。

探索体制变革带动扶贫。实施建档立卡贫困户林地流转补助，对建档立卡贫困户所有的林地进行流转的，给予不低于 100 元 / 亩的补助。深化集体林权制度改革，贫困户颁证率达 98% 以上，落实承包权，放活经营权，保障收益权。规范引导林地流转、林权抵押贷款，鼓励有偿转让生态景观资源使用权，或以作价入股方式参与旅游企业经营，增加财产性收入和经营收入，赋予贫困户更多的收益权。

提高生态补偿范围和标准。不断加大贫困地区生态系统保护与修复，将贫困县纳入国家重点生态功能区，加大财政转移支付力度。提高生态公益林补偿标准，对已享有生态公益林补助的贫困户，在省级标准基础上由县级资金补偿提标40%进行补助。将贫困县天然林全部纳入"天保"工程。

湖南省通过生态扶贫，推动实现生态价值与脱贫攻坚深度融合，让贫困群众吃上"生态饭"、摘掉"穷帽子"。2017年，湖南全省贫困县市区完成营造林699.9万亩，帮助贫困林农获得劳务收入超过10亿元。2016—2017年，炎陵县贫困户直接从生态补偿中累计获益2200余万元，2017年底，炎陵县通过省级验收实现贫困县摘帽退出。

（摘编自国家发改委网站2018年10月26日）

湖南湘潭：土壤污染治理经验

廖艳霞　许丹

土地资源与水、空气一样，是人类生存最基本的条件，也是兴国安邦的战略资源。但随着工业化进程加快，土壤污染程度越来越严重。好在人们对土地的保护意识越来越强，对土地污染进行治理的方法越来越科学。近年来，湘潭土壤污染防治工作取得了一些成绩，以下是梳理出的成功经验。

一、及早谋划解决污染源头问题

湘潭是一个老工业城市，重化工业布局相对集中，历史遗留的土壤污染问题突出，主要污染因子是镉、铅、锰等重金属以及滴滴涕等持久性有机物，污染主要来源为化工、有色冶炼、制革、电镀、电解锰等行业的遗留工业场地和工业弃渣场地，土壤环境保护和治理的任务十分艰巨。

近年来，湘潭市委、市政府坚持生态文明建设和绿色发展，突出治理历史遗留土壤污染，加大治理力度，通过优结构、严监管、抓退出、重治理，土壤污染状况得到了显著改善。"十二五"以来，全市累计实现100余家涉重涉化企业的退出；昔日竹埠港化工区全面启动"退二进三"，实现转型发展；百年锰矿地区重金属污染治理基本完成，利用废旧遗弃矿山打造的地质公园可建成开园；辖区内的湖南农药厂、五矿湖铁、牛头化工等一批历史遗留企业及周边的土壤污染治理稳步推进，全市土壤环境保护和治理工作走在了全国前列。

"谋划要早，'十二五'初期，湘潭就立足土壤污染现状，明确了治理目标，突出产业结构调整，加快重污染传统产业退出和新兴产业发展，通过三到五年努力，较好解决土壤污染源头问题。"市环保局负责人称。

就具体实施过程来说，湘潭坚持一区一策，根据不同地域的污染情况出台不同的实施方案，如针对"百年锰都"锰矿工业区的土壤污染治理以生态修复为主；针对竹埠港工业区采取风险管控为主、示范治理为辅的推进模式；针对原湖南农药厂厂区及周边持久性有机物污染问题引进国内大型治理公司开展土壤治理试点工作；针对湘乡五矿湖铁工业区及周边铬污染问题，邀请了南方科技大学和环保部规划院等顶级技术团队帮助开展调查和动态模拟工作，力求实现科学治理和精准治理。

二、创新机制保障项目实施

要解决好新形势下土壤污染治理问题，除了要有地方党委、政府的坚强领导，还必须创新各项工作机制，加速推动实施。早在2012年，湘潭即确立了"市领导、区运作、市场化"的工作机制，市、县两级财政每年在环境污染治理资金中安排部分资金，重点支持土壤环境监测、污染场地调查与评估、污染土壤修复与综合治理示范工程建设等。

同时，政府筹建了雨湖经开区、岳塘经开区分别作为承担实施污染企业退出的主体，在加强市级统筹、举全市之力坚定推进的同时，强化区级执行，切实增强一线战斗力，为全面实现污染企业退出和后期的转型发展奠定了良好基础。

实施好源头控制是开展污染治理的有效保证。如何让污染企业停下来、退出去，让治理措施跟上来、沉下去，是土壤污染治理工作能否顺利推进的关键步骤。湘潭按照"关停、退出、治理、建设"的工作思路，加强政策引导，对企业关停退出实行"一企一策"，对按期主动关停的企业实行奖励，并对按时退出的企业在用地、安置、搬迁方面给予政策支持。同时，加强配套服务，帮助企业完成搬迁选址，协调金融机构对企业新厂建设给予资金支持。

土壤污染治理任务重、治理难度大，单靠国家投入的资金是远远不够的。近年来，湘潭积极探索搭建市场平台，拓宽融资渠道，多方争取专项治理资金，推进治理的市场化运作。通过融资平台，发行湘江流域污染治理专项债券18亿元，并获得银行3亿元的配套资金。同时，引导和鼓励社会资金参与土壤污染防治，合作开发项目，引进民营环保企业合资组建湘潭生态治理投资有限公司作为污染综合整治的项目投资和实施平台。通过努力，逐步建立起了政府、企业、社会多元投入机制，成功将竹埠港地区重金属污染治理作为全国首个重金属污染治理 PPP 项目，向国家发改委申报发行竹埠港重金属污染治理企业债券，为治理项目的顺利推进提供了坚实的资金保障。

三、部门联动探索治理新路径

在土壤环境监管方面，湘潭建立了国土、农业、环保等部门协调联动机制。由农业部门牵头，对基本农田、重要农产品产地特别是"菜篮子"基地进行重点监管，严格控制主要粮食产地和蔬菜基地的污水灌溉，强化对农药、化肥及其废弃包装物，以及农膜使用的环境管理；由国土部门牵头，对污染严重难以修复的耕地或其他土地，提出土地用途调整意见；由环保部门牵头，对涉重金属的污染源企业加强监管和日常巡查，严厉打击污染土地的环境违法行为。从 2018 年起，湘潭对列入土壤环境重点监管名单的企业，每年向社会公开土壤环境监测结果，加大社会监督力度。

近年来，湘潭环境监测部门承担了省级课题《空气降尘中的重金属成分研究》，市环境科学院承担了国家环科院《重金属污染防治绩效考评》项目的子课题研究，农业部门承担了农业部"农产品产地土壤重金属污染防治"项目，并先后与中科院亚热带生态研究所、湖南省蚕桑科学研究所等进行技术协作，开展蚕桑对土壤修复、低吸收低集富水稻品种筛选等技术研究，加强科技支撑。同时，湘潭成立了生态文明建设专家咨询组，为污染治理提供技术支撑，并委托清华、中南大学、南方科技大学、环保部环境规划研究院等大专院校及科研机构参与土壤治理项目技术方案编制，创造性引入监测大数据等新技术、新手段，不断探索治理新路径，取得了积极成效。

四、年终考核不合格的实行"一票否决"

对于土壤治理，湘潭落实责任，加强考核。首先将土壤污染治理的目标任务逐项分解至县（市）区、园区、市直部门和企业，层层签订目标责任状，落实到责任单位和责任人。2017年6月，湘潭启动了环境污染治理"夏季攻势"战役，各主要土壤污染治理责任单位分别向市人民政府递交了土壤污染治理目标责任状，进一步明确了相关治理工作时间表、路线图和计划书。

同时，加强督查督办。对土壤污染的重点项目，建立"周碰头、月调度、季督查"工作机制，每月组织一次调度会，每季度召开专题督查讲评会，对完成任务滞后单位下达市长交办函。

严格考核奖惩是保障。湘潭将土壤污染治理工作目标纳入政府对各级各部门的绩效考核，制定考核工作细则，建立责任追究机制，对年终考核不合格的实行"一票否决"。同时，对治理项目的实施以及项目完工后所产生的社会、经济、环境效益进行分析评估，通过加大对土壤污染治理项目的督查，充分发挥其改善环境质量的最大效益。

（摘编自湘潭在线 2017 年 7 月 25 日）

海南：实践绿水青山就是金山银山理念
加快构建绿色产业体系

王增智　王习明　王明初

绿水青山就是金山银山理念，是习近平新时代中国特色社会主义思想的重要内容。2018 年 4 月 13 日，习近平总书记在庆祝海南建省办经济特区 30 周年大会上的讲话中强调，海南要牢固树立和全面践行绿水青山就是金山银山的理念，在生态文明体制改革上先行一步，为全国生态文明建设作出表率。一年来，在绿水青山就是金山银山理念指引下，在国务院各部委的大力支持下，海南全力推动了一系列生态文明建设的重要政策落地，成效显著。2018 年，海南全省环境空气质量优良天数比例为 98.4%，地表水水质优良率为 94.4%，森林覆盖率稳定在62.1%；城镇和农村常住居民人均可支配收入分别达 33349 元和 13989 元，分别增长 8.2% 和 8.4%，维护了海南"拥有全国最好的生态环境"的美誉，海南人民的获得感幸福感安全感不断增强。

一、以生态红线为底线，保护好"绿水青山"国土空间

生态保护红线的实质是生态环境安全的底线，目的是建立最为严格的生态保护制度。"绿水青山"是生态环保的重要阵地和空间，也是"金山银山"的物化形态。由于特殊的地理位置，海南拥有特别丰富的生态资源。如何保护和开发这些生态资源，是海南发展进程中的重大理论和现实问题。

科学划定生态红线。海南生态保护红线，既要符合国家"一条红线管控重要生态空间"的总体要求，又要满足海南省打造国际旅游消费中心、国家重大战略服务保障区和建设自由贸易试验区、中国特色自由贸易港的需要，是海南省总

体规划的刚性约束。海南根据全省生态资源特征和生态环境保护需求，划定了陆域生态保护红线总面积11535平方公里，占陆域面积33.5%，其中海南热带雨林国家公园面积4400余平方公里，约占全岛陆域面积的七分之一；划定近岸海域生态保护红线总面积8316.6平方公里，占海南岛近岸海域总面积35.1%。在空间上基于山形水系框架，以中部山区的霸王岭、五指山、鹦哥岭、黎母山、吊罗山、尖峰岭等主要山体为核心，以松涛、大广坝、牛路岭等重要湖库为空间节点，以自然保护区廊道、主要河流和海岸带为生态廊道，形成"一心多廊、山海相连、河湖相串"的基本生态保护红线空间格局。这是海南生态环保空间的底线。

禁止触碰生态红线。根据《海南省生态保护红线管理规定》，将生态保护红线区划分为Ⅰ类生态保护红线区和Ⅱ类生态保护红线区。Ⅰ类生态保护红线区内禁止各类开发建设活动；Ⅱ类生态保护红线区内禁止工业、矿产资源开发、商品房建设、规模化养殖及其他破坏生态和污染环境的建设项目；对开发乱建构成犯罪的，将依法追究刑事责任。为了守住生态红线，各市县纷纷创新举措。如昌江县在通往棋子湾靠海岸线一侧，每间隔1000米左右立一个刻有"生态红线"字样的白色界碑；海口市在市区划定湿地生态保护红线，陵水县在省级生态保护红线的基础上又划定了县级红线。全省对破坏生态行为"零容忍"，实行顶格处罚。受生态保护要求和房地产调控等影响，海南有3.1万亩存量商品住宅用地不能继续用于住宅开发，将转型用于符合自贸区（港）发展定位的产业。

贯彻落实生态红线。根据2018年习近平总书记视察海南时提出的新要求，海南省全面落实省委关于加强生态文明建设30条措施；有序推进中央环保督察和国家海洋督察反馈问题的整改；编制了区域空间生态环境评价和生态保护红线、环境质量底线、资源利用上线、生态环境准入清单（"三线一单"）；深化生态环境六大专项整治，重点开展违法用地、违法建筑治理；污水处理基础设施加快建设，城镇集中式饮用水水源水质全部达到或优于Ⅲ类，完成29个城市黑臭水体消除任务，海口美舍河、鸭尾溪、大同沟治理进入生态环境部光荣榜；全面推进生态修复城市修补，全域创建卫生城市；装配式建筑推广应用取得突破，建成面积82万平方米；持续开展绿化造林，森林覆盖率稳定在62.1%以上；全省湿地保护修复进展顺利，海口市荣获全球首批国际湿地城市称号；环境空气质量优良率98.4%，细颗粒物（PM2.5）年均浓度降至17微克/立方米等。

通过这些举措，优化了海南国土空间开发格局，理顺了保护与发展的关系，改善和提高了生态系统服务功能，海南生态安全格局态势良好，发展空间更加优化。

二、以绿色产业为抓手，打造"金山银山"发展平台

打造绿色产业是"绿水青山"变成"金山银山"的必由之路。海南省凭借得天独厚的生态环境优势，聚焦培育绿色生态产业新引擎，加快生态产业化、产业生态化，把生态优势加快转化为经济优势、发展优势、竞争优势，让"绿水青山"源源不断带来"金山银山"，让老百姓有了更多的获得感和幸福感。

坚持绿色发展导向，促使生态农业产品增值。海南农业在全国独具特色和优势，发展潜力巨大，是农民收入的重要来源。海南推动优势农业资源转化为产品品质优势，并通过品牌平台固化推广，实现了单位产品的价格和销量提升，在环境友好和社区参与的情况下兑现了价值，特别是在海南自由贸易试验区建设中发挥了积极作用。例如，国内最大的天然橡胶上市公司海胶集团实现转亏盈利；东方花卉产业呈现出蓬勃的发展势头；海南辣椒附加值不断提升，经过品牌化的海南农业产品正逐渐成为生态、绿色、健康的代名词。在2018年中国（海南）国际热带农产品交易会期间，文昌市的龙泉文昌鸡养殖基地及龙泉共享农庄，琼海市的"美丽乡村"沙美村、龙寿洋国家农业公园等海南热带特色现代农业及海南品牌农产品生产基地，成为海内外嘉宾争相参观考察的热点。

用好绿色发展指挥棒，促使工业企业转型升级。尽管海南省属于工业欠发达省份，但依然存在污染比较严重的工业企业。2017年，在中央第四环境保护督察组进驻海南期间，多家工业企业收到结构性污染转办件。工业污染直接威胁着海南的青山绿水、碧海蓝天。为解决这一问题，促进工业与环境协调发展，海南省委省政府制定并颁发了《海南省全面加强生态环境保护坚决打好污染防治攻坚战行动方案》，明确提出了促进产业绿色发展、实施产业准入负面清单制度。经过整治，一年多来，海南全省新型工业效益提升，医药、低碳制造业等产业发展态势良好。

三、以制度保障为根本，构建践行"绿水青山就是金山银山"理念的长效机制

实践证明，生态环境保护中存在的突出问题，大多与体制不健全、制度不严格、执行不到位、惩处不得力有关。践行绿水青山就是金山银山理念既需要久久为功，更需要制度保障、统筹协调，构建长效机制。2018年以来，海南省根据新的要求完善了践行绿水青山就是金山银山理念的制度机制。

一是编制国家生态文明试验区建设规划。建设国家生态文明试验区，是海南自由贸易试验区建设的四大战略定位之一，是一个系统工程，涉及面广，必须要有一个总体规划。为此，海南省提请中央全面深化改革委员会审议通过了《国家生态文明试验区（海南）实施方案》《海南热带雨林国家公园体制试点方案》，作为海南在新的历史起点上践行绿水青山就是金山银山理念的指南。"多规合一"改革取得新成效，海南全省统一的国土空间规划体系基本建立，16个市县和洋浦经济开发区总体规划已批复实施，基本完成《海南省清洁能源汽车发展规划》等。

二是深入推进生态文明体制改革。海南在省级党政机构改革中建立了自然资源的统一管理与规划体制、生态环境的全面监控体制。积极构建政府主导、企业和社会共同参与的生态环境治理体系，推动省以下环保机构监测监察执法垂直管理制度改革和生态环境综合行政执法改革，强化环境行政执法与刑事司法衔接，规范生态环境保护综合行政执法；全面推行河长制、湖长制、湾长制、林长制；设立了海南热带雨林国家公园管理局，为构建归属清晰、权责明确、监管有效的自然保护地体系奠定了基础。取消了12个市县地区生产总值、工业产值、固定资产投资的考核，实行新的市县发展综合考核评价办法；需要说明的是，取消生态敏感区市县地区生产总值考核，不是不要考核，而是追求更高质量更高水平的生态保护考核。

三是初步建立流域上下游生态保护横向补偿制度。根据习近平总书记在庆祝海南建省办经济特区30周年大会上的讲话精神，海南省制定了《海南省流域上下游横向生态保护补偿实施方案（试行）》，明确2018—2019年，在赤田水库和流域面积大于1000平方公里跨市县河流交界断面上下游开展横向生态保护补偿；2020年，在流域面积500平方公里及以上跨市县的河流和重要集中式饮

用水水源基本建立上下游横向生态保护补偿。通过建立交界断面上下游市县水量补偿制度，实行"谁获益，谁补偿"，促进水资源节约保护。

四是加大专项整治力度。加快推进中央环保督察反馈问题整改；深化生态环境六大专项整治，重点开展违法用地、违法建筑治理；推进"绿盾"专项行动，整理建立国家级和省级自然保护区整改销号台账清单问题309个，截至2018年底，已完成整改196个；严把环境准入关，对不符合规划、违反生态保护红线管理规定、污染防治措施不可行以及违反相关法律法规的项目不予审批；加大环保执法力度，2018年立案1172宗，处罚金额1.84亿元，同比增长76%；制定出台《海南省全面禁止生产、销售和使用一次性不可降解塑料制品实施方案》和《海南省推行绿色殡葬五年行动计划（2019—2023年）》等，以"长牙"的制度机制捍卫海南"绿水青山"，在全社会形成了浓郁的环保氛围。

（摘编自《光明日报》2019年5月7日）

重庆：推进长江经济带绿色发展

冉瑞成　吴陆牧

重庆地处长江上游和三峡库区腹心地带，在国家推动长江经济带发展和生态文明建设中肩负着重大使命。2017 年 7 月以来，重庆市委、市政府强化上游意识，担起上游责任，自觉践行"共抓大保护、不搞大开发"重要思想，加快建设长江上游重要生态屏障，努力使重庆成为山清水秀美丽之地。

一、全方位保护母亲河

2018 年以来，重庆市专门出台了《深入推动长江经济带发展加快建设山清水秀美丽之地的意见》、生态优先绿色发展行动计划、污染防治攻坚战实施方案、国土绿化提升行动实施方案等"1+3"文件，坚决把修复长江生态环境摆在压倒性位置，筑牢长江上游重要生态屏障。

在重庆，水污染治理、水生态修复、水资源保护"三水共治"，沿江百里风光再现。重庆全面落实河长制、湖长制，突出抓好污染流域和湖库综合治理，完成了主城区 31 段黑臭水体整治，地表水总体水质良好，长江干流重庆段水质为优。同时建成城乡污水处理设施 1648 座，完善城乡污水管网约 2 万公里，城市和乡镇污水集中处理率分别达到 93%、80%。

加大消落区治理力度。重庆实施消落区保护规划，按保留保护区、生态修复区、综合治理区分类保护，基本完成三峡后续规划 575 个生态环境保护项目。此外，加强消落区监管执法，严厉打击乱倒乱建等违法行为，集中治理消落区农业种植、占用防洪库容等违规问题。

重庆还不断保护和建设好山水林田湖草综合生态系统，通过推进天然林保护、退耕还林、湿地保护与修复、石漠化治理等工作，不断"增绿"长江。

二、"绿色 +"为产业赋能

强调保护，不是不要发展。重庆市在生态建设和环境保护的前提下，把"绿色 +"融入经济社会发展各方面，推动产业智能化、集约化、特色化发展，提高经济发展绿色含量，让老百姓享有更多生态红利。

以供给侧结构性改革为主线，重庆严格落实产业禁投清单、工业项目环境准入规定，坚决禁止在长江干流及主要支流岸线 1 公里范围内新建重化工项目、5 公里范围内新布局工业园区，将高污染、高能耗、高排放"三高"项目和过剩产能项目挡在门外。

2017 年，重庆全市否决不符合产业政策和污染治理等要求的项目环评 26 个，涉及总投资约 20 亿元；对 8 户不符合产业政策和布局要求的企业分别采取关停、搬迁等措施；全面完成 13 家"十一小"企业关停取缔和主城区 7 家污染企业环保搬迁。

融入"绿色 +"，重庆坚持传统产业改造提升和新兴产业培育发展"两条腿"走路。在工业绿色化改造方面，重庆积极推进造纸、焦化、氮肥等 11 个重点行业清洁生产改造工作。推动火电、建材、化工等高耗能行业节能技术改造，完成 21 个大项 41 个小项产品用水定额标准修订，全市大宗工业固体废物综合利用率保持在 80% 以上。

三、聚力提升城市品质

重庆还着力开展城市提升行动计划，持续改善城市环境，推动城市品质全面系统提升，努力使城市干净整洁有序、山清水秀城美、宜居宜业宜游，创造高品质生活，彰显"山水之城·美丽之地"城市形象。

渝中区通过鲜花苗木补植、局部改造提升、现有绿化梳理等方式，对 2 个公园、9 条干道、13 个节点、3 个重要轻轨出口及高速沿线网外实施景观品质提升；大渡口区实施"增绿添园"，新建改建公园 16 个，新增城市绿地 48 万平方米。2018 年以来，重庆主城各区大力推动绿化品质、市政设施品质提升工作，已累计完成绿化品质提升项目 6 个、46.6 万平方米，整治破旧不规范护栏 20 公里；全面启动机场路、中山三路等 18 条重要道路绿化提升项目，并工绿化品质提升项目 144 个，有序推进重要桥隧和道路隔离设施规范涂装等多项工作。

据悉，重庆 2018 年将建成 100 个公园绿地项目和 500 万平方米公园绿地，完成 8 座城市污水处理厂改扩建任务，启动 18 座城市污水处理厂提标改造工程；主城区生活污水集中处理率将达到 97%，全市城市生活污水集中处理率达到 93.5%；主城区生活污水处理厂污泥无害化处置率保持 100%，全市生活污水处理厂污泥无害化处置率达到 90%。

（《经济日报》2018 年 7 月 31 日）

四川遂宁：大力推进海绵城市改造建设

程　都

四川省遂宁市地处四川盆地中部、涪江中游，恰好落在成渝经济区的两大经济高地之间，与成都、重庆两市区距离均接近 150 公里，是一个典型的发展洼地城市，曾经长期处在四川经济发展的低点上。但是遂宁市充分利用良好的环境资源，采取了一系列措施，积极推进海绵城市建议和绿色发展，取得了良好的成效。

一、做好顶层设计，确保有效落实

做好顶层设计是城市可持续发展的基本条件。做好规划蓝图，严格落实规划，是城市持续可协调发展的重要条件。遂宁市在推动城市发展方面，非常重视城市规划的编制和执行。构建了以"三大体系"为抓手的规划管控体系，统筹协调城乡规划"编制、监管、标准"体系建设。狠抓规划编制、强化规划引领，全面推动市、县、镇（乡）和村庄四级规划编制。高起点、高标准、高效率修编市、县城市总规划；全面推进中心城区（除老城区外）控规和水电气、文教卫、绿地系统、海绵城市建设等专业专项规划，以及镇（乡）总规编制修编，全面开展全市域幸福美丽新村规划编制。除了编制规划之外，遂宁市还通过规划监督机制确保总体规划和局部规划的统一性、规划和实施的一致性。

二、中心城市与中小城市协同发展

城镇体系不健全，大中小城市发展脱节，中小城市承载力薄弱，服务功能有限，不能形成聚集效应，是城市发展的重要障碍。遂宁市在做大中心城区的同时，坚持县城的差异化发展，积极建设市域副中心。加快射洪、大英、蓬溪等县城建设，通过三县城市总规修编，推动三县特色化差异化发展。完善城市公共服务设施和基础设施，加大旧城区改造力度，实施了射洪滨江路景观带建设、蓬溪城河二期书法湿地公园建设、大英卓筒大道等 5 条主要道路改造等项目，提高了城市服务水平，增强了县城环境承载能力。

对于小城镇，遂宁坚持城镇集群式发展，积极建设绿色小城镇。成功申报了拦江、西眉等 11 个全国重点镇，积极推动百镇建设行动试点的蓬南、金华、回马、拦江、隆盛、沱牌、天福、龙凤 8 个镇的城镇建设，开展绿色城镇建设行动，每年启动 20 个绿色小城镇建设，重点实施"十个一"工程，城镇综合承载力得到提升。

三、推进城市信息化，逐步打造智慧城市

在信息化高速发展的时代，互联网将深度融入到生产生活的各个领域中去。遂宁市顺应时代潮流，积极开展智慧城市建设，加大力度建设信息化基础设施，打造基于互联网的多层次信息平台，为城市未来发展奠定现代化的基础。

推进"智慧遂宁"建设，市委市政府主要推进"一个中心、三个体系"及相关服务应用。一个中心是集约建设城市信息枢纽中心，夯实智慧城市核心基础。三个体系包括打造城市管理运行体系，改善城市运行环境、提高政府治理效能；构建市民融合服务体系，提升城乡均等化水平，提高公众生活品质；完善产业绿色发展体系，助推产业经济绿色化、规模化发展。

目前遂宁市建立了城市公共信息平台，正在建设地理空间信息平台；城市基础数据库正在建设地理空间数据库。智慧政务市、县两级部门政务专线接入通达率达 100%，建成了 12345 政务服务热线平台、政务公开目录系统、行政权力公开运行平台、电子政务大厅等。通过智慧建设工程完成市城区建筑在建工程数字化管理覆盖，完成全市个人住房信息系统建设，建成了城建档案一体化管理平台，初步建立了地下管网管理信息系统。通过智慧卫生工程建立了市、县区域卫生信息平台，完成卫生专网建设，覆盖 95% 以上卫生机构，全市 80% 的三级医院通过数字化医院验收。通过城市一卡通工程与成都天府通卡系统实现了对接，

已发行3万多张城市一卡通，加载了公交、水电气缴费、定点超市小额支付等功能应用。在智慧物流方面完成了物流公共信息平台门户、物流信息交易平台、物流设备交易平台、物流运作服务平台等子系统建设，移动终端应用开发，目前为2000多家企业提供在线交易、仓储订单、货品物流信息发布等服务。

四、完善城市水生态，严格水资源管理

遂宁市首先针对城市水系加强生态保护。划定了城市蓝线、绿线，分别制定了管理办法，对随意侵占和破坏环境的行为进行严格处罚。其次，针对城市原有的但是已经受到损害的水系进行生态修复。在观音湖沿线，遂宁市建成了圣莲岛、湿地公园、莲里公园、席吴二洲湿地公园，这些公园有丰富的环境资产，充分利用湿地的水体净化功能，将原有的硬质防洪堤进行生态修复，可以有效治理城市污水排放问题，保护涪江水质。三是加强水污染防治。对穿城而过的涪江支流进行了全面的水质检测和污染源排查，制定了水质保障计划和方案。四是保障饮用水源质量。遂宁市在2015年对所有集中式饮用水源环境进行了一次评估和整改，完善了饮用水水源保护区坐标数据库，建设应急备用水源系统，并完成了渠河饮用水水源北移工程，使得渠河饮用水质完全达标。

在水资源管理方面，遂宁市不断细化计划用水管理，制定了各个县、区的用水效率控制指标，严格实施计划用水管理制度和建设项目的节水"三同时"制度。对超计划用水单位，以累进水资源费和累进水价进行收费。修订完善水资源管理相关规范性文件，推行节水强制性标准，明确事权和分工、规范执法、加大力度，使得水行政执法工作更加协调顺畅。完善水资源中长期供求计划和配置方案、年度取水计划、水资源统一调配方案，严格限制和禁止高耗水、高污染建设项目，积极提高水资源信息化覆盖率。

五、构建多元投入模式推进城市建设

遂宁市在推动海绵城市建设的过程中，以政府资金投入为引导，调动社会资本积极参与。遂宁市积极申请国家财政补助资金，并加大地方政府财政投入。

2015 年，遂宁市从地方债转贷资金中拿出 1 亿元作为海绵城市建设专项经费。此外，农业发展银行对遂宁市授信数十亿元的贷款用于海绵城市建设。政府支持、企业运作是很多公共设施长期良好运行的有效模式，遂宁市鼓励海绵城市相关项目建设和开发单位，在建设上采用 PPP 模式，在运营维护上采用 EPC 模式，广泛吸引社会资本建设海绵城市，经营海绵设施。2015 年遂宁市开发区产业新城一期项目与中冶交通建设集团、中冶建设高新工程技术有限责任公司等多家公司联合体签署了 PPP 合同。项目总投资 25.26 亿元，期限为 10 年。项目公司出资 90%，负责投融资、设计、建设、运营及移交。政府授权出资代表持有另外 10% 的股份，按照"一次承诺、绩效考核、分期支付"的原则支付费用，向社会资本方采购服务。

六、因地制宜发展城市组团

在城市建设的土地开发利用方面，遂宁市坚持生态优先、基础先行，注重低影响开发建设，注重人与自然和谐相处。在维护"生态底色"的基础上，科学规划城市开发边界，明确已建、使建和禁建管制空间，严格控制城市蓝线、绿线、黄线、紫线，避免城市新区"摊大饼"式无序发展。

遂宁市避开丘陵地区缺乏开阔平原、城市规模难以扩大的弊端，创造性地采取了城市组团式发展，积极建设绿色生态新区。在市中心城区，制定了"南延北进、拥湖发展，东拓西扩、依山推进"的发展战略，着力打造"一城两区五组团"的城市布局，不同的城市组团之间虽然有山水隔断，但是有快速通道连接。各组团内部按照"三区一体、产城同区"的发展思路，打造城市社区、产业园区和生态保护区融合发展的"产城综合体"。

七、多方面实现成遂同城化

遂宁市从交通、产业、信息、市场、民生 5 个方面推进遂宁与成都市接轨。在交通方面，按照《四川省构建现代综合交通运输体系发展规划》和《遂宁市综合交通规划》，到 2020 年将增加 3 条高速公路和 1 条快运专线，遂宁与成都之间的交通更加便捷。在产业同城化方面，安居工业区引进了成都市扩散而来的江淮汽车、福多纳汽车底盘灯重点项目，建成面积达 4 万平方公里，共有在建汽摩配套项目 5 个、汽车配套项目 10 余个。全市规模以上电子企业中已有 17 户正在直接或者间接给成都、绵阳的大企业进行配套服务。配套的主要产品方向集中分布在电子精密元器件和 PCB 两大产业上。其中，志超科技已成为富士康、仁宝、纬创、联想、京东方等全球知名企业的主要配套商。深北电路、海英电子、蓝彩电子、立泰电子、金湾电子等企业已经或将成为富士康、九州等大企业的配套厂商。中腾能源成为彭州四川石化基地的主要配套企业。

在信息化方面，成都天府通公司与遂宁发展公司签订了合作协议，双方共同出资在遂宁成立"遂州通"城市卡公司。2014 年 10 月，遂宁"遂州通"城市卡系统完成一期建设，于 2015 年正式运行，实现了城市卡的跨城使用。市政府还与四川移动公司签订了战略合作协议，按照协议，四川移动公司将加大对遂宁的通信基础设施建设投入，扩展遂宁移动公司到成都市的通信带宽，便于信息与成都通信枢纽快速传输交换。在市场同城化方面，遂宁市一方面积极推进商贸物流一体化，推动市场整合，另一方面积极推进不动产统一登记工作。

在民生同城化方面，遂宁市与成都、绵阳等八市签订《成都经济区劳动保障区域合作基本医疗保险合作协议》和《成都经济区医疗保险异地就医"同城化"监管合作协议》，实现了定点医疗机构和定点零售药店互认，强化异地就医"同城化"监管。其次，实现了基本养老保险关系无障碍转移接续。在外就业的遂宁、成都的农民工返乡后，可申请在户籍所在地转移接续原有的基本养老保险关系，还可以按照灵活就业人员身份继续参加企业职工基本养老保险；参加居民养老保险的人员，在缴费期间户籍在成都、遂宁迁移需要转移养老保险关系的，个人账户全部储存额可以随同转移，并按迁入地规定继续参保缴费。

两地还实现了异地退休人员领取养老保险待遇资格认证互认。在遂宁、成都两市各级社会保险经办机构领取城镇职工基本养老保险待遇、城乡居民养老保险待遇以及其他相关养老待遇的各类人员两市异地居住的，本人均可在法定工作日内，持居民身份证、社会保障卡或所属社会保险经办机构规定的证件，就近到居住地街道（乡镇）、社区设立的核查点办理生存验证，不收取任何费用。两地还建立了工伤案件协查机制。成都、遂宁两市人社部门受理工伤认定申请后，根据案件情况，可以相互委托社会保险行政部门或者相关部门调查核实。

八、严格准入标准，杜绝"双高"行业

在产业体系构建方面，遂宁市对高耗能、高污染行业进行严格控制，以主要污染物总量控制作为抓手，对新改建扩建项目做实环境影响评价。市属三园区和扩权县需要建设高耗能、高污染项目的，必须提前报告市级对口部门。金融部门通过调整和优化信贷结构，加大对节能减排与高新技术项目的支持力度，逐步紧缩对环境破坏型、产能过剩行业的信贷投放。各级政府建立了与新开工项目管理部门的联动机制和项目审批问责制，严格遵守项目开工建设必要条件并执行"环保三同时"制度。

遂宁市还建立了高耗能、高污染行业新上项目与节能减排指标完成进度挂钩机制。对项目年综合能耗在5000吨标煤以上的，年产生100吨COD以上的工业项目，必须由同级政府和企业向市应对气候变化与节能减排工作领导小组提交书面报告，保证建设项目不会影响本地区节能减排目标的实现，并提出淘汰相应落后产能的具体措施。

九、淘汰落后产能，推进清洁生产

淘汰落后产能是保障经济绿色发展的重要举措。遂宁市制定了重点行业"十三五"淘汰落后产能实施方案，将任务分解落实到各县、区和市直三园区。在资金上，各级财政部门都安排专项资金支持淘汰落后产能工作，此外，有关部门努力争取国家和省对淘汰落后产能的专项资金扶持。未按期完成任务的企业，将被吊销生产许可证，进行停业整顿。

发展循环经济也是遂宁市推动产业绿色化的重要推手。遂宁市首先抓住试点区、县、园区和企业，推进资源综合利用、再制造产业化、废弃物品资源化，以点带面，逐步推进。市委选择了久大盐化公司、盛马化工、沱牌集团、新绿洲

印染公司、城南污水厂等企业作为重点单位，打造循环经济示范工程，随后在全市企业推开。其次是推进企业间、产业间的生态工业园区及基地建设，遂宁经济开发区的光电工业园、微电子工业园和创新工业园都积极响应号召，通过生态改造，构建资源流、能量流循环耦合系统，创建循环经济示范园区。

绿色化不仅存在于遂宁市引进来的过程中，在生产过程中也要尽可能保持绿色，降低污染。遂宁市以减少主要污染物和重金属排放为目标，在农业、工业、建筑、商贸服务等领域推行清洁生产，从生产链的各个环节上控制污染物产生和排放，降低资源消耗。农业、畜牧部门以推动集约化、规模化生产为抓手，减少作物种植、畜禽养殖带来的面源污染；环保和经信部门制定了清洁生产推行规划和清洁生产审核方案，并定期对企业进行强制审核。

经过一系列的努力，遂宁市经济转型发展不断取得预期成果。2016年，遂宁市 GDP 跨越 1000 亿元大关，三次产业结构进一步优化。在工业方面，累计淘汰落后产能企业 100 多家，吸引电子信息、高端制造等先进企业 200 余家，形成了电子信息产业的完整产业链。

海绵城市建设项目开工和完工项目超过 80 个，基本实现城区"小雨不积水，大雨无内涝"的初步目标，在首批试点市验收考核中排名靠前。成功创建四川省节水型城市和 3 个绿色示范城镇。

十、遂宁市绿色化发展的经验借鉴

遂宁市在发展中遇到的问题是我国城市化过程中很多城市都会遇到的普遍性问题，特别是在城镇化进入到中期之后，城市群崛起过程中，非核心城市容易面临的状况。遂宁在实践绿色发展的做法中有很多值得借鉴的地方。

（一）狠抓规划落实，保障蓝图落地

实现高效发展，就需要把一张蓝图落实到底，规划不能成为纸上画画墙上挂挂的摆设。遂宁市通过特定的监管方式有效推动了规划落地。城市不同区域、不同阶段的规划需要具有统一性，遂宁市为此出台了《遂宁市城乡规划管理工作手册》《遂宁市城乡规划督察员工作规程》《遂宁市乡村规划师工作规程》等工作章程，制定依法行政五项规程、行政权力运行流程图，加强地方性标准规范的制定，健全规划管理体系。为了强化落实，遂宁市还推行"规划一张图、审批一支笔、监管一张网"制度，细化规划管理、强化规划监督，构建责任明确的规划分级管理体系。通过依法行政，推行"阳光规划"，开展规划动态联合监督检查，有效保障规划的严肃性。

（二）创新城市形态，提升综合承载力

从总体上看，我国平原少，丘陵和山地多，城市规模扩张过程中土地不足是大多数城市经常会碰到的问题。有一些城市通过"移山"的方式，把山区改造成平原，造成土地成本偏高问题，这样并不利于城市的可持续发展。

遂宁市采用的城市组团式发展，通过快速公路把山水之间的城市组团相连接，既扩大了城市面积，也保留了青山绿水。不同组团之间发展差异化的产业，创造性地实现了城市社区、产业园区和生态保护区的融合发展。

除了不断扩大城区面积，遂宁市还通过城市信息化建设开始打造与城市实体相对应的数字空间。如果说城市土地面积的扩大是提升当前城市承载空间的重要表现，那么数字空间的建设则代表了城市的未来承载力。推进智慧城市建设就是为将来的城市发展提供重要空间，提升城市的综合承载力。

（三）打造海绵城市，提升基础建设质量

水资源紧张已经成为中国城市发展普遍面临的约束，水源短缺带来的生态衰落是可持续发展的首要威胁。国家斥巨资建设南水北调工程就是为了解决整个北方地区可持续发展的问题。南方地区的城市也逐渐面临水资源不足的问题。遂宁市域内虽然有渠河、涪江等多条河流穿过，但是仍然存在水资源总量不足、水体污染的情况，城市供水和用水存在严重的不平衡。在国家大力推行海绵城市建设的政策契机下，遂宁市抢占试点先机，享受政策红利。遂宁市推进海绵设施建设，提升了水源涵养能力，优化了水资源利用方式，修复了水生态系统，实现了水资源"再平衡"。

在推进海绵城市建设的过程中，遂宁市采用PPP模式，以政策性资金为引导，吸引社会资金的投入，以企业为主体进行运营，这一过程推进了新一轮投资建设，带动了经济的增长，新的建设以提升城市质量为目标，为内涵式增长打下了基础。

遂宁市在推进海绵城市的过程中，把先进的建设规范拓展到了非试点区域，对原有的建设规范进行了替代，实现了以点带面的效果，整体上提高了城市建设的要求。在可预见的未来，城市建设工程的质量必然得到普遍的提高。

（四）以生活同城化带动产业同城化

遂宁市位于成都市与重庆市之间。作为成都平原的增长极，成都市资源丰富，经济增长迅速，对周边城市的辐射效应逐步增强。遂宁市通过加快与成都市的同城化发展提升发展水平和服务功能，为承接要素扩散和产业转移提供基础支撑。

进入 21 世纪以来，随着我国传统人口红利的收窄，在经济发展的过程中人力资源要素的重要性越来越凸显。遂宁市以生活同城化为切入点，实现居民医疗保障和养老保障和成都市对接，配合交通和信息的同城化，减少人力资源流动的摩擦力，降低资源配置的转换成本，为其他产业要素流动奠定基础。

（五）引进和消化双管齐下，构建绿色产业体系

构建绿色的产业体系是城市可持续发展的必由之路。遂宁市主要通过实行严格的准入制度和改造传统工业模式，实现对已有工业的调整。

一是积极把好引进关。对于发达地区转移过来的产业，严格按照环保标准评判是否可以接受，对于污染性强的企业一律拒绝。对绿色技术能力强的企业，在引进后监督其环保投资和设施落地。在产业选择上，遂宁市着眼于未来产业体系，积极推进电子信息、节能环保、生物医疗、绿色能源和精密制造等环境友好型产业的企业落户遂宁。

二是把好改造关。对于落后产能，遂宁市坚决淘汰。对其他大体量工业经济部门，遂宁市通过推进信息化和工业化深度融合，加速传统工业向环境友好型工业转变，逐步建立技术先进、清洁安全、资源消耗低、附加值高的现代绿色工业体系。

此外，遂宁市把发展现代服务业作为转变发展方式、构建绿色可持续服务业体系的突破口，发挥交通枢纽优势，以物流行业为主导，通过拓宽业务领域，扩大业务规模，快速推动服务业在体量上的增加。

遂宁市的绿色发展实践表明，以坚持绿色发展为导向，做好顶层设计，确保规划落地，不断推进基础设施的绿色性质和城市数字化程度，提升城市的综合承载力，为城市提供良好的空间。通过和周边核心城市协调发展，以劳动力流动便利化为切入点，引导核心要素迁移，着力引导先进产业落户，对本地落后产业进行替代，构建绿色产业体系，是一条可行的发展道路。

（《沈阳工业大学学报》2018年第2期）

贵州：生态优先　绿色崛起

刘思哲

　　生态文明建设是一场关乎永续发展的绿色变革，也是贵州实现弯道取直、后发赶超的必然选择。近年来，贵州成为首批三个国家生态文明试验区之一，被列为国家生态产品价值实现机制试点省份等，充分表明了建设美丽中国，生态贵州在发力、生态贵州在行动、生态贵州在崛起。

　　党的十八大以来，贵州躬身践行新发展理念，牢守发展与生态"两条底线"，培植后发优势、砥砺奋进前行、实践成果丰硕，为美丽中国建设贡献了"贵州力量"。贵州围绕"治山、治气、治水、治土"，推动生态修复更好。贵州久久为功筑牢生态基础，全省森林覆盖率提高到55.3%。9个市（州）中心城市空气质量优良天数平均比例达97.1%，88个县级城市空气质量优良天数平均比例达97.8%。出境断面水质优良率100%，集中式饮用水源地水质达标率100%。生活垃圾无害化处理率达到90%，工业固体废物综合利用率达55.6%。贵州依托生态利用、循环高效、低碳清洁、环境治理等"四型"产业发展，推动生态经济更强。贵州因地制宜发展"四型"产业，实施大生态工程包、绿色经济工程包项目332个、总投资超过2500亿元，绿色经济"四型"产业占生产总值比重达33%，与大生态相关的生态环保产业投资超过1100亿元、增长50%以上。贵州坚持生产、生活、生态空间和谐共生，推动生态家园更美。全省创建国家环保模范城市2个、国家森林城市2个、国家级生态示范区11个、生态县2个、生态乡镇56个、省级森林城市8个。贵州通过全方位先行先试和多角度发力，推动生态制度更实。贵州率先在全国成立生态环保司法机构，全省各级设立生态环境保护司法专门机构89个。取消10个重点生态功能县GDP考核，出台全国首个地方党委、政府及相关部门的生态环境保护责任清单。编制自然资源资产负债表，开展领导干部自然资源资产离任审计，全面推行省市县乡村五级"河长制"。

党的十九大报告明确提出，加快生态文明体制改革，建设美丽中国。习近平总书记一再叮嘱，贵州的生态"决不能大意""一点也大意不得"。总体来看，要成功绘就生态优良的美丽贵州，必须坚定生态优先理念，激活绿色基因，认识生态美、护航生态美、开发生态美，把"绿色+"融入经济社会发展各方面，以"坚定秉持总体目标、妥善处理一对关系、融合发展五块长版、加快推动四个转变"为抓手，实现绿色崛起。

一是坚定秉持"多彩贵州公园省"的总体目标。以建设国家生态文明试验区为契机，以全省为整体范围，以绿水青山为背景，以全民参与、源头防护为根本，强化山水林田湖草生命共同体认识，项目化推进十大生态修复工程，全面治理十大环境突出问题，到2020年，全面建立产权清晰、多元参与、激励约束并重、系统完整的生态文明制度体系，建成以绿色为底色、生产生活生态空间和谐为基本内涵、全域为覆盖范围、以人为本为根本目的的"多彩贵州公园省"。

二是妥善处理"百姓富"与"生态美"两者关系。一方面，贫困依然是贵州最突出的问题，有必要保持比全国平均水平略高的既有质量又有效益的发展速度；另一方面，贵州生态环境脆弱，发展必须考虑区域特殊性。因此，必须守好发展与生态"两条底线"，以厚植永续发展生态为基础，以破解生态环境保护和经济发展之间的矛盾为主线，以生态优势最大化、生态红利释放更充足为重点，在保护与开发中发现新业态、拓展新业绩，推动"百姓富"与"生态美"良性互动。

三是融合发展大生态与大扶贫、大数据、大旅游、大开放"五块长版"。全面贯彻落实创新、协调、绿色、开放、共享的"五大发展理念"，抓住供给侧结构性改革契机，激发绿色新动能，以环境友好型、资源节约型、红利共享型、优势交换型产业为主，辅助配套绿色金融、绿色科技，推动"五块长版"效能交融与集聚。

四是加快推动生态保护、治污减排、产业项目、改革创新"四个转变"。推动生态保护由"抓住"变"抓牢"，加快完善绿色屏障体系。坚守生态保护红线，强化生态系统保护，完善空间规划体系和自然生态空间用途管制制度，加快国家公园自然保护地体系建设，完成城市开发边界划定，继续推进石漠化、水土流失综合治理以及耕地、湿地保护和恢复。

推动治污减排由"约束"变"铁腕"，加快完善污染防治体系。按照环境污染治理攻坚战的部署，深入推进碧水、净土、蓝天三大行动，实施十大生态修复工程方案，推进十大污染源治理工程和十大行业治污减排达标排放专项行动，加强集中式饮用水水源地和水质良好江河湖泊的保护，组织实施土壤污染防治工作方案，编制实施重金属综合防控规划，健全环保信用评价，推动环境大数据监测监控全覆盖。

推动产业项目由"护绿"变"用绿"，加快完善生态经济体系。围绕培育壮大绿色产业，实施绿色经济倍增计划，开展绿色制造三年专项行动，制定16个新增国家重点生态功能区的产业准入负面清单，继续发布绿色经济工程包项目，推动生态文明建设项目化落实。实施重点园区绿色化、循环化改造，开展清洁生产试点示范园区创建，在产业园区推广绿色制造技术，培育一批清洁生产示范企业。设立新医药大健康、文化旅游等领域的绿色基金，鼓励发行绿色金融债券、绿色公司债和绿色企业债。加快贵州金融云建设，推动绿色金融大数据应用。

推动改革创新由"特例"变"惯例"，加快完善生态制度体系。以建设国家生态文明试验区为统揽，完善生态保护区域财力支持、森林生态保护补偿机制，强化生态横向补偿。推行自然资源统一确权登记试点，实施生态环境损害赔偿制度，开展领导干部自然资源资产离任审计。加快自然资源资产负债表编制、绿色金融创新试验区等国家专项试点改革进展。加快开展水权、排污权等交易，适时开展近零碳排放区示范工程、全民所有自然资源资产有偿使用制度改革、节能量交易市场建设等试点。

（贵州省发展研究中心门户网站 2018 年 3 月 6 日）

云南：贫困地区美丽乡村建设经验

邓云霞

"十三五"时期是全面建成小康社会的决胜阶段，到 2020 年我国要全面完成扶贫攻坚任务以及全面建成小康社会，各省肩负的任务艰巨而重大。云南省有大片的贫困区。这些贫困区不仅是边疆地区，也是民族地区，同时又是生态环境相对敏感和脆弱的地区。在这里进行扶贫开发、建设美丽乡村，必须树立绿色发展的意识，处理好经济发展与生态保护的关系，因地制宜地制定相关方案，以此实现"绿水青山就是金山银山"绿色发展目标，这既是贫困地区是否能够建成美丽乡村的关键，也是全面建成小康社会的关键。

一、转变思想认识，树立美丽乡村建设的绿色发展意识和思路

毋庸置疑，建设美丽乡村必须树立绿色发展意识，不能走过去"边发展、边污染、边治理"的老路。要以生态环境保护为前提，以脱离贫困为核心，践行"绿水青山就是金山银山"的发展理念，探索经济发展与环境保护的双赢模式，以资源节约、循环发展的绿色发展理念指导美丽乡村建设。

在这方面，首先是政府需要改变思想认识，正确认识到贫困地区绿色发展面临的关键问题、自身优势和劣势，探索适合本地情况的发展路径，找准美丽乡村建设的着力点。

其次，要树立开放的思想观念，除了自力更生外，还要积极争取各种外部的资金、政策等资源，创造更多的绿色发展机会。如通过创新融资机制，对土地、文化、生态资源等实施开发式合作，建立市场机制推进生态文明建设和环境保护项目落地。

再次，要充分利用本地"绿水青山"资源优势发展循环、先进的绿色产业，做大做强绿色产业，以此为抓手带动整个乡村的持续均衡发展，实现生态美、生活美、生产美的目标。目前，云南一些贫困县已经逐渐转变发展观念，积极推进美丽乡村建设，主动发展绿色乡村产业。一是争取资金加大投入。如滇东南的西畴县积极争取整合行政村整村推进、升级重点村、对口帮扶、以奖代补"一事一议"美丽乡村等项目资金，实施美丽乡村建设项目100个，投入专项资金3410万元。二是有计划地推进乡村绿色产业体系建设。如墨江县从2013年开始就以生态建设为中心、绿色产业发展为重点，建立起涵养水源、保持水土、保护生态安全的绿色生态屏障，每年完成10个生态村和10个水源林保护区域示范点的建设，同时以打造4万平方公顷高原生态核桃产业基地为重点，引进核桃精深加工企业，实现墨江县核桃产业年总产值达16.4亿元。

二、构建和创新美丽乡村产业培育机制，构建乡村绿色产业体系

对贫困地区来说，乡村绿色产业体系的构建应包括三个方面：一是发挥传统绿色产业的优势，不断拓展传统绿色产业的产业空间，提升产品附加值和品牌影响力，实现产业价值链的升级攀升。在云南一些贫困地区往往具有自身的一些资源优势。如滇西南的澜沧县在传统的茶产业、林业等方面具有一定的优势；而处于滇东南石漠化片区的文山州则拥有较为丰富的旅游资源和绿色农业资源，是云南省三七种植和三七产业的重要发展区域。这些地区可依据自身的优势把相关的传统绿色产业做大做强，实现产业升级换代。

二是积极推进清洁生产，全面实施传统重点污染行业的清洁化改造，把好产业准入的环境门槛，依据绿色理念发展绿色循环工业。三是不断拓展新的绿色产业，探索政府与社会资本的融资模式，不断挖掘贫困地区内生发展的绿色优势。在上述三个方面中，其最后这个方面应该作为构建乡村绿色产业体系的重点。产业支撑是美丽乡村发展的生命线，没有产业就可能"空壳化"。

就云南贫困区乡村绿色产业建设而言，一是要发展乡村休闲、生态旅游产业。贫困地区应通过美丽乡村建设，引进休闲旅游理念，依托生态自然环境、特色产

业、地方民俗民风等资源条件，在乡村发展"农家乐"等旅游项目，培育赏花节、采摘节、民俗文化节等乡村休闲旅游产业，并利用农村森林景观、田园风光、山水资源、民族特色和乡村文化，加快形成以重点景区为龙头、骨干景点为支撑、"农家乐"休闲旅游为基础的乡村休闲、生态旅游业发展格局。

二是发展乡村文化产业。通过对农村生态文化、民俗文化以及农业文化的挖掘，开发主题性手艺创意，发展与打造传统手工艺、传统服饰、传统饮食等乡村文化产业。

三是发展农村现代服务业集群，包括生产性服务业、社会管理性服务业和生活性服务业等诸方面发展。

此外，美丽乡村建设还需要着眼于促进农民持续稳定增收。比如在有条件的乡村，可大力发展庄园经济，引导和鼓励各类经营主体发展各具特色、不同类型、不同规模、不同功能的现代农业庄园，规划建设或改造提升一批集休闲、观光、体验、展示为一体的精品农庄。另外，还可结合实际大力发展高效生态农业，以特色农业为重点，使现代农业成为贫困地区农民就业创业的重要领域。

三、构建和创新约束激励机制，形成美丽乡村建设的内生动力

美丽乡村建设的推进，必须构建起相应的约束和激励机制，以形成强大的内生动力。一是要加强管理，提高乡村居民的自主管理意识和水平，让村民参与到乡村管理之中。为此，要充分利用广播、电视、报纸、网络，大力宣传美丽乡村建设的意义，让广大村民明白自己才是美丽乡村建设的最大受益者，以此促进村民的主动参与意识和积极性，真正理解、支持、参与美丽乡村建设。同时，还要通过"一事一议"激发村民参与，发挥村党员、干部的带头作用，并通过《村规民约》教育引导村民树立法制意识、公共意识、环保意识，养成良好的生活和行为习惯，不断提高自身的文化素质和美丽乡村建设的自觉性。另一方面，还应加强对现有乡村基础设施的管护，建立长效机制。比如，完善相关垃圾桶、公共厕所等公共设施，为村民良好卫生习惯的培养提供条件；从责任分工、经费保障入手，强化保洁人员责任心，创新和推进环境卫生管理机制；做好污水处理、畜

禽污染防治、农业面源污染治理等工作，防止出现创建整治时效果明显而验收后则无人监管的现象。二是实行严格的环境保护制度。要划定生态保护红线，提高环境准入门槛，在经济发展决策过程中强化环境保护的把关和引导作用，严格执行环境标准，加强环境监管执法，以严格的制度保护绿水青山。三是实施生态补偿机制。在环境治理方面，由于长期以来存在着少数人投入全社会受益、贫困地区负担富裕地区受益的不合理局面，进行生态补偿就成了维护社会公平的一种有效手段。但生态补偿是一项政策性极强、操作难度大、涉及部门广、效果难预测的社会系统工程。就政府补偿而言，应实行纵向化补偿，即依据相关法律法规确定补偿主体、额度之后，提供补偿者将补偿资金统一上缴给中央政府，由中央财政通过纵向拨付给受补偿地区。另外，除进行政府补偿外，还可以进行自我补偿。如可以根据公益林的立地条件、生态要求，实行区别对待、分类管理，允许林木所有者按有关审批程序进行适度的择伐，落实受益者补偿机制。还有，应尽快出台有效合理的生态补偿法律法规，设立日常运作机构，从社会和政府两个层面筹措生态补偿资金，科学测算补偿标准，建立有效的生态补偿监督机制，以保障生态补偿机制的合理有效和长期运行。四是要建立绿色发展奖惩机制，把绿色发展和环境保护的政绩作为贫困地区进行干部考核的重要内容，建立起以绿色发展为导向的干部任用组织制度，以此树立起干部绿色发展的责任意识和担当精神。

四、在明确乡村定位的基础之上，对贫困乡村进行针对性扶贫

云南贫困地区美丽乡村建设必须做好相关规划，形成建设体系。云南省《关于推进美丽乡村建设的若干意见》提出了美丽乡村建设的指导思想和总体功能区。在此基础上，各地区要进一步做好总体规划，明确郊区、郊中和山区乡村的不同定位。其中，郊区乡村应当以城乡一体化为抓手，建成城市后花园式的乡村；中间乡村应以郊区乡村为依托，建成郊区乡村与山区乡村的过渡带；山区乡村则应当成为环境效果最好的区域。这与《关于推进美丽乡村建设的若干意见》提出的中心村、特色村和传统村相辅相成。具体到每个乡村，在总体功能不变的基础上还应进一步规划分区，进行层级分区，形成总分区—中分区—小分区的规划，以

此通过不同乡村的定位，建设宜居、宜业、宜游的美丽乡村。

扶贫工作是贫困地区建设美丽乡村的重要内容。对于乡村的扶贫，一是产业扶贫。产业扶贫要遵循生态保护与扶贫开发良性互动的原则。一方面要突出特色，因地制宜，发展资源环境可承载的种养、加工、商贸、旅游等特色优势产业；另一方面要不断加强联合，壮大规模，追求规模经济效益。二是政策扶贫。要制定相应的扶贫政策，并重视生态系统服务功能和扶贫效益，将国家有关生态环境保护的各种政策用好、用足、用活，如退耕还林、生态修复、生态补偿、森林碳汇等。应深入实施生态环境工程建设，在提升可持续发展能力的同时，拓展生态经济的高效扶贫效应。三是机制扶贫。要创新扶贫工作责任制，完善干部扶贫工作的考核机制，健全干部驻村帮扶机制，确保帮扶到村到户。同时应建立驻村扶贫工作队制度，组织县、乡干部参与驻村帮扶工作，并加大奖惩力度，对扶贫工作成效明显的乡镇给予项目资金安排上的倾斜，对工作不力的单位和个人应通报批评，限期整改。四是知识信息扶贫。农村群众是美丽乡村的建设者，美丽乡村建设离不开农村群众的广泛参与，需要他们投工、投劳甚至投资。但是由于农村群众文化素质相对较低，不利于履行扶贫工作的自身职责，因此必须加强对农村群众整体素质和能力的提高，通过教育、培训、非农化等途径和方法提升其文化素质和致富能力。就此，应充分保障农村义务教育，加强对当地村民的技术培训，同时持续广泛开展农村文化活动，加强基层文化建设，着力培养农村文化带头人，增强农村文化建设的内生活力。

五、加强基础设施建设，治理农村环境污染

良好的生态环境是云南最靓丽的名片，更应当成为"美丽乡村"建设最靓丽的名片。就云南大多数贫困区乡村的环境污染而言，其工业污染相对较少，重点污染源是农业面源污染，包括禽畜粪便、生活垃圾、生活污水以及农药化肥等污染。农村面源污染点多面广，加上云南绝大多数贫困区均在山区或半山区，人员居住分散，污染整治效果较差，整治速度不能满足群众的期望。这对这种情况，对农村环境污染的治理应从加强农村基础设施建设入手。基础设施建设是贫困地

区美丽乡村建设的重要内容，也是治理农村环境污染的基础。首先，应加强交通建设，逐渐建立起村级、县级、省级交通运输网络，这是基础中的基础。其次应逐步完善农村燃气管道网的铺设，减少村民对柴和秸秆等植物燃料的消耗，促进对森林植被的保护。其三是要加强对农村垃圾、污水收集与处理设施的建设，积极推进贫困地区污水管网、垃圾池等农村"两污"项目工作，实行整体规划、整体建设。在污水处理方面，应以小型设备设施为主，大中型设备设施为辅。对于特色小镇、建制镇的污水处理设施，在县城污水处理设施全覆盖的基础上也应实现镇内全覆盖。在垃圾处理方面，应在实行垃圾分类的基础上通过填埋和利用回收方式进行相关处理。对于有条件的乡村，应彻底关闭露天简陋的垃圾堆放场，大力推动建设现代化垃圾处理及转运场，对不再使用的垃圾场要在封闭后进行绿化处理，防止二次污染。

六、积极挖掘乡村多元民族文化，构建美丽乡村的特色文化

云南是一个多民族、边疆、山区三位一体的省份，必须重视民族多元文化建设工作。云南贫困地区美丽乡村建设，不仅要体现生态自然这一核心，还要重视民族文化，将各民族色彩斑斓的民居、服饰、节日等与乡村建设相结合，彰显民族特色，形成云南民族文化博物馆，有效促进各民族文化的交流，创造人与自然、民族与文化、乡村与环境的和谐之美，构建云南美丽乡村的特色文化。就此，应加强对传统村落、历史建筑、传统文化艺术和民风民俗的保护，深入挖掘当地的风土人情、历史文化及历史遗迹，通过乡土民族文化的个性化展示，突出本土文化、民族特色和自然环境基础，同时借鉴国内美丽乡村建设的典范，利用好云南多民族、多种发展模式、多种人文生态等优势，巧打"文化名片"，以此打造出具有云南民族特色鲜明、品味独特的美丽乡村。在完善乡村文化设施、打造文化载体方面，还应加强乡村图书馆、文化大院等公共文化设施建设，不断满足乡村群众的基本文化要求。此外，还应抓好村居道德评议会和红白理事会等自律组织建设，树立典型，弘扬正气，推进移风易俗，建立起健康文明乡风乡俗。

七、结语

美丽乡村建设不仅是美丽中国建设的基础和重要内容，也是推动生态文明建设和提升社会主义新农村建设的新工程、新载体和新阶段，是新农村建设的重要延续；同时还是各级政府在市场经济快速发展、乡村面临多重发展困局的背景下，为了改善和提升村庄发展条件的一项重要行动。

云南贫困地区的美丽乡村建设有关全省整个美丽乡村建设行动乃至新农村建设的全局，因此必须以绿色发展理念为指导，抓住生态文明建设这一发展机遇，充分利用贫困区丰富的自然资源、良好的自然环境等多种条件，整合协调各方资金和力量，做好土地、产业规划，发展绿色、生态经济，加强改造和保护人居环境，提高区域经济和环境竞争力，为后续发展保存实力、提供动力。

云南贫困区的美丽乡村建设必须处理好三对关系：一是必须处理好政府与企业、农民之间的关系。在美丽乡村建设的过程中，政府是主导力量，但同时还必须对企业和农民的权益给予应有的关注；企业作为参与方需要主动配合政府工作，积极进行产业技术的绿色革新；而农民则是中坚力量，关系到美丽乡村建设的成败，必须全力参与到绿色发展的实践当中。

二是处理好产业与市场、社会之间的关系。建立合理合适的产业是发展贫困区经济的重要途径，选取哪种产业都必须符合绿色发展这一理念，但市场是产业的试金石，因此需要充分考虑市场容量和社会的接受程度，如此才能让该产业持续发展下去，成为乡村建设的经济支撑。

三是必须处理好美丽乡村建设的"软件"与"硬件"之间的关系。美丽乡村建设不仅是一项行动的艺术，也是一项管理的艺术——必须协调各方，需要"软硬并施"才能够达到建设目标。美丽乡村不仅包括人居环境优美、基础设施完备、公共服务便利、生产生活宽裕等"硬件"的美丽，还包括乡村管理制度创新、乡村文化发展等"软件"的美丽。在加强基础设施建设、完善公共服务设施的同时，还需要创新"硬件"运行维护机制、村庄资金管理制度和农村土地、房屋等产权的流转等保持乡村之美的机制。

此外，在美丽乡村建设的过程中，还需要挖掘和发展乡村文化。乡村文化是保持乡村活力的源泉和内生力，挖掘和发展乡村文化不仅能够为农民生活增添乐趣，还具有继承弘扬中华文化的作用，能够为美丽乡村的持续发展提供动力、增添内涵。

总之，云南贫困地区美丽乡村建设是一项系统性的工程，不是靠着单方面的努力就能够完成的，需要各方面的力量相互配合，才能让乡村建设中的各个方面协调发展、共同提升。

（《昆明学院学报》2017 年第 1 期）

甘肃兰州：成功治理大气污染经验及启示

冯 皓

随着我国城市化进程的加快，城市环境尤其是城市大气环境日益恶化，解决环境空气污染问题成为各大城市迫在眉睫的重要任务。兰州是西北地区以石油、化工为主的重要工业城市，因为兰州市是一座以重工业为主的城市，加上特殊的地理位置条件（青藏高原东北侧）导致不利于大气污染物的扩散，使兰州成为全国重度污染城市中的常客。从2003年我国公布的大气污染指数以来，兰州总是在后十位徘徊；但从2011开始，经过多方的共同努力，兰州在2013年正式退出了全国十大污染城市的行列，一举成为全国空气质量改善最快的城市。研究分析兰州环境空气污染的特征，总结兰州大气污染治理的经验，对于指导我国其他主要重度污染城市的大气治理具有借鉴意义。

一、兰州大气污染物的特征

（一）受自然地理条件影响较大。兰州是典型的西北河谷型城市，这种特殊的地形造成了兰州市多静风、逆温等气象条件。并严重影响了大气污染物的扩散，加剧了环境空气污染。市区常年风速较小，根据多年气象资料，小于2m/s的风速占了87.3%，全年静风频率达60%左右，冬季达74%以上，十分不利于污染物的水平扩散。西北地区多沙尘天气，尤其以春季最重，造成兰州春季PM10浓度居高不下，并带来大量降尘，在城市长期累积，很容易被风吹起或被机动车带起，持续影响环境空气质量。

（二）首要污染物为PM10。根据2006—2012年兰州市每日环境空气质量监测结果分析，在污染的天数中首要污染物为PM10的天数占了总数的95%以上。且 PM10 污染成因复杂，从污染源解析的结果来看，35.38% 来自于燃煤；33.49% 来自于扬尘；18.26% 来自于燃油和工业污染；12.84% 来自于建材及其他，并且受到其复杂的地形所产生的不利的大气边界层和大气扩散的条件制约明显，为多种因素相互作用的共同结果，治理难度很大。

（三）冬春季污染严重，夏秋季空气较好。受冬季采暖，春季风沙及静风，逆温等气象条件的影响，兰州市环境空气污染的天数多集中在冬春季，而优良的天数多集中在夏秋季。究其原因，这主要与兰州地处西北地区有一定的关系。因为兰州的冬天寒冷且风大，平均气温在零下 8 度左右，所以在冬季兰州地区需要供暖，而过去的供暖，大多数居民楼采取的是烧锅炉的方式集体供水暖，而少数居民楼会出现私自采取烧炉子生火取暖，再者加上冬季气温低，锅炉和火炉产生的气体在大气中不易散去，导致污染加重并且连贯持续；而春季，主要受沙尘特殊天气的影响，所以导致兰州污染严重。

（四）煤烟型污染转变为混合型污染。随着多年的治污努力，尤其是"十二五"以来的大力治理，煤烟污染已得到改善，突出表现为二氧化硫浓度的快速下降，来自城市扬尘和机动车尾气的污染已上升为兰州环境空气污染的主要因素，污染类型由以煤烟型污染为主过渡为扬尘、机动车尾气和煤烟混合型污染。城市化进程加快带来的建设施工、道路交通扬尘等低空面源污染日趋严重，各类扬尘和烟尘污染成为常年首要污染物 PM10 浓度居高不下的主要原因。据甘肃省土地规划局统计，截至 2015 年上半年，兰州市区有各类施工点位 740 余处，施工扬尘总量巨大，市区及周边共有大小削（移）山造地项目 23 个，土方作业施工带来大量扬尘污染，已平整的土地也极易风蚀起尘，同时生活垃圾焚烧、秸秆焚烧现象也屡禁不止，都造成严重的烟尘污染，截至 2015 年六月全市机动车保有量为 65 万辆，据统计 2014 年机动车排放各类空气污染物为 11.2 万 t，其中仅 NO_x 就达 2.5 万 t，占全市 NO_x 总量的 24%。同时机动车怠速行驶、非移动源施工机械排放量激增、黄标车自行淘汰率低等现象突出，这都加重了兰州环境空气污染的压力。

二、兰州市治理环境空气污染的主要措施及成效

兰州市将环境空气污染治理视为政府的长期重要工作，并针对以上污染特征，采取了一系列的污染治理措施，尤其是 2012 年以来出台了被称为"史上最严治污季"的污染治理措施，并取得了明显成效。

首先是立法治污。兰州市政府修订完善《兰州市大气污染防治法实施办法》，然后制定了《兰州市燃煤管理办法》并且修订完成《兰州市机动车污染防治暂行办法》；执行低标号燃油退市和"黄标车"等老旧车辆淘汰制度，完善禁行、限行措施；制定《兰州市扬尘污染管理办法》和《兰州市工业企业污染物排放标准》。这样做的目的就是为了实现空气污染治理有法可依。

其次是对工业进行治理。众所周知，兰州是一个重工业城市，工业底蕴十分雄厚，在给城市带来效益的同时，也带来了极其大的危害。兰州市政府按照控制、搬迁、改造、关停的整体思路，分别对工业和企业进行了治理，从而大幅减少工业污染物排放。然后是从"油、车、路"三个方面对机动车尾气排放进行严加管控和有效治理，除此之外还提高了全市燃油品质，加快车用燃油低硫化进程。不仅如此，城市全面规划实施"畅交通"工程，大力发展城市公共交通和轨道交通基础设施建设，建设城市自行车租赁系统，调整停车费，推广使用节能环保车型，有效减少机动车尾气排放。

最后就是扬尘污染治理。兰州的特殊地形，南北两侧环山，且北方雨水稀少，冬天干燥，导致南北两山浮土多，一旦起风，浮尘便会飘到市区；所以政府对两山进行了植被的覆盖，不仅如此还对市区进行了"五个 100%"：所有工程建设做到施工现场 100% 围挡，工地物料堆放 100% 覆盖，施工现场路面 100% 硬化，拆迁工地 100% 湿法作业，渣土运输车辆 100% 密闭。对全市 281 个重点扬尘工地实行执法队员、环保员、网格员和施工管理员的"四员现场管理"制度。对主次干道合理安排时间、频次、强度，采取上喷、下洒相结合方法，每天降尘 170 吨以上。

通过实施以上措施，兰州市环境空气质量总体持续改善。2013 年，兰州空

气质量优良天数 193 天，排在全国 74 个重点城市的第 36 位，比上年增加 29 天，比 2011 年增加 57 天。2014 年 1—7 月份，按照《环境空气质量标准》评价，达标天数 140 天，同比增加 44 天，达标率 66.0%。2015 年兰州市空气质量达标天数更是达到 250 天，提前 15 天完成了市委市政府向市民承诺的全年环境空气质量达标天数达到 250 天（即达标率 69%）以上，月度和年度排名退出全国十大重污染城市行列的目标任务。

三、兰州大气污染治理的主要经验及启示

兰州治理大气污染的实践经验，归纳起来主要有以下几点。

（一）领导高度重视。甘肃省委主要领导多次提出，兰州是全省中心带动战略的关键部位，要站在营造广大人民群众良好生活环境和对外开放良好投资环境的战略高度，重视大气污染防控和治理工作。在兰州大气污染治理工作具体推进过程中，省委领导多次专题调研并作出批示，指导兰州市提高工作站位，完善工作思路，强化工作举措，反复要求兰州市将以更大的气魄、更有效的措施持续推进城市大气治理。

（二）严格问责考核。大气污染治理是一场硬仗，没有这种敢抓敢管、敢于碰硬、敢于担当的作风，再好的治污蓝图，也变不成蓝天白云。所以，在严格强硬的领导层带领下，仅 2012 年一年间，兰州市大气污染治理领导小组办公室就召开了 28 次专题会议。同时，为了一一落实确保大气污染的治理措施，兰州市积极调动群众，让全民参与进来，将全市划为一千多个小块网络，实施定点网络监控。

（三）加强治理立法。近几年，兰州为了治理大气污染出台的相关规章制度就有五部之多，主要有在综合防治方面，修订了《兰州市实施大气污染防治法办法》；在燃煤污染治理方面，结合规范城区煤炭供销体系，制定了《兰州市煤炭经营监督管理条例》；在扬尘污染治理方面，制定了《兰州市扬尘污染防治管理办法》；在机动车尾气污染治理方面，修订了《兰州市机动车排气污染防治管理暂行办法》；在污染监督管理方面，制定了《兰州市环境保护监督管理责任暂

行规定》。

兰州在治理城市大气污染上的启示主要有：（1）转变观念，才能创新思路，勇于探索，才能攻坚克难。兰州人气污染治理的成功实践经验再次印证了这一点。（2）坚持狠抓长期奋斗是持久治理大气污染的有效机制。兰州大气治污成功绝非短期成果，而是在市委省委领导带领下长期持续奋斗的结果，尤其是近几年兰州市陆续实施了"蓝天计划"、清洁能源改造"123"计划、冬季大气污染防治特殊工程等专项治污减排的行动计划，这些都保证了兰州市空气质量的长期稳定。（3）党政齐抓共管、多级联动是兰州治污取得成效的重要原因和巨大推动力。特别作为省会城市的兰州，由上而下，层层递进渗透，调动社会各界资源、广泛参与的良好氛围给了兰州治污很多支持。（4）转变干部作风是实现大气污染治理的重要因素。大气污染防治工作是一场持久硬仗，如若不敢抓不实抓、不敢管懒得管再好的治污蓝图，也会沦为泡影。兰州市的大气污染防治工作之所以能够取得今天的成绩，并不在于有多少创新的举措，而是在于狠抓干部作风。（5）、发动群众依靠群众是大气污染治理的重要倚靠。善于组织群众和调动群众，让群众参与到与大家生活息息相关的事件中来，不仅可以有效调动各方面的积极性，而且还可以形成全民参与的良好态势，让基层群众和政府进行了一次"亲密"互动，这也是加强大气污染治理的重要手段。

（《商》2016 年第 33 期）

第四部分
国际经验

西方主要国家生态治理实践及其经验借鉴

王 莹

一、国外生态治理实践及其经验借鉴

（一）德国：推进整体生态理念，注重国际合作

德国曾经是 20 世纪环境污染最为严重的国家之一，存在着莱茵河污染严重、鲁尔区衰落而带来的大气污染等一系列生态问题。经过几十年的努力，德国的生态环境已大大改善，其生态治理经验如今已成为多国学习借鉴的对象。

首先，为了恢复鲁尔区的活力，德国政府把土地修复作为出发点和着眼点，全面解决老矿区遗留下来的土地破坏和环境污染问题。在矿山治理方面建立起比较完备的法律体系，如《德国经济补偿法》《德国矿产资源法》等，保证煤炭开采补偿有法可依。州政府设立土地基金，购地后对污染严重地区进行修复处理后再出让给新企业。其次，实现产业升级，关、停、并那些生产成本高、机械化水平低、生产效率低的煤矿，将采煤业集中于盈利多和机械化水平高的大型企业。

对于莱茵河的生态治理，德国主要是以整体性生态理念推进。首先是展开国际间的合作，成立了由德国、法国、瑞士、荷兰、卢森堡等国家共同组成的"保护莱茵河国际委员会"，进行跨国治理。其中，其秘书长永久性由生活在莱茵河下游的荷兰人担任，以便于其全力监督上游各国的污染问题。其次是实施整体性生态规划，注重莱茵河大生态系统治理的理念，对城市、农村和社区以及森林、湖泊的协同治理，大力投入资金进行动植物保护栖息地建设，针对河流中的城市生活药品残留物进行监测、过滤，改变工业化时期对河道截弯取直等反生态改造，恢复其自然弯曲原貌等等。

（二）瑞典：强有力的森林生态保护是发展国民经济的重要因素

森林是陆地生态系统的主体。森林不仅可以涵养水源、防风固沙、改善生态环境，维持人与生物圈的生态平衡，维护生物多样性，还可以提供林副产品，发挥很大的经济功能。

瑞典森林工业在国民经济中起着至关重要的作用，在世界上也处于领先地位。瑞典林业属于出口导向型，每年外贸出口收入中森林工业占了很高的比例。瑞典 2015 年森林覆盖率为 68.7%，相比之下，我国全国现有森林面积约为 2.1 亿公顷，森林覆盖率仅为 21.6%。由于严格执行《森林法》，控制采伐量，重视林业教育和科研工作，进行科学育林的经营，瑞典森林总蓄积量和总生长量总体在不断提高。瑞典制定了非常严苛的砍伐标准，近 10 年中保持着大约每年 1 亿立方米的林木种植总量，而同时每年的采伐量维持在 0.8 亿立方米。

瑞典在 1993 年的新森林法中明确了环境目标和生产目标必须置于同等地位。瑞典只占有世界上 1% 的商业用林面积，但是却为全世界提供了 10% 的锯材、生活用纸等产品。由于木材可以吸收二氧化碳释放氧气，有效缓解温室效应，2004年瑞典开始推行一项政策，即鼓励大型建筑物、公共场所建筑采用木质结构，近几年木质结构的建筑物数量也在逐年递增。

另外，相较于许多发达国家，瑞典还有着很高的纸张回收量，未经加工的废木材和残渣也能用于可再生能源的生产。瑞典高度发达的技术体系，森林工业也能为生物质能的研发起到了非常关键的作用。瑞典对于森工企业各项生产指标都有着严格的标准，同时企业也都非常积极地履行社会责任。例如瑞典著名的利乐包装（Tetra Pak），其所有包装产品都可以回收再利用，做成文具、桌椅、建筑材料等等，使它们在完成包装的功能后，能够"废而不弃"。

瑞典非常重视森林生态的科研投资，其中国家拨款占 38%，私人投入占60%。瑞典在高标准保护森林生态系统的同时，还能使森林发挥其经济价值。在各项保护实践中，发挥突出作用的是保护森林生物多样性以及处理各方利益关系的各类机构，例如政府机构"Swedish Forest Agency"（SFA），还有民间组织"Federation of Swedish Farmers"。

（三）英国：持续有效地进行生态环境立法工作

1952年12月的"伦敦烟雾事件"震惊世界。而今日的伦敦，空气已经有了极大的改善。20世纪50年代的英国和本世纪初的中国有很多相似之处：经济增长主要靠大量能源与资源的消耗，过度依赖煤炭等化石燃料。伦敦烟雾事件的成因与我国雾霾成因类似，伦敦主要污染物为二氧化硫，我国城市雾霾主要污染物为PM2.5。而其共同点是煤炭燃烧为主要污染源。因此伦敦烟雾事件对于大气污染物控制的经验可供我国参考借鉴。

从1958年到1978年的20年间，伦敦的颗粒物年均浓度降幅超过90%，二氧化硫年均浓度降幅超过80%。在改善空气质量的20年间，伦敦政府采取的一项核心措施就是大范围地划定烟尘控制区，并在区域内进行壁炉的煤改气、燃煤锅炉的环保改造，同时禁止高污染燃料在控制区内销售。

烟尘控制区措施在1956年的《清洁空气法》中被提出。法案规定地方政府负责烟尘控制区的划分和相应污染控制措施的实施，以控制由非工业煤炭燃烧所产生的黑烟和二氧化硫的污染。由于"伦敦烟雾事件"的主要污染物是来自城区的家庭燃煤，因而在城区通过设立和扩大烟尘控制区，就可以有效控制城区烟尘的产生和排放。该规定要求在控制区内所有的燃煤壁炉须改造成燃油或燃气壁炉，如果实在不能改造，则须使用无烟燃料。为了能够快速推行壁炉改造，政府会提供至少70%的改造成本，而对于未按要求执行的个人将会被处以10英镑、100英镑的罚款乃至最高3个月的监禁。

（四）美国：环境执法与环境立法并重

生态环境整治的概念被正式引入法律制度，始于20世纪五六十年代的美国。美国目前已经形成涵盖几乎所有生态领域的、较完善的环境法律体系格局。美国环境法律体系是一个多立法主体、多层级的复杂体系。美国生态环境治理相关的法律法规主要有六个来源：宪法、立法机构（国会）、行政命令（总统或内阁）、司法（法院解释或判例）、行政部门法规（国会或法律授权）和国际法。不同立法主体制定的立法成果会以不同的形式编辑成典，分类明细。

环境立法与执法息息相关，环境执法一直是美国环保局的中心工作，也是

2014 至 2018 年战略规划的重点内容。美国环境执法主要分大气执法，水执法，废物、化学品的清理活动执法和刑事执法。当有证据证明社区、企业或个人未能严格遵守环境法，当局就将启动环境执法，通过民事、刑事与行政手段相结合来确保公众健康与环境得到保护。

美国环保局于 1982 年设立了刑事执法项目，其对象是有意或故意的严重违法行为，手段主要有刑事罚款和监禁。负责刑事执法的机构主要负责向联邦、州及地方检察官提供环境犯罪证据、司法鉴证分析及法律指导，调查并协助起诉环境犯罪。目前该机构拥有两百多位环境执法官，以保证全过程的公平合理。另外，美国还会通过信息披露来管控生态环境问题，这是从 20 世纪 90 年代互联网蓬勃发展就开始逐步实施的，通过公开企业或产品的信息，利用各方市场来对制造污染、超标的企业不断施加压力，以达到管控目标。

总体来看，美国就是通过渐进立法及体制机制的不断创新，建立了一个务实理性并充分利用市场机制的生态法制体系，并且注重通过公民诉讼制度推动生态问题得以解决。美国的生态法制体系中，有很多重要法律法规对同时期其他发达国家的生态治理具有重要借鉴意义。

二、国外生态治理经验对我国的政策启示

（一）明确生态治理中各主体间的关系与职责

合理划分生态治理职能，发挥好政府的主导作用。在现代社会运行中，政府在组织生态治理方面具有重要优势，主要是制定政策、信息整合公开、筹集各方资源等方面。但政府执行过程中也经常会因为权力集中等原因存在效率低下的问题，因此需要中央和地方政府明确各自职责，中央政府工作重点在于顶层设计与监督，通过提供技术来源、人才、信息、资金等方式激励约束地方政府的公共治理行为。而市场在优化资源配置、提高效率方面具有政府所不及的优势，市场机制可以充分运用到生态治理中，无论是资金筹集还是具体实施都可以发挥市场的竞争机制。

有专家认为，当前中国生态治理主要依靠政府的规制手段，例如区域限批、

环境执法、总量控制等行政手段，而经济手段的研究和制定却不充分。受益者付费和污染者付费的规则还需要在各地方逐步落实，另外可以通过价格机制调控污染排放，进一步健全排污权交易、碳交易市场的运行机制、监督机制。在这两者之外，社会力量也是推动生态治理的重要角色。社会各界力量可以共同监督、督促政府和市场的生态治理行为，而且可以借鉴美国经验通过建立一套自下而上的公民诉讼制度来有效参与共同治理。除此之外，我国还应加强非政府组织的建设，例如专注于生态问题的智库研究机构等，培养一批与国际接轨的非政府力量，可以在多边场合积极发声。

生态治理不是政府的独角戏，政府、企业、公众多元主体应共同合作以推进生态文明建设的治理体系。因此，要充分整合企业、市场、非政府组织、公民等各方力量，加强制度创新，共同承担起生态治理责任。

（二）强化法律保障，构建科学的生态文明评价体系、考核体系

党的十八届四中全会提出："依法治国，是坚持和发展中国特色社会主义的本质要求和重要保障，是实现国家治理体系和治理能力现代化的必然要求。"在生态治理工作中，应加强生态司法、绿色执法、环保守法等环节，构建推动绿色发展的法治化机制，形成全面的生态评价指标体系以及生态治理考核体制机制。生态环境的改善，最根本的是相关法律机制的构建是否科学健全，最核心的是执法水平以及效率。有专家指出，目前我国生态治理领域的法律条文分散在资源节约、能源安全、生态建设等各种法律法规之间，系统性不强，甚至条款之间也存在细节上的矛盾。从美国的经验我们看到，依法行政贯穿于美国环保系统的各个部门，完善的体制机制为其执法形成了有力的制度保障。推进生态保护的标准化建设、健全生态治理的行业规范、将生态治理纳入法治化的轨道都是生态改善的先决条件。另外，还应建立对政府、企业的生态环境治理的考核机制。把生态效益、资源消耗、污染排放纳入经济社会发展评价体系，加大其考核权重，并及时向公众公开考核信息以及奖惩标准。

（三）进一步加大区域联防联治，加强区域合作

大气污染、水污染这类生态治理，尤其需要区域间联防联控。类似德国莱

茵河污染等治理，都是通过区域合作、国际合作取得了显著成效。

也有专家提出要探索研究区域、流域性环境保护立法的可行性，探索合理的立法模式。跨行政区的生态保护和污染防治一直是我国生态治理体系的薄弱环节。对于河流、湖泊的生态治理，有必要制定统一的区域、流域法律，以及重点区域、流域的单项法，并制定规定各利益主体的责任职责、资金投放、生态补偿规则、纠纷解决机制的相关制度。

比如针对大气污染治理，可以通过整体的规划集中供应能源，提高燃煤集中度，减少污染源。也可以城市群为单位尝试集中进行污染物排放治理，例如在京津冀一体化协同发展的过程中提高煤炭集中利用度就是一项可推行的措施。

（四）拓宽公众参与渠道

全面拓宽公众参与渠道，是公众表达生态诉求，促进人与自然、社会和谐相处的必然要求。社会力量的加入，理性的公众参与，这对生态环境保护无疑是有利的。鉴于现阶段公众参与仍相对不足，应该从切实保障公民享受优质生态环境的权益和敦促公民履行生态责任两方面同时入手，通过有效的制度创新和组织创新，提高公众参与度，同时使政府、市场力量优势互补、有效结合。

例如大气污染治理是一项极其复杂庞大的工程，关系到广大国土中每一个人的切身利益，其影响深远，需要社会公众的共同参与。尤其是我国人口数量庞大，加强全社会的生态治理观念，普及相关法律法规，引导健康合理的生活消费习惯，对改善生态十分重要。目前环保部"12369环境举报热线"已设立，但宣传力度远远不够。媒体应充分发挥传播宣传作用，运用各种传播手段增强全民参与监督的意识。有关部门需协调联动，倡导节约绿色的生活消费方式，动员全民参与生态保护和监督。学校、社区、单位都应定期开展科普活动，针对受众的差异性、隐蔽性等特点，采用不同方式的宣传手段。必要时还可引入听证代理人制度，在社区、单位中选择公众代表参与听证，充分发挥公众在生态治理中的主人翁作用。

（五）鼓励支持企业履行社会责任

学界普遍认为企业的生态责任是企业社会责任的一种，但尚未作出明确定义和范围阐述。其基本思想是认为企业在谋求自身经济效益、股东利益最大化的同时，还需要履行生态保护的社会责任。企业的生态责任首先是从生产源头控制有毒物质和致病因子进入生态系统中，其次是随着科技的不断进步提高生产原材料的利用率、回收率，提升产品品质，延长使用周期，尤其是重工业企业要避免对资源的过度开发。

另外，当前国际贸易竞争中，绿色贸易壁垒盛行，企业履行社会责任不仅是适应国际规范而且也是促进企业增强自身竞争力以适应国际竞争的内在要求。目前发达国家的各类企业都会公布企业社会责任年度报告，并向各界公开具体数据，但是目前我国只有部分企业在全面积极履行。我国还需要着力加强企业社会责任机制的全方位构建，健全企业社会责任公益诉讼机制。企业社会责任体现了企业利益和社会公众利益的一致性，企业在生产、经营和消费各个环节，都应该提高生态保护意识，自觉肩负起生态治理的社会责任。

中华文明悠悠数千年中积淀了丰富的生态智慧。道家的"天人合一"、儒家的"与天地参"等，都彰显出中华民族人与自然和谐共存的观念，对现代人仍然有着深刻的启示。随着近年来中国国际地位的显著提升，中国已逐渐成为全球治理中不可或缺的重要力量，这对中国的生态治理提出了更高的要求和期待。中国的生态治理之路依然漫长，仍需在不断自我调整、自我创新中摸索前行。

（摘编自《国家治理》2017 年第 24 期）

比利时环境治理典型经验分析
——以弗拉芒大区为例

路 征 黄 哲

自 1993 年比利时修宪以来，环境治理权便从联邦政府转移至大区政府，在比利时三个大区政府中，弗拉芒大区政府的环境治理最为成功也最具借鉴意义。根据欧盟层面的环境法规，弗拉芒大区政府相继出台了一系列环境政策。从1995 年至今，先后完成了四个五年期环境政策计划，最后一个环境政策计划在2010 年生效，于 2015 年到期。第四个环境政策计划基于"弗拉芒行动"和"2020协议"制定而成，前者旨在促使弗拉芒在 2020 年之前成为欧盟综合实力排名前5 的地区，后者则从提高生活质量和提升行政效率等方面制定了具体的量化目标。保持政策的连贯性是弗拉芒环境政策计划的最大特点之一，因此第四个环境政策也是第三个环境政策计划的延续。总体说来，弗拉芒大区的环境政策重点关注人类生存环境和自然环境的保护、大自然以及原料的合理利用、生物及景观多样性的保护和气候治理问题。

弗拉芒大区在环境治理方面已积累很多好的经验和做法，其中尤以土壤、空气、废弃物治理最为成功也最具特色，探索出了以"土地证书"为标志的土壤污染治理、"从摇篮到坟墓"的废弃物治理和以"许可证制度"为核心的空气污染治理等一系列环境治理措施和方法。这些政策措施成效显著，对当下我国的环境治理有着重要的借鉴意义。

一、弗拉芒大区环境治理机构与目标

（一）弗拉芒大区面临的环境压力

一个国家和地区所采取的环境政策很大程度上取决于所面临的环境压力，弗拉芒大区也不例外。近年来，受人口压力、经济增长压力、社会趋势等一系列因素的影响，弗拉芒大区的人均生态足迹大幅增加，从而带来了较大的环境压力。总体来看，弗拉芒大区的环境压力主要体现在三个方面：

第一，能源消费带来的环境压力。据统计，弗拉芒大区84%的温室气体排放来源于能源生产和消费。但和能源消费有关的大约有一半，能源消费端温室气体排放主要产生于工业与交通行业。这主要是由于比利时地处欧洲大陆的"十字路口"，并且较早地实现了工业化，从而形成了稠密的城市建筑群、工业聚集区与密集的交通运输基础设施。同时，政府致力于将弗拉芒大区打造成为国际货物集散中心，使得货运交通工具数量和流量快速增长。货运交通工具排放了大量的有害物质，密集的交通网割裂了环境原本的完整性，给当地环境带来了巨大压力。因此，减少污染性能源消耗与增加可再生能源使用便成了弗拉芒大区环境政策的重点。

第二，食物需求变化带来的环境压力。除能源之外，食物与原材料的消费也与生态足迹的大幅上升有着密切关系，人口的增长和家庭结构的改变带来了对食物需求数量和结构的变化。例如，随着生活愈发富裕，居民消费的肉类与奶制品就更多，本国民众对进口食品的需求量也随之增加，较小的家庭结构也会产生食物结构多样化需求，等等。这一系列因素导致了食物在生产、加工、运输、存储等环节中形成了众多的浪费，无形中对环境带来了更大的压力。

第三，原材料的开采与使用带来的环境压力。统计表明，弗拉芒大区在2000—2008年原料总消耗数量达到人均38公吨，这之中大约有85%的原料供给依靠进口，进口的原料主要包括矿物及金属物质。原材料对环境的影响主要源于原料的开采与使用和对残余物质的处理。

（二）弗拉芒大区环境治理机构

弗拉芒环境部门组织结构主要分为领导机构和执行机构两个层次。环境政策的领导机构是"环境、自然与能源部"。LNE在所有的环境部门中居于核心地位，部门由1个负责一般事务的秘书处以及10个职能分别不同的处室构成，主要负责环境政策的起草、追踪监督和评估，同时还起着协调各执行机构行动的作用。

环境政策的执行机构根据环境治理的对象不同分为四个执行部门，分别是公共废弃物管理局、环境局、自然与森林局和土地局。其中，OVAM主要负责废弃物的管理以及土壤修复工作，VMM主要负责水和空气的保护与治理并编写弗拉芒大区整体环境报告，ANB致力于对大自然、森林和绿色植物的保护和促进可持续发展，VLM则重点解决农村发展问题以及致力于改善和提高农村环境质量。

除了上述部门，弗拉芒大区还成立了"森林与自然研究所"与"环境与自然委员会"，前者主要负责环境保护方面的科研工作，后者主要为政府提供咨询服务。

（三）弗拉芒大区环境治理目标

"弗拉芒行动"和"2020协议"给出了一个总体定位，即将弗拉芒大区建设成为绿色并充满活力的城市。围绕这一定位，第四个环境政策计划明确了弗拉芒大区在未来一段时间内要实现的八个目标（见表1），这八个环境目标的最终目的是为下一代提供良好的生活环境，从而明确了当地环境政策的重点。

表1　弗拉芒大区环境治理目标

环境目标	目标任务
目标1	建设高质量的生活环境：保证干净的水、土壤、空气资源，打造高品质的自然环境与低水平的噪声污染
目标2	实现合理与环保的生产与消费：通过生态创新，高能源使用效率、生产环保型产品与加大对可回收材料的使用，建立起循环经济
目标3	保护生态系统完整性与生物多样性：提升香薰与城市生物多样性，保护濒危物种
目标4	建设"气候友好型"社会：减少能源消耗，提高对可再生能源的利用，构建"低碳社会"
目标5	减少对别国环境的影响：短期内设定污染物排放限额，长期内发展循环经济
目标6	加强风险管理：加强对转基因、外来物种入侵、极端天气等问题的监控
目标7	建设与欧盟内其他经济发达体一样优良的环境
目标8	提升公众对环境问题的关注度：加强环保教育，塑造环保的生活环境

从目标设定可以看出：首先，目标1、5、7表明弗拉芒大区希望通过对环境的综合治理，建设干净的水、空气和土壤，减少噪声污染和对他国环境的影响，最终使得整体环境质量处于欧洲领先的地位。其次，目标2、3和目标4则是针对当下弗拉芒大区生态足迹居高不下的状况，提出了通过生态创新、可再生能源的使用和对生物多样性的保护来降低人均生态足迹，以建立起循环经济和生态经济的发展模式。再次，目标6则是加强从风险管理的角度，提出建立一套环境风险预警机制来降低环境灾害发生的概率。最后，目标8指出所有的这一切行动旨在营造一种良好的社会氛围，提高人们对环境问题的关注度，培养人们的环保意识，让保护环境的思想转化成为人们的内在价值，自觉践行环保措施。为了实现上述目标，弗拉芒大区政府采取了一系列的政策措施，其中尤以土地、空气、土壤三个方面的治理最为成功。根据对空气质量的调查显示，2015年弗拉芒大区的大部分指标均达到了欧盟制定的相关要求或目标，其中空气中PM2.5含量甚至低于欧盟设定的2020年限制值。

二、土壤污染治理经验：基于"土地证书"的土地交易管理

弗拉芒大区是欧洲较早进行土壤污染防治立法的地区。在1995年颁布的《土壤治理法》中，就明确将土壤污染治理权赋予了公共废弃物管理局（OVAM），该法令的目标除了常见的防治土地污染之外，更重要的就是保护土地买卖行为，法令中规定只有拥有"土地证书"的地块才能进行交易，这一措施致力于降低土地购买者买到被污染土地的风险，成功解决了土地使用与转让过程中的道德风险问题。2006年政府对《土壤治理法》进行了修订，法令更名为《土壤修复与保护法》。新法对原《土壤治理法》的结构框架进行了调整，并对一些概念和程序进行了重新解释或简化，从而使法律更加务实和更有效率。弗拉芒大区的土地交易程序主要分三步进行。

（一）识别拟交易土地的类型

弗拉芒土地污染防治政策围绕土地的"交易"展开，不同类型的土地适用不同的交易程序，新土壤法将弗拉芒境内的土地划分为三种类型：风险土地、无

风险土地和公寓土地。其中，风险土地是指当前或过去在其上存在高危险设施，或过去在其上实施过高危行为的土地；公寓土地则是指当前建有公寓的土地。不论何种土地类型，其所有者在进行土地转让时必须拥有 OVAM 颁发的相应地块的"土地证书"。土地的购买者可以根据"土地证书"上的编码，在 OVAM 下属的土地信息登记处查询相应地块的类型、质量等相关信息。购买者在通过证书获取相关信息之后，就可以按照对应的交易程序进行购买。下面以风险土地为例阐述土地交易程序（见图1）。

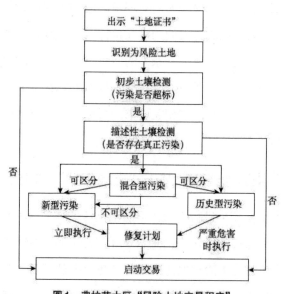

图1 弗拉芒大区"风险土地交易程序"

（二）进行初步与描述性土壤调查

一旦土地证书显示该地块属于风险土地，就必须执行初步土壤调查程序。初步土壤调查通常会先调查曾经在该地块所进行的高危工业活动类型，然后抽取一部分土壤与地下水进行分析并形成分析报告。分析报告中将会说明样本土壤及地下水的污染程度是否超过规定的临界值。如果样本超过规定的临界值，就进入描述性土壤调查阶段。与初步调查不同，描述性调查是对整个土壤污染情况的详细调查，并对初步调查的结果进行检验和确认。只要描述性调查证实土壤污染超过临界值，那么就必须依据污染的类型制订污染治理计划。

（三）根据污染类型制定土壤修复计划

根据《土壤修复与保护法》，土壤污染进一步被划分为三种不同类型：一是新型污染，指1995年10月29日以后（《土壤治理法》生效后）发生的土壤污染；二是历史型污染，指产生于1995年10月29日以前的土壤污染；三是混合型污染，指部分发生于1995年10月29日之前而部分发生于该日期之后的污染。针对不同类型的土壤污染，明确了不同的治理责任和义务。其中，新型土壤污染必须马上制订土壤修复计划并立即执行。历史型土壤污染只有当污染构成了"严重危害"时才需要对其采取治理措施。对于混合型土壤污染，如果在范围上能对两种类型的土壤污染加以区分，则应该分别适用各自类型的土壤污染规范；如果无法加以区分，则应该适用针对新型土壤污染的严格责任。在执行完上述任务之后，土地转让就可以启动。当然，如果土地的买方或卖方愿意与OVAM签订土壤修复协议并提交保证金，土地转让也可以在执行修复计划前启动。

需要指出的是，土壤的探测和调查除了在土地转让时进行之外，在高危工厂关闭时，土地所有者也可以自愿申请实施调查。此外，OVAM还会针对某些行业开展定期的土壤检测避免新的污染产生。根据OVAM的计划，将加快高风险污染土地的探测和调查步伐，以期在2036年启动所有历史型土壤污染的全面修复工作。

三、空气污染治理经验：按污染源分类治理

欧盟"国家排放上限指令"是欧盟空气污染防治方面的一项重要法规，设定了欧盟及其成员国在氧氮化合物、非甲烷挥发性有机碳化物、二氧化硫、氨气和PM2.5五种重要污染物的减排目标。参照该指令所分配的排放指标，弗拉芒大区政府提出了空气质量方面的具体目标和治理政策。以PM2.5为例，在最近的减排计划中提出，到2015年，空气中的PM2.5浓度不得超过25微克/立方米。除PM2.5之外，弗拉芒大区还针对氮氧化合物、二氧化硫等一系列有害气体设定了上限。在治理空气污染的过程中，大区政府将空气污染源划分为固定污染源（工业和家庭等）、农业污染源和流动污染源（主要指交通行业）三大类。针对三类污染源，分别采取不同的治理措施，并且将治理重点放在工业固定污染和交通行

业污染上，而农业污染源则主要致力于控制家庭畜牧业所产生的氨气排放量。下面主要介绍基于"许可证"制度的工业污染源治理和以道路税与道路费为主要手段的交通污染源治理。

（一）基于"许可证"制度的工业污染源治理

对于工业企业的治理，整个欧盟地区均采用"许可证"制度。具有高污染性质的新建或已建企业，必须取得许可证方可运营。欧盟许可证制度建立在四个基本原则之上：一是对环境污染实施综合管理，许可证是否发放，取决于对企业环境相关行为的全面考虑；二是基于最佳可行技术的应用来确定企业的排放限值，欧盟委员会定期发布最佳可行技术参考文件，指导各国和企业按照当前技术水平改造企业，促使其达到排放标准；三是审批时根据实际情况可适当变化，允许审批机构在许可证审批过程中，综合考虑企业设施的技术特征、地理位置以及当地环境条件；四是鼓励公众参与审批过程，明确要求许可证申请情况、许可证内容、企业排放监测结果等信息应及时向公众公布。

（二）以道路税与道路费为主要手段的交通污染源治理

在弗拉芒大区，交通行业是主要的空气污染源，以PM2.5和PM10排放量为例，交通行业贡献率长期处于60%以上。弗拉芒大区交通行业空气污染治理主要依靠征收道路费与道路税等经济手段来影响人们的驾驶行为，其中道路费主要针对卡车征收，征收的标准依据卡车行驶的公里数，行驶公里数越多，缴费越多；道路税主要针对轿车收取，目前征收的标准以汽车引擎的排气量为依据，但是目前政府正在考虑学习卡车的做法，根据汽车行驶公里数征税。除此之外，大区政府还通过大力发展电动车等清洁能源交通工具来改善空气质量。交通污染治理已经取得显著效果。统计数据显示，2000年以来，交通行业PM2.5和PM10排放量表现出明显的下降趋势，且它们占各行业中排放量的比重也呈现出明显的下降趋势。

四、废弃物治理经验："从摇篮到坟墓"的管理模式

对于废弃物的治理，欧盟在1975年就颁布了《废弃物框架指令》，弗拉芒大区政府根据该指令于1981年制定了《弗拉芒废弃物法案》。经过30多年的努

力，弗拉芒大区的废弃物治理机制已成为欧盟最为优秀的范例。

（一）制订废弃物治理计划与划分治理区域

在废弃物治理上，公共废弃物管理局（OVAM）负责政策的起草与制定，具体的执行则由市一级政府负责。由于弗拉芒大区下辖308个自治市，为了方便组织管理，308个市被划分为27个较大的区域，每个区域大约有20万人，区域内市政府相互协作来完成废弃物的治理。公共废弃物管理局每五年颁布一个执行计划，计划内容主要包括对废弃物的处置方法以及为收集与阻止废弃物增多所计划采取的行动。起初，重点内容在于消除废弃物，随后逐渐发展为对废弃物的分类收集与再利用。最新的一个计划则旨在实现对废弃物的可持续管理，将原本只注重对废弃物的末端治理延伸到产品的生产环节，力图从源头控制废弃物的产生，这一模式被称为"从摇篮到坟墓"的管理模式。可持续管理主要包含消费习惯环保化、产品残余废弃物最小化和废弃物处理无害化三个具体目标。

（二）对法律、经济与自愿工具的合理使用

表2　弗拉芒大区废弃物治理的主要政策工具

工具类型	主要政策工具
法律工具	（1）环境立法 （2）环境自感协议：市一级政府通过完成协议所规定的任务以获取财政补贴 （3）生产者责任：指商品的生产者和销售者有收集其生产或销售商品的残余废弃物的责任
经济工具	原则：遵循"污染者付费"原则与"按量收费原则" （1）使用费 (user charges)：根据废弃物的多少收费，需用专门的塑料袋收集，鼓励垃圾分类 （2）产品费 (production charges)：针对特定废弃商品收取的费用，鼓励废弃物回收 （3）垃圾处理税：具体包括焚烧税 (incineration tax) 与填埋税 (landfill tax) 两种，提高用填埋与焚烧废物方式的成本，改变垃圾处理方式，减少垃圾处理过程中对环境的损害 （4）财政补贴
自愿工具	（1）环保宣传 （2）学校的环保教育项目

如表 2 所示，在计划的具体执行过程中，弗拉芒大区政府主要采用了三类政策工具：一是法律工具，包括环境法规、环境协议、生产者责任；二是经济工具，主要指各类税费和财政补贴；三是自愿工具，包括环保宣传和环保教育。其中，法律工具中环境协议与经济工具中财政补贴的组合使用已在欧盟范围内得到推广，市一级政府只要完成了环境协议中所规定的任务，便可以从弗拉芒大区政府那获取财政补贴。自愿工具是指通过一些举措使企业或公众自觉自愿地保护环境，这一工具在发达国家的环境管理中得到了普遍应用。在弗拉芒的环境管理政策中，主要通过开展环境宣传和实施环境教育项目来引导企业或社会公众自愿采取有利于节能减排和环境保护的行动。

经济工具是弗拉芒有效实现废弃物治理的最重要工具，它以"污染者付费"为基本指导原则。经济工具主要包括使用费、产品费和垃圾处理税（具体包括填埋税和焚烧税）。其中，使用费是指根据家庭垃圾数量（基于重量或体积来计算）来收费，弗拉芒地区的家庭必须购买统一规格的不同类型的蓝色垃圾袋来收集垃圾，为了鼓励垃圾分类处理，对于某些特定垃圾的垃圾袋会给予较优惠的价格甚至免费发放，如塑料瓶、金属板等；产品费主要针对某些特定的垃圾收取，如一次性的剃刀、电池、一次性照相机、杂志等，收取产品费旨在鼓励人们回收利用二手商品，减少一次性商品的使用，养成环保的消费习惯。为此，弗拉芒大区还建立了回收中心，在回收中心人们可以以低廉的价格买到自己心仪的商品。目前弗拉芒回收中心雇用了大约 3000 名员工，主要是那些因缺乏专业技能而导致就业困难的人群。此外，政府还大幅提高了垃圾填埋税与焚烧税，以鼓励垃圾废弃物处理机构尽可能地减少用填埋和焚烧这两种方式来处理废弃物。

值得一提的是，弗拉芒大区废弃物治理的相关事务并不是完全由政府负责，而大量采用了公私合作模式，具体方式主要包括外包给私人部门（如废弃物收集和处理）、公共部门参股私营企业或私人部门参股公营企业和特许经营三种，这样不但减轻了政府的负担，还提高了效率，使得废弃物处理成为弗拉芒大区的一个重要经济部门。

五、弗拉芒大区环境治理经验对我国的启示

现阶段，我国环境污染问题十分突出，主要污染物排放仍处于高位，大气、土壤等环境质量与总体改善目标还有较大差距。事实上，近年来尤其是党的十八大以来，我国在环境治理制度和政策体系建设方面已取得重大突破，包括修订完善《中华人民共和国环境保护法》、《中华人民共和国大气污染防治法》等法律和出台系列环境保护相关的管理规定，以及实施相关的战略及行动计划，政策体系更加完善，内容也更加细密，已经逐渐形成了复合型环境治理体系，但同时环境法制以及一些具体制度，如排污交易制度、排污收费制度、污染总量控制制度等还需要进一步完善，社会层面参与度有待提高。借鉴比利时弗拉芒大区环境治理的典型经验，未来我国环境治理的政策体系要进一步改进和完善。

第一，未来我国环境治理的政策体系改革和完善，应更加重视减少环境污染的负外部性，实现污染外部性的内部化。外部性的内部化是指通过改变激励方式，使人们考虑到自己行为的外部效应。弗拉芒大区废弃物的治理便是将环境污染负外部性内部化的成功案例，因为税费的运用使每一个家庭要为其活动导致的外部成本买单；同时还规定了生产者对废弃物的相关义务，促使厂商尽可能地减少产品可能产生的垃圾。我国当前的废弃物处理模式虽然做到了污染者付费，但还没有形成适当的按量收费，很难对家庭和企业减少废弃物产生有效激励。

第二，进一步明晰土地承包者或经营者和使用者的权利与责任，进而利用市场手段来实现土壤保护。长期以来，我国土地污染情况日益加重，很大的原因在于土地处置权、收益权以及相关的责任义务不明晰，导致土地承包者或经营者和使用者竭泽而渔，不注意对土壤的保护。弗拉芒大区的土壤保护政策围绕土壤交易进行，充分保护购买行为，土地拥有者为了获取最大利益不得不对土地加以保护。在我国农村土地和城市土地制度逐渐完善的情况下，应进一步明确土地承包者或经营者和使用者在土地保护方面的责任和义务，可借鉴弗拉芒大区的做法，构建更加完善的土地交易管理机制，更多地利用市场的手段来解决土壤污染问题。

第三，积极开发新的环境政策工具，多管齐下解决环境保护问题。在弗拉芒

甚至整个欧盟，政府都通过设计大量的经济、法律、自愿工具来规制或激励人们加强保护环境。在政府规制和政策工具之外，欧盟地区还利用公私合作模式来推进环境治理，使得环境保护趋向于产业化、部门化，显著地提高了环境保护的效率。当前我国对环境污染治理的方法仍主要依赖于政府的行政管制，尤其缺乏对经济工具的运用，在引入社会力量参与环境治理方面也还存在很大改进空间。

（《中国环境管理》2018 年第 3 期）

美国能源革命带给我们的启示

王志勇

2012 年以来美国"能源独立"成为世界能源领域最热门的话题,页岩气开发的成功,带来了一场全球性的能源革命。对于美国而言,页岩气的大规模开采将有助其走出金融危机阴影,成为经济复苏的强劲动力。对中国而言,机遇与挑战并存,如何利用科技进步和技术创新应对能源和环境问题,如何发挥好价格等市场手段来有效地实现能源结构调整,如何更好地推进新能源的发展等都是我们迫切需要理清的问题。

一、以页岩气开发为标志的美国能源革命的影响

近 10 年来,美国在页岩气领域的开发不断取得突破,据估计其页岩气资源总储量约为 187.5 万亿立方米,技术可开发量超过 24 万亿立方米,预计到 2030 年美国 40% 以上的能源将来自页岩气。同时,美国开始用新技术开采原来已经关闭的内陆和沿海油气田。从其国内来讲,不仅改变了能源供应结构,促使全国油气进口预期不断降低,对外依存度有望降至 20 世纪 80 年代以来的最低水平。而且由于页岩气价格仅相当于目前传统燃气的 1/3,大大刺激了传统能源的替代应用,如在交通行业中增加压缩天然气替代石油,发电行业中增加天然气替代煤炭等。但值得注意的是,页岩气大规模开发需要消耗大量的水资源,对控制地下水污染的要求很高,因此必须因地制宜,不可能完全复制美国的开发模式。

二、我国能源供应面临的挑战

首先,一次能源储量不容乐观,对外依存度逐步加大。到 2010 年年底我国

常规能源剩余可采储量为 1600 亿吨标准煤，其中原煤 59.8%，水能 36.5%，原油 3.4%。按照 2010 年的实际产量，原煤、原油和天然气的保证年限只有几十年。同时，近几年我国加大了利用国外能源的力度，2012 年煤炭进口 2.9 亿吨，而石油进口 2.7 亿吨，对外依存度达到 58%，由于世界政治局势变化的复杂性，能源安全面临很大的挑战。

其次，能源结构不尽合理，清洁能源比例偏低。我国的煤炭是以发电和直接燃烧为主，占一次能源消费总量的 68.8%，对环境造成了很大影响，而世界煤炭消费占一次能源消费总量的比重不到 30%。核电、水电和太阳能等清洁能源的比重偏低，我国水能资源是仅次于煤炭资源的第二大能源，但很大比重是小水电，存在靠天吃饭的局面。2012 年全国核电总装机容量和发电量分别是 1250 万千瓦和 982 亿千瓦时，仅占全国总装机容量的 1.1% 和总发电量的 2%，与世界发达国家核电装机容量平均水平 17% 相比，我国核电仍有很大的发展空间。风能和太阳能处于起步阶段，规模尚小，且其间歇性的特点使其难以承担主要负荷。

再次，能源利用率偏低，环境保护和节能减排压力巨大。由于产业结构和技术水平的差异，我国终端能源利用率较发达国家偏低，目前我国总能源效率为 32%，低于世界平均水平 10 个百分点，能源利用率的低下直接导致了单位 GDP 能耗的畸高，2010 年我国能源消费总量已达 32 亿吨标准煤，意味着我国"十二五"期间能源消费年均增长速度不得超出 4.24%，相较于"十一五"6.6% 的能源消费实际增长率，须降低 2.3 个百分点，环境保护任务仍然非常艰巨。

三、页岩气的成功开发带来的启示与思考

一是技术进步是解决能源问题的关键。美国页岩气的成功开发，除了得益于天然气市场需求的增长、国家政策扶持等因素外，技术进步是关键因素，尤其是水平钻探、高压水压裂等技术的突破与广泛运用起着极为重要的作用。由此可见，我们对传统一次能源的储量有限和逐渐枯竭不必过于悲观，技术进步将会发现和发掘更多可用的新形式的能源。美国页岩气勘探开发的成功表明，只有突破了技术上的瓶颈，才能将新能源进行大规模的生产，才能从根本上解决能源问题。

对我国来讲，必须高度重视科技研发和技术创新，加大投入，尽快形成具有自主知识产权的、具备商业开采价值的技术手段和装备，从根本上解决能源问题。

二是应客观对待太阳能和风能等新能源的发展。新能源的重要性已经不言而喻，新能源的发展也是我国能源发展的必然趋势。一方面，我国一次能源结构中"富煤少水贫油"的格局短期内不会改变，以煤炭为主的能源在相当长的时期内仍将是支持经济发展的主力，新能源无论是技术成熟还是商业模式成熟都还有一个较长的发展过程，因此，不能把解决能源问题的"宝"全部压在新能源的发展上面。另一方面，新能源发展在起步阶段需要国家政策和资金的扶持，但长期依赖政府补贴不是长久之计。比如，最近的尚德太阳能电力公司破产重整的教训非常深刻，新能源行业的顽强生命力应该源自市场需求推动其进行成本压缩、技术升级，而不是单纯长期依靠国家财政补贴。

三是节能减排和环境保护任重道远，应长期坚持。在能源紧缺和环境污染问题已成为经济发展的关键制约因素的情况下，节流与开源同样重要。节能减排作为我国的长期国策，必须放在更加重要的位置，下更大的力气推进。如为了应对日益严重的城市雾霾问题，减少汽车尾气的排放，发展电动汽车和电动自行车都是很好的解决措施。电动汽车实现的是能源的高效转换利用，有效减少石油消耗，对使用者来讲是零排放，低噪音，高效率。但由于目前电池技术等瓶颈还没有取得商业化的突破，技术路线还没有形成主流体系，产业发展还处于起步阶段。笔者认为，真正能让电动车走入千家万户，应考虑从现实出发，对技术路线和商业模式进行深入研究，实现用户、厂家和社会的多赢。例如对汽车总成重新设计，以适应电驱的特点，且采用最常见的家用插座充电，随处可充，避免大规模兴建充电站，不能再走燃油汽车发展老路。

四是要提高能源使用效率，推广分布式能源和综合利用。通过技术更新，提高终端用户能源使用效率，综合利用各种能源是现实之选。如在能量转换环节，大力推广天然气冷热电三联供系统，将天然气燃料同时转换成三种产品即电力、热或蒸汽以及冷，实现能量的梯级利用，其综合能源利用率可达80%以上（大型天然气发电厂的发电效率一般为35%—55%），可以有效提高能源的利用率。

在终端用户侧，推广合同能源管理等需求侧管理手段，对路灯、电器等设备进行节能改造，可以实现用户和企业的双赢。在能源管理上，由于能源技术和管理手段的不断更新换代，能源管理呈现从分散到集中，再从集中到分散的发展趋势。集中模式是适应大工业时期生产的特点，而分布式清洁能源（如小规模燃机技术）由于技术的发展日益显示出生命力，对于城市中心区尤为重要，可以实现负荷就地平衡，减少输送网络占地，有效抵御各种风险。

五是发挥能源价格的引导作用，促进产业结构调整。价格市场化是另一提高能源使用效率最有效的手段。党的十八大提出，要充分发挥市场配置资源的基础性作用。能源行业作为基础产业，具有一定的引导、调控的作用。例如，在电价领域，可以对比国际先进水平，制定各行业的电耗标准，实行严格的差别电价。超过行业电耗标准的用电，提高其电价，促其降低电耗。同时根据国家定期发布的行业景气度指数，调整电价目录，借以调控电力需求，推动经济结构调整。

总之，美国在能源领域取得的突破，为我国未来的能源发展之路提供了可以借鉴的有益经验。我国要发展低碳经济，就要寻求自己的新能源及新能源技术，只有技术的创新才能有更先进的生产力，才能使能源的发展跟上经济发展的步伐，才能使经济保持快速的发展。但经济快速发展的同时，我们也必须考虑利用能源的市场价格导向作用，更好地推动社会产业结构调整，提高能源利用效率，并将节能减排的意识深入人心，长期坚持，为建设美丽中国，实现天更蓝、水更清、地更绿而打下坚实的基础。

（《学习时报》2013 年 5 月 6 日）

丹麦：清晰的绿色发展线路图

车 巍 杨敬忠

以"零碳"为目标的丹麦绿色发展模式，已经成为全球探寻能源供应和安全最为成功的"实验室"，证明人类只要选对发展路径，完全有可能打破能源瓶颈对社会经济发展的制约。丹麦绿色发展模式具体做法，对我国有着现实的借鉴意义。

一、丹麦绿色发展的"路线图"

20 世纪 70 年代以前，丹麦 93% 的能源消费依赖进口，1973 年爆发第一次世界石油危机后，油价涨幅达到三四倍。1979 年，第二次石油危机爆发，石油提价严重加大了丹麦国际收支赤字。受两次能源重创，丹麦开始尝试改变依赖传统能源的模式，在能源消费结构上，努力实现从"依赖型"向"自力型"转变。

1980 年代至今，丹麦经济累计增长 78%；能源消耗总量增长几乎为零；二氧化碳气体排放量降低 13%，实现经济发展与能源消耗脱钩。丹麦实践证明，提高 GDP 和人民生活水平并不意味着一定消耗更多能源。

丹麦已经成为石油和天然气的净出口国，可再生能源开发利用，特别是风力发电和生物质能热电联产应用，在欧盟成员国中处于领先地位。由于大量采用节能技术和大力发展可再生能源产业，丹麦在能源供应和温室气体减排方面的各项指标普遍优于其他发达国家。目前，丹麦能源自给率为 156%，日本和美国分别为 18% 和 71%。丹麦人均能耗 3.6 吨油当量，日本和美国分别为 4 吨和 7.7 吨。人均温室气体排放量丹麦为 10.4 吨，日本和美国分别为 9.4 吨和 19.7 吨。

在此基础上，丹麦设定了新的目标：2050 年之前建立一个完全摆脱对化石燃料依赖、并且不含核能的能源系统，被称为丹麦的第二次能源革命。欧盟设定的目标是，到 2020 年可再生能源占比达到 20%，而丹麦已经提前在 2011 年实现了这个目标，并计划 2020 年将可再生能源的比例提高到 35%，使风力发电占全国总用电量 50%。

丹麦的绿色技术和产品的出口量占本国出口总量的百分比在欧盟 15 国中位列第一。目前，欧盟能源政策的诸多参考依据均源于丹麦。

二、丹麦绿色发展模式的成功经验

丹麦打造绿色能源"实验室"，探索绿色可持续发展模式的成功经验，具体可归纳为五各方面。

（一）政策先行。丹麦政府把发展低碳经济置于国家战略高度，制定了适合本国国情的能源发展战略。丹麦政府认识到，由一个强有力的政府部门牵头主管能源非常必要。为此，丹麦能源署于 1976 年应运而生。该部门最初是为解决能源安全问题，后来从国家利益高度出发，调动各方面资源，统筹制定国家能源发展战略并组织监督实施，管理重点逐渐涵盖国内能源生产、能源供应和分销以及节能领域。该部门始终坚持"节流"与"开源"并举原则，节能优先，积极开辟各种可再生能源，大力开发优质资源，引导能源消费方式及结构调整。值得一提的是，由于全民公投反对，丹麦政府顺从民意，放弃了最初准备开发核能的计划，从长计议，迅速厘清以风能和生物质能等符合丹麦国情的新能源政策。紧随成功实现能源结构绿色转型升级、经济总量与能耗和碳排放脱钩后，2008 年，丹麦政府专门设置了丹麦气候变化政策委员会，为国家彻底结束对化石燃料依赖，构建无化石能源体系设计总体方案，并就如何实施制定路线图。

为推动零碳经济，丹麦政府采取了一系列政策措施，例如利用财政补贴和价格激励，推动可再生能源进入市场，包括对"绿色"用电和近海风电的定价优惠，对生物质能发电采取财政补贴激励。丹麦采用固定风电价格，以保证风能投资者利益，风能发电进入电网可获得优惠价格，卖给消费者前，国家对所有电能增加一个溢价，这样消费者买的电价都是统一的。

另外，丹麦政府在建筑领域引入"节能账户"机制。所谓节能账户，就是建筑所有者每年向节能账户支付一笔资金，金额根据建筑能效标准乘以取暖面积计算，分为几个等级，如达到最优等级则不必支付资金。经过能效改造的建筑可重新评级，作为减少或免除向节能账户支付资金的依据。

（二）立法护航。在丹麦可持续发展进程中，政府始终扮演着一个非常重要的角色，从立法入手，通过经济调控和税收政策实现，成为欧盟第一个真正进行绿色税收立法改革的国家。1993年通过环境税收改革决议以来，丹麦逐渐形成了以能源税为核心，包括水、垃圾、废水、塑料袋等16种税收的环境税体制。

在各税种中，丹麦对化石能源课税最高。例如，电费就包含高达57%的税额，如果用户不采取节能方式，就要付出更高昂的代价。再以丹麦的汽车购置使用税为例，消费者需要支付的税种主要有增值税和牌照注册费，税费加起来约相当于汽车价格的200%，因此丹麦小汽车的价格比其他欧盟国家高出两倍。同时，能源税包括从2008年开始提高原来的二氧化碳税并从2010年开始实施更加严格的氮氧化物税标准。另一方面，丹麦政府对节能环保的产业与行为进行税收减免。如，为鼓励对风电的投资，20世纪80年代初期到90年代中期丹麦政府对风机发电所得收入一直没有征税。在运输领域，对电动汽车实行免税，并要求到2020年生物燃料使用必须占运输燃料消耗要达到欧盟制定的目标10%。税收优惠与减免政策起到了很好的导向作用，对排碳量少的新能源收税低，促使更多人自觉通过经济调节，选择价格和污染相对较低的能源。

尤其值得一提的是，丹麦政府出台有利于自行车出行的道路安全与公交接轨等优惠政策和具体措施，自行车成为包括王室成员及政府高官在内多数民众日常出行的首选。如今，丹麦全国人口550万，自行车拥有量超过420万辆，人均拥有0.83辆，成为名副其实的"自行车王国"。

（三）公私合作（PPP）。丹麦绿色发展战略的基础是公私部门和社会各界之间的有效合作（Public-Private Partnership）。国家和地区在发展绿色大型项目时，在商业中融合自上而下的政策和自下而上的解决方案，这种公私合作可以有效促进领先企业、投资人和公共组织在绿色经济增长中取长补短，更高效地实现公益目标。丹麦南部森讷堡地区的"零碳项目"便是公私合作的一个典型案例。

（四）技术创新。丹麦是资源较为贫乏的小国，而且受气候变化影响很大。因此，丹麦政府和国民具有强烈的忧患意识，把发展节能和可再生能源技术创新作为发展的根本动力。

另一个动因是气候变化和温室气体减排。全球气候变化和应对气候变化呼声日高，也给丹麦企业界和研究界提供了动力和商机，把提高能源效率和发展可再生能源作为减排温室气体最有效手段。近年来，能源科技已成为丹麦政府的重点公共研发投入领域。通过制定《能源科技研发和示范规划》，确保对能源的研发投入快速增长，以便最终将成本较高的可再生能源技术推向市场。此外，丹麦绿色发展模式调动了全社会力量，在政府税收立法引领下，新的能源政策始终强调加大对能源领域研发的投资力度，工业界积极参与，投入大量资金和人力进行技术创新，催生出一个巨大的绿色产业。经过多年努力，丹麦掌握了许多与减排温室气体相关的节能和可再生能源技术，其绿色技术远远走在了世界前列，成为欧盟国家中绿色技术的最大输出国。

（五）教育为本。丹麦今天"零碳转型"的基础，与其一百多年前从农业立国到工业化现代化转型的基础一样，均是依靠丹麦特有的全民终生草根启蒙式的精神"正能量"达到物质"正能源"，从而完成向着更以人为本、更尊重自然的良性循环发展模式的"绿色升级"。20世纪70—80年代两次世界性能源危机以来，丹麦人不断反思，从最初对国家能源安全的焦虑，深入到可持续发展及人类未来生存环境的层级，关照到自然环境、经济增长、财政分配和社会负率等各方面因素，据此勾勒出丹麦的绿色发展战略，绘制出实现美好愿景的路线图，并贯彻到国民教育中，成为丹麦人生活方式和思维方式的一部分。

三、北欧小国的镜鉴

过去40年，丹麦通过政策先导、立法护航、公私合作、技术创新、教育为本等关键要素，坚持"节流"优先与积极"开源"并举原则，制定并执行了一套完整的能源发展和能源安全战略及具体措施，在科技创新发展框架内，在财富创造、可持续发展、保障能源供给安全之间，形成了稳定平衡的三角形结构，实现了社会、人与自然的和谐良性发展，并继续向2050年全面建成"零碳社会"的目标稳步迈进。

作为北欧小国，丹麦国情与我国不可相提并论，但国内一些城市群的体量和发达程度与丹麦有直接的可比性，而且丹麦40年前的传统能源结构与我国基本相似，都是以煤炭和油气等化石能源为主。丹麦寻找解决能源问题根本出路所坚持的"节流"与"开源"并举基本理念，与我国传统的商业智慧是相通的；其不断加深强化的全民节约文化，与我国历史上形成的勤俭节约的传统美德也是相通的。因此，丹麦过去数十年的转型，对我国正在走向城镇化的部分城镇和地区有较大的可比性和实际借鉴作用。

寻找中国绿色发展模式的过程，应该首先本着先易后难、先小后大的原则，选择在条件较好的城镇和地区率先建立示范区，参考丹麦绿色经验中一些基本要素，通过优惠的财税和产业政策支持，形成符合中国实际的低碳城镇和地区的完整指标体系，逐步加以推广。比如，在沿海发达地区城市以及在建设新农村过程中出现的新城镇。其次，对目前已经展开低碳试点的城镇和地区梳理盘点，树立典型，加大政策扶植力度，以点带面，步步为营，扩大低碳经济试点范围。目前已与丹麦合作的鞍山城市供热系统优化项目，不仅能耗大幅下降，而且还可利用鞍钢的余热为城市生活供热供水，一举多得，值得推广。丹麦的成功做法和实践同我国国情相结合并加以合理利用，将有助于我们加快建设一个生态文明和节约型社会，促进我国经济的长期可持续发展，并最终建成人、自然、社会共同和谐发展的"美丽中国"。

四、绿色理念推动绿色技术创新

丹麦绿色技术创新尝试主要集中在"节流"和"开源"两个方面。

在节能方面，大力推广集中供热，发展建筑节能技术。丹麦地处北欧，采暖期长，很多建筑一年四季需要供热。因此，丹麦积极发展以热电联产和集中供热（亦称"区域供热"）为核心的建筑节能技术。如今，丹麦超过60%的建筑采用集中供热技术，通过发展分布式能源技术，大量采用可再生能源技术进行集中供热，包括沼气集中供热、秸秆及混合燃烧集中供热等。目前，可再生能源在丹麦热力供应中的比重已经稳居首位，超过了天然气和煤炭。

丹麦建立了严格的建筑标准，大力推广节能低碳建筑。丹麦建筑节能的主要措施是：要求开发商提供节能建筑标识，按照能耗高低将建筑分类分级管理，用户根据需要选择；简化节能检测方法，重视和监管好门窗和墙壁的保温效能，使开发商无法偷工减料，确保节能效果；为既有建筑节能改造提供补助，如窗户改换、外墙保暖可以得到政府财政补贴。丹麦通过大力推广建筑节能技术和对建筑设施能耗实行分类管理，大大降低了建筑能耗。与 1972 年相比，丹麦的建筑供热面积增长了 50%，而相应的能源消耗却减少了 20%，相当于单位面积的建筑能耗降低了 70%。

集中供热和低碳建筑领域的全球领先企业丹佛斯就是在这个过程中发展起来的。1933 年在丹麦南部森讷堡创建的丹佛斯今天已经发展成为丹麦最大的工业集团之一，在全球各地工厂和公司遍布，业务领域涵盖暖通空调、建筑节能、变频器和太阳能、风能等新能源，大大提高了现代生活的舒适度，推动了环保和清洁能源的发展。作为创新企业的代表，对丹麦绿色模式发展，起到了积极推动作用。

在开源方面，丹麦积极开发可再生能源，独领风电世界潮流。自 1980 年开始，丹麦根据资源优势，积极发展以风能和生物质能源为主的可再生能源，目前世界累计安装的风电机组中，60% 以上产自丹麦，占世界风机贸易近 70%。丹麦还着力发展分布式能源，利用生物质能源推动热电联产和集中供热。2005 年，丹麦可再生能源发电比例达到 30%，提前五年完成欧盟提出的 2010 年达到 29% 的目标。

此外，丹麦带动欧盟充分开发海上风电，通过德国、波兰等与欧洲北部电网相连，试图将海上风电输送到整个欧洲。这一计划得到欧盟支持，已经列入欧盟支持海上风电发展的示范项目。为此，丹麦将力争在 2020 年将海上风电发展目标由目前的 30 万千瓦，提高到 300 万千瓦，并开始向北欧电网大量供应风电。

目前，维斯塔斯和国家能源公司是世界少数真正掌握了海上风电装备制造和拥有运行经验的企业。他们在开发丹麦西兰岛海上风电场时就已合作，维斯塔斯为其提供价格低廉的海上风机。通过最近多年的实践，丹麦海上风电装备制造和运行经验取得了长足进步，居世界领先地位。

五、丹麦森讷堡市"零碳项目"

通过了解丹麦南部森讷堡市成功实施的"零碳项目"案例，有助于更好地从微观的角度深入认识丹麦绿色发展模式的具体实践。

森讷堡拥有 500 平方公里土地和 8 万人口。2007 年开始实施"零碳项目"，设定了在 2029 年之前成为零碳城市的目标。如今，森讷堡市已成为欧洲著名的绿色生态示范城市。2010 年，森讷堡市"零碳项目"获得欧盟委员会颁发的最佳可持续性能源奖，并被纳入克林顿全球气候友好发展计划的 18 个合作伙伴城市之一。该市已与我国低碳试点城市之一的保定结为友好城市，主要在集中供热和建筑节能等领域展开合作。

"零碳项目"的诞生要追溯到 2004 年，当时，总部位于森讷堡的丹佛斯集团时任总裁雍根·柯劳森提出："我们的思维一定要超前，一定要放眼未来，充分考虑到我们这个城市的可持续发展，做到世界一流。"基于这个理念，由一个名为"南丹麦未来智囊团"的组织策划，形成了"零碳项目"的路线图，设定了在 2029 年之前，先于丹麦国家 2050 年全国实现零碳 21 年，率先成为零碳城市的目标。

"南丹麦未来智囊团"由政府部门、企业界以及能源供应公司等 80 多方共同组成，并获得包括森讷堡市政府和丹佛斯集团、丹麦国家能源公司等知名企业在内的五大基金的支持，该项目最终在 2007 年正式付诸实施。"零碳项目"由公共领域的市政和私人领域的公司进行商业合作，一切资金的流向完全透明，成为丹麦公私合作的一个典型范例。

项目启动初期，森讷堡居民人均碳排放量为 12 吨 / 年，跟丹麦总体平均数持平。"零碳项目"的目标是：到 2029 年，城市能耗与 2007 年相比降低 38%，同时通过开发利用可再生能源，实现零碳排放。实现这个目标主要通过三条路径：（1）提高能源效率。（2）加强对可再生能源的综合利用，包括大力推广集中供热技术。（3）使能源价格根据能源供应量浮动，合理控制能源消耗。

垃圾焚烧是森讷堡目前热能供应的主要来源之一。当地垃圾焚烧厂每年焚烧约7万吨废物，包括食品包装、纸盒和塑料等生活垃圾。通过采用最新技术，实现了燃烧效率高达98%，焚烧炉实现了1000摄氏度的稳定高温燃烧，减少了二氧化碳等有害气体排放，净发电效率达49%。发电后产生的尾气被输送到余热锅炉以蒸汽的形式通过管道用于区域供暖。

同时，森讷堡还在探索如何更好地利用太阳能、地热能、风能及生物质能等多种可持续能源。目前，森讷堡有三个太阳能发电站，其中一个面积为6000平方米，年供电达2736兆瓦时。"零碳项目"的一项创举是大力推广和发展被动式正能源屋，意为房屋产生的能量大于消耗的能源。太阳是被动式正能源屋最主要的能源来源，通过屋顶覆盖的太阳能电池板给房屋供暖供电，并通过绝佳的隔热层减少屋内热量的损失，最大限度降低能耗。在森讷堡，这样一个安装了太阳能电池板的被动式正能量屋平均每年可发电6000千瓦时。

按照"零碳项目"规划，森讷堡地区的企业在2015年以前每年要降低5%的能耗，并逐步淘汰对化石燃料能源的使用。此外，该地区还将以大力扶持绿色产业创造新的发展机遇。据测算，"零碳项目"将在该地区创造至少5000个绿色工作岗位。"零碳项目"的意义在于，实现能源自给自足和零碳排放的同时，通过大力发展绿色环保产业创造更多的绿色工作机会，实现经济效益、社会效益和环境效益的多赢。

（《经济参考报》2013年6月20日）

瑞士：环境保护理念值得我国借鉴

早在 140 年前，苏黎士就建立了污水净化设施；100 年前，日内瓦就开始对城市进行有计划的绿化。瑞士是世界上最富裕的国家之一，汽车普及率极广。20 多年前，瑞士政府就鼓励民众使用公共交通工具，以减少汽车尾气所造成的空气污染。如今，被誉为"绿色交通工具"的有轨电车已经成为街头一道独特的风景线。此外，瑞士还拥有 9 条总长 3300 公里的自行车道。平时即使遇上红灯或是短暂的堵车，驾驶者一般也会熄火以减少汽车尾气排放。

瑞士人对环保的考虑细致入微，各个城市的照明严格执行低能耗标准。超市一般都设有回收塑料制品和电池的装置，鼓励顾客使用纸质或布质的购物袋以减少白色污染。一些旅游城市更是重视环保，比如马特洪峰所在地的策马特镇，就明令禁止燃油类车辆进入，旅客必须搭乘专线火车。在很多小镇，无污染的电动车和马车是主要的交通工具。

政府还采用税收减免和补助津贴等政策鼓励国民建设节能型房屋。瑞士的许多建筑物都装有专用雨水流通管道，可蓄存雨水，循环利用。即使是国家大型建设项目，设计者首要就是充分考虑环保。比如在修建阿尔卑斯山的隧道时，从隧道中挖出的矿石被用于修建其他工程或是作为水泥厂的原材料，尽量减少工程对环境的破坏。

瑞士人重视环保教育。学校基本上都开设与环境相关的课程。有关部门经常免费向居民分发环保的宣传资料，并定期举行活动。瑞士街道干净整洁，很难看到随手丢弃的废弃物。居民自觉地把垃圾进行分类整理，保证不让有害物质破坏环境，并确保可回收资源的循环利用。

这些年来，中国经济高速增长，生活水平不断提高，但也付出了沉重的环境代价，如森林滥伐和草场退化引发了一系列环境问题，空气污染和水污染也在持续恶化。

改革开放以来，为满足工厂和建筑业的需求，树木被大量砍伐。尽管近些年政府采取了植树造林等措施，但森林覆盖率远低于世界平均水平。植被的减少带来了如生物多样性丧失、土地荒漠化、沙尘暴、洪水等灾害。

中国是能源消耗大国，一半以上的能源来自煤炭，天然气等清洁能源使用不到10%。煤炭的使用造成温室气体大量排放。加入WTO以后，由于受到人均收入增长、汽车价格下降、贷款限制减少等因素的刺激，中国国民对轿车的需求急剧增加。但相关法令并不完善，加之燃料质量低劣，人们对环保的重视程度不够，废物、废气等污染物的排放量居高不下。此外，水污染已成为一大诟病。

回顾历史，不难发现瑞士也曾饱受环境污染之苦。

19世纪末，随着旅游业的兴起，蒸汽火车投入使用。由于煤炭资源有限，大量树木被砍伐以作为燃料使用，从而引发了一系列环境问题。因此，瑞士政府于1902年颁布了《森林保护法》，该法案成为瑞士历史上第一个环保法规，它及时有效地制止了人们对森林的盲目砍伐和破坏。如今的瑞士森林覆盖率高达30%以上。

20世纪中期，随着工业的迅速发展，许多工厂拔地而起，工业污水和废气对环境的污染日益严重。与此同时，汽车的大量使用也给空气造成很大污染。为此，瑞士各级政府制定了全面详细的环保法律法规，并实行严格的执法手段。政府非常重视企业在环保中的作用，对企业征收垃圾处理税、能源消费税等税种，并采取颁发消费许可证和补贴等多种经济手段。

瑞士在环境保护方面取得了举世公认的成就。根据全球经济论坛上公布的2008年环境保护指数，在参与调查的149个国家中，瑞士的综合得分最高。瑞士人在提倡环保的同时，也受益于环保。瑞士境内70%湖泊的水可直接饮用。赏心悦目的环境充分释放了瑞士人的创造力，使这个中欧小国生产的许多产品处于世界顶级水平。瑞士的众多环保技术一直处于世界前列，拥有大量的环境工业从业人员，年收益近100亿瑞郎。

其实不单单是瑞士，欧洲许多国家及公民都十分重视环保，这是由于他们在工业化初期也曾受到环境污染的困扰。也许这是一个不可避免的过程，但是如果能够允分认识这个过程，并采取有力措施，污染所造成的损害就会大大降低。

可喜的是，随着与世界逐步接轨，加之奥运临近，中国政府和国民的环保意识不断加强。2008 年 6 月"限塑令"正式生效显示了中国在环保方面的决心。

但也应该看到，中国的环保之路才刚刚起步，在许多方面还有很大不足。政府应该不断改进环保手段，完善法律法规，加大惩罚力度，鼓励公众参与，特别是加强环保意识和环保知识的普及。中国可以效仿瑞士等西方发达国家的经验，绝不能放任不同利益集团各自为政，为眼前利益而牺牲长远利益。

（《联合早报》2008 年 7 月 17 日）

日本生态环境保护富有成效值得借鉴

张焕利

日本不仅是世界上经济最发达的国家之一，也是生态环境保护最成功的国家之一。日本在生态环境保护方面的探索与实践，很值得中国借鉴和效仿。

一、政府动用各种社会资源宣传环保

日本是一个国土面积狭小、资源贫乏的岛国。日本民族的忧患意识深深地烙入一代代国民的思想中，他们对谋求向海外发展的执着，对本国资源的爱惜，掠夺海外资源的贪婪，都与忧患意识相关联。在日本，政府动用各种社会资源宣传环境保护，如成立儿童环保俱乐部、民间环保志愿者组织、倡导绿色消费等，均取得了显著成效。

日本在环境保护、治理公害、污染防治以及环境意识教育等方面，特别是国民的"热爱地球，与地球环境共存"的宣言以及为全球环境保护所做的努力，值得我们借鉴和学习。

去过日本的中国人都会感慨日本的清洁。日本尽管人口密度很高，却很难看到成堆的垃圾，他们是如何避免"垃圾围城"呢？在日本，垃圾分类非常详细，各个地方政府制定的垃圾分类标准也有所不同，地区政府会在政府网站上公布详细的垃圾分类方法、丢弃方法、以及政府收集各种垃圾的时间表。每个月还把这些资料发放到每一个住户的信箱。

日本的生活垃圾分类主要按照一般垃圾、有害垃圾、大型垃圾和资源垃圾分类。资源垃圾一般是指玻璃瓶、易拉罐、纸类、金属类、饮料瓶、纤维类、塑料等。丢弃家具等大型垃圾和电器产品是要付费的。尤其是冰箱、空调、洗衣机、

电视机是要支付处理费的，比如丢弃一台冰箱要支付 1 万日元左右，大约相当于
700 元人民币。

除了政府的规定，日本民间的环保意识也非常强，民众都自觉地服从政府
的垃圾回收管理。比如纸类的回收，还分为报纸、杂志、饮料包装纸类、纸箱等，
各户居民都会把这些纸类分类装袋后丢弃到指定地点，常年如此。

日本的很多超市、便利店门口、高速路休息站等处都按照资源垃圾的分类
摆放着回收箱，方便人们在不是回收这些垃圾的日子丢弃资源垃圾。那么，日本
政府对回收的这些垃圾都采用哪些方式来处理呢？

日本对垃圾的处理有着严格的规定。一般来说，垃圾在回收后会运到垃圾
处理厂。在工厂进行再生垃圾的分类、可燃垃圾的焚烧处理、残渣的无害化处理
等等，有些工厂还有专门把有机垃圾处理成肥料的生产设备。现在日本政府也在
积极推广有机垃圾处理机，因为这样可以把蔬菜等有机垃圾处理成生物肥料或者
二氧化碳和水，可以大大减少垃圾的环境污染。燃烧过的垃圾的灰烬也是要进行
掩埋的。

二、日本环境保护呈三大特点

20 世纪 80 年代，日本社会在完成工业化和城市化的基础上，步入后工业化
时代。在新的社会经济发展阶段，日本的环保工作也由以治为主转入以防为主的
阶段。

（一）环境保护的市场化和产业化。随着社会经济规模的不断扩大和市场
化水平的提高，环保法律法规的健全和完善，社会对环保支撑力度的增强，环境
保护越来越趋于市场化和产业化。环保事业的市场化和产业化，主要包括两个方
面的内容。一是将污染的防治工作从原来谁污染谁治理的企业个体行为，转变为
市场经济条件下的社会分工和供求关系，形成社会上的专业化环保企业乃至环保
行业，向污染责任者提供商业性环保服务，即污染防治活动的市场化和产业化。
日本的污水处理和垃圾处理产业，已达到相当大的规模，基本做到了日产日清。
二是环保事业所需的资料、咨询、监测、人才、技术、设备、资金等各项资源供

给的市场化和产业化。日本环保设备制造业，以及与环保有关的服务业产值，已在国内生产总值中占有较高的比例。环保设备制造业已发展成为国民经济和出口贸易的支柱产业。

（二）环境保护的社会化和全民化。这方面的突出例子是，不断扩大产品设计和生产的绿色化程度及范围，与垃圾的分类利用处理相配套，垃圾产出者义务进行垃圾分装，提高资源的综合利用率，倡导生产和生活的零排放，以及对资源的循环使用等。

（三）环境保护的生活化和日常化。通过国家立法、学校教育，以及传播媒介和舆论的宣传、监督等，使爱护自然、保护环境、维护生态平衡，成为人们生活追求的目标和重要内容，从而使爱护环境、维护生态平衡成为人们一切活动的基本准则。

三、环境和生态保护立法完善标准具体

20 世纪 50—60 年代，日本因为环境污染导致的公害事件频发，当时的东京因取暖排放黑烟导致"白昼难见太阳"的情景，一些核心工业地带的空气、水体、土壤都受到不同程度的污染。因此，日本政府早在 1958 年就制定了《公共水域水质保全法》和《工厂排污规制法》，1962 年制定了《烟尘排放规制法》等，正式拉开了日本全国性环境保护的序幕。1967 年随着《公害对策基本法》的制订，有关空气污染物排放者责任认定、行政职责认定等基本明确。1970 年国会对《空气污染防治法》修订后，对污染公害标准、污染惩罚制度等又进一步明确。之后的立法工作愈加细致完善，陆续制订了有关恶臭、汽车尾气、二恶英等污染物排放的法律法规，形成完善的环境法律体系，为治理环境问题打下坚实法律基础。

日本立法机构制订的污染物排放标准非常具体。环保机构陆续对大气中 248 种成分进行了测试，对其中明确有害的成分制订了严格的排放标准，如挥发性有机化合物、石棉、颗粒物质 PM2.5 等。对烟尘等有害气体，分别针对干燥炉、金属加热炉、金属溶解炉、废弃物焚化炉等进行详细测试和规定，使得监测、处罚、治理有详细而具体的依据，不仅企业难以浑水摸鱼，也便于公众、媒体等进行监

督。对日本特有的石棉污染，也制订了具体而详细的建筑物拆除、石棉粉尘等处理操作规程，使企业有明确的操作依据。

日本还陆续在全国建立了1503个空气环境监测站和429个汽车尾气排放监测站，对空气污染和汽车尾气污染状况定点、实时监测，公开发布。对某些气体出现超标状况，及时发布警告信息。

环保措施以引导监督扶持为主，日本多数地方政府都先于中央政府推出治污对策。东京40多年前就提出了"从东京改变日本"的口号。20世纪60年代末首先从工厂、发电厂尾气为切入点，东京都政府与东京电力公司1968年签订了《发电厂公害管理协议》，东京电力公司同意将火电厂的硫化物排放总量减少近一半。在东京都政府的推动下，1971年开始限制在工厂或指定的作业场所使用的重油含硫量，东京市区内排放的硫氧化物开始减少。东京都政府在立法基础上要求机动车企业安装废气处理设备、推广低公害柴油汽车、对不达标的柴油汽车限制行驶，以减少空气中颗粒物的排放。与此同时，东京都政府对中小企业实施装备资助政策，安装设备所需的费用一半由政府补助。此外，东京都政府环保部门对空气污染的监测细致、实时、公开，所有监测点污染物状况一目了然，便于公众知晓污染、了解污染、监督污染。

东京都政府的治污举措是日本环境保护历程的一个缩影。在解决环境问题的过程中，日本政府时常通过公布全社会污染控制的总目标对企业加以引导，辅以使用能源价格等调控手段规范企业环保行为。工业污染来源主要是工厂排放废气废水废渣等，主要处罚措施为在法律法规的基础上采用谁污染谁治理的手段。虽然政府很少对污染企业进行罚款，但根据谁污染谁治理的原则，造成污染的企业很可能由于必须承担治理污染的巨额投入而破产。对于工厂在环保科研和设备方面的投入，政府给予一定的补贴，企业根据生产情况提出环保课题，并且由企业自己组织科研人员，或与院校、社会科研单位进行合作研究解决。同时政府及时公开污染监测数据，便于民众和媒体对企业进行监督。

四、企业努力探索生态环保技术

政府采取各种举措加强环境治理和保护的同时，日本企业也在努力探索减少使用资源、减轻环境负担、开发新能源、增进生活幸福感的生态环保发展之路。

以日本日化企业为例，在为消费者提供高品质日化用品的同时，把环保理念融入产品生产研发的各个环节。在原料采购环节，采用生物材料，日化用品主要以植物为原材料。产品生产环节中，严格执行工厂废弃物最终填埋处理率低于0.1%的"零排放"标准，如将生产过程中产生的塑料边角料作为资源循环利用，使用高标准的废水处理装置彻底净化工厂用水，生产垃圾则作为燃料用于发电供暖等。在新产品开发环节，使用新研发的成分，在发挥高效作用的同时减少资源浪费。在商品使用后的废弃环节，为减少消费者家中废弃物的产生，推出替换装产品，并不断开发出更便于使用且对环境产生更少负荷的产品。

日本安川电机公司自创立以来始终致力于开展保护人类与地球的尖端技术研发工作。该公司并不直接制造环保产品，而是制造节能产品的零部件。其中，针对亟需改善的全球气候变暖问题，安川电机开发了能够有效利用自然能源发电的电力高效运用系统，包括大型风类发电的转换产品零部件。

五、民众环保意识强烈理念先进

日本大多数民众具有强烈的环保意识，把环境保护视为个人不可推卸的责任。日本的大街小巷都很整洁，但很少看到垃圾桶。一般民众常常随身带走垃圾，到家里、单位或特定场合再进行分类整理。日本的垃圾分类严格有效，公共场所设置的垃圾箱一般分为"瓶子""新闻杂志""塑料""其他垃圾"四类，日本民众都会按照分类要求处理。垃圾分类常识已经成为日本学生义务教育的一部分内容。在日本，一个企业如果对环保无动于衷，消费者就会不满，市场就会淘汰其产品。也就是说，环保不仅是政府的要求，也是民众和市场的要求。

在日本，一旦出现重大环保问题，民众就会通过多样的方式，积极地参与其中，同时，民众会对政府和企业施加强大压力，呼吁有关方面必须高度重视并积极加以解决。

　　位于日本本州滋贺县的琵琶湖是日本第一大淡水湖，流域面积 3843 平方公里。20 世纪 60 年代，因周边工厂和居民排放的废水注入湖中，导致琵琶湖水域污染严重。当地民众的治污意识先于当地政府，敦促政府查明污染源并采取措施治理湖泊，同时主动从自身做起，科学处置家庭垃圾污水，拒绝使用含磷洗涤剂。当地民众也十分支持从事环境保护的官员。公众环保志愿者定期组织中小学生参观琵琶湖和周边的水污染处理设施，让他们了解琵琶湖的历史和现状，帮助他们从小树立环保意识。

　　日本的媒体是环保舆论的监督者和执行者。媒体和民众站在同一个阵营，创新报道手段和技巧，把环境污染的危害通过形象的方式传达给民众，让民众意识到问题的严重性和紧迫性。环保问题经常成为日本媒体报道的首要内容，从而在舆论上造成声势。另外，日本媒体对特定环保难题进行长时间的专题报道，全方位地跟踪和解读，体现出媒体的责任感。

　　日本媒体还意识到，媒体自身在生产经营过程中也要重视环保问题。在使用纸张、节约电能、报纸运输等方面推行细化的环保措施，力求做到"正人先正己"，树立起良好的行业形象，从而使得媒体的环保报道更有底气、更加权威。

　　经过五六十年的努力，日本的环境状况已明显得到改观，民众和企业的环保意识从无到有、从忧患到前瞻，则更值得称道。当然，随着经济发展的需要和人们生活水平的提高，日本保护环境、建设生态社会也面临新的问题。

（摘编自新华国际 2013 年 6 月 7 日）

韩国绿色成长战略对中国的启示

刘学谦　金英淑

2008 年 8 月，韩国为加强应对能源、资源危机和气候变化的能力，解决温室气体减排与经济增长之间的矛盾，在可持续发展的基础上，提出了新的国家绿色成长战略。在"适应气候变化，实现能源自立；创造新成长动力；改变生活质量，提升国家形象" 3 大战略原则的指导下，制定并实施了一系列政策措施。当今世界，发展绿色经济已经成为一个重要趋势。

第一，设立了专门的组织机构。包括绿色成长委员会等，以及民间的金融、产业、科学技术、生活等方面的绿色成长合作社。目前绿色成长委员会已经制定了包括温室气体的减排、绿色成长教育、促进绿色投资等方案，以及绿色 IT、新再生能源产业发展、绿色交通等战略。在绿色成长委员会的指导下，每半年举办一次地区绿色成长优秀事例发表大会，以此带动绿色成长战略的顺利开展；发布《2011 绿色成长指标报告》，制订了 30 个核心指标和相关的参考指标，系统地分析韩国绿色成长的变化和发展趋势。

第二，制定了诸多的政策法规。其中最重要的是 2010 年出台的《低碳绿色成长基本法》。按照该法规定，企业有义务每年汇报温室气体排放量和能源消耗量。对超标企业则下令预期内加以改善，对违规企业处以罚款。同时，该法还明文规定了温室气体排放权利，以及温室气体减排及回收、碳交易市场的有关事宜。此外又出台了《绿色建筑法》《智能电网法》，制定了低碳产品积分、低碳产品认证等制度，以及温室气体、能源的目标管理体制、减排节约目标，在政府、法律的层面上逐步完备了绿色成长的相关体系。

第三，制定了促进绿色技术研发、绿色产业投资，扶植重点绿色项目的措施。

鼓励民间 30 家大企业扩大投资规模，制定绿色技术研发综合政策，以及将 GDP 的 2% 投入绿色成长 (2009—2013) 的计划。

第四，加强了学校的绿色成长教育。2009 年 11 月，设立了绿色教育事业团，负责制定环境和绿色成长的教育课程、编排教科书、培训教师，并设立绿色教育资源中心。2010 年，中小学开设了绿色成长相关科目，并设立了绿色成长研究学校、气候保护实验学校、环境体验学校等，这些学校又设立了绿色成长兴趣小组，教育学生了解绿色成长、亲身体验绿色成长、具体实施绿色成长，使学生从小养成不浪费资源、能源的好习惯。

第五，通过电视等媒体大力宣传绿色成长。倡导全民进行生活的绿色革命，不浪费电、气、水等能源，减少废气、生活垃圾的排放，使用低碳绿色商品。倡导绿色生活方式，包括走楼梯、不使用一次性用品、少开车等。为了让人们亲身体会到绿色成长的必要性，开设了绿色成长体验馆，参观人员都可以亲身体验发电自行车，可以利用碳计算器比较日光灯、发光二极管等的电力消耗，了解电脑待机时的电力消耗等。

韩国实施绿色成长战略以来，其成果和经验也得到了国际上的认可。一是节能减排方面取得了良好的效果。2009 年单位 GDP 的温室气体排放比 2005 年降低了 0.6%；2010 年单位 GDP 的能源消耗比 2005 年减少了 4.6%，新再生能源的普及率比 2005 年增加了 0.5%；二是人民的生活质量得到了改善。2007 年到 2011 年之间，优良水的比率提升了 3.5%。特别是从 2005 年开始林木储备量以年均 7.3% 的速度增加，人均生活垃圾从 2009 年开始呈现减少趋势；三是国民的认识有了很大的提高。2010 年至 2011 年报道的主要政策中，绿色成长相关报道排行第一位，韩国官方电台的调查结果表明，国民普遍认为政府实施的诸多经济政策中比较成功的是绿色成长战略。2012 年韩国最权威调查机构的调查表明，95% 以上的国民都认识到了气候变化的严重性，认为有必要继续推行绿色成长战略；四是绿色技术水平上升、新再生能源的生产和出口大幅度增长。2005 年以来政府的绿色研发支出一直呈增加趋势。根据韩国科学技术情报研究院与韩国教育科学技术部共同制作的一份 9 个发达国家绿色技术考评表，韩国的二次电池专利水平排第一位，绿色汽车排第八位，绿色 IT 和太阳能电池排第四位，可代替水资源排第五位，5 项技术的年均专利申请数排第二位。

韩国积极主动地提出并实施了绿色成长战略，所积累的成功经验对我国推进绿色发展有一定的借鉴意义。概括起来有以下几点：

首先，推进我国的绿色发展，要高度重视培养专业人才。人才是科技的发明创造者，是先进科技的运用者和传播者。应大力培养太阳能、风能、水能等洁净能源设备系统的研发和管理人才，以及节能减排产品的设计和研发等可引领绿色产业的核心人才，并培训绿色金融等领域的业务骨干。

其次，推进我国的绿色发展，要发动最广泛的公众参与。可以利用世界环境日、世界气象日、世界无车日、全国科普日等主题日，举办一些节能减排环保为主题的研讨会、展览会等多种活动，广泛地发动公众的积极参与，以此提高公众对绿色发展的认识。

其三，推进我国的绿色发展，要把绿色发展纳入国家教育体系中。中小学应开设绿色发展的相关课程，中高等院校应陆续建立与此相关的专业，加强绿色发展教育以及科研基地建设。幼儿园教育也可以讲授简单的绿色发展的相关知识，使青少年从小认识到能源枯竭和环境污染的严重性，养成节约、不浪费的好习惯。同时，学校教育要与家庭教育相结合，共同推进绿色发展。

其四，推进我国的绿色发展，要制定和完善相关法规法律。应在已有的基础上，制定建筑、交通等各项法规，以及垃圾排放与分离等制度，加快研究制定新能源和可再生能源价格体系，强化节能减排的监管力度，把节能减排目标纳入社会发展的综合评价体系。

其五，推进我国的绿色发展，要在大力宣传的基础上注重实践体验。要通过加大宣传力度，让公众认识到绿色发展与每个人的切身利益有着密切的关系。有条件的城市还可以设立体验馆，免费向公众开放，让父母和孩子一同亲临其境地体验绿色发展的必要性，使公众认识到践行绿色发展就是走科学发展之路。

（《经济日报》2012 年 5 月 4 日）

巴西环境治理模式及对中国的启示

王友明

在发展中国家中，巴西的环境治理模式独具特色，其立法体系、治理创新、执法机制等领域的建设取得显著成效，但巴西环境治理尚面临一些新挑战，环境治理与经济社会发展之间的矛盾难以消弭。巴西环境治理的经验和教训对于中国环境治理、实现可持续发展具有一定的借鉴作用。

一、巴西环境治理的特点与经验

巴西在多年的环境治理中积累了诸多经验，许多经验具有浓厚的巴西特色，引起许多发展中国家甚至发达国家的兴趣和关注。

（一）巴西的环境立法体系健全，环境违法成本高

巴西的《环境基本法》形成于 1972 年，该法对各种污染的防治和自然资源的保护作出了细致而严格的法律规定。尽管如此，巴西的环境治理并未得到足够重视，在经济高速增长的"巴西奇迹"中，巴西付出了自然环境遭受重创的代价。为汲取深刻教训，巴西于 1988 年在新宪法中专门增加环境一章，成为世界上第一个将环保内容完整写入宪法的国家。宪法不但规定了一系列环境治理和生态保护的法规，而且确定了政府和公民保护环境的权利和义务，此举将环境治理上升到国家最高法的层面。此后，一系列涉及环保的新法律、新法规陆续颁布，这些法律和法规使巴西的环境保护立法体系进一步得到充实，内涵更加丰富，其立法细致程度和体系完善程度堪与发达国家媲美。经过数十年的探索和努力，巴西终于建成了以宪法为核心、专项法律法规为支撑的环境保护法律体系。

在巴西诸多环境立法中，"许可证制度"和"环境犯罪法"的震慑力度大，

实施效果好。如"许可证制度"规定，凡是对环境影响较大的活动，一律通过环境监管部门的事先评估与审核，否则该活动将被视为违法。"许可证制度"不但规定"事前许可"，而且在获得许可后，在每项具体操作过程中，必须获得"操作许可"，否则也构成违法。这种事前与事中都必须获得环境监管部门许可的做法使得"许可证制度"几乎到了严苛的地步。"环境犯罪法"则是从法律意义上对破坏环境的行为及其主体实行法律惩罚，惩罚内容包括查封违法工程、罚款、追究公职人员的责任、刑事监禁等。该法实行较为严厉的惩罚机制，其量刑程度甚至可与"种族歧视罪"相当。在巴西，"环境犯罪法"规定，在禁渔期和禁渔区捕鱼者，可处 1—3 年徒刑并处罚金；虐待动物者可处 6 个月至 1 年的刑期和罚金；私自采摘路边野果会被判入狱。如此惩罚力度，足以让巴西人对自然生态环境产生敬畏之心。

（二）巴西环保执行机构完善，执行机制独特

为落实环境各项法律和规章制度，巴西注重环保执行机制的构建，不但形成从中央到地方的环境政策制定与规划机构，如中央政府的环保部、大城市的环保局等环境管理机构，而且建立了由联邦政府、州政府、市政府组成的"全国环境机构的联动体系"，负责环境执行的协调工作，形成环境管理与执行的"三位一体"架构。巴西环境执行机构的完善和独特之处还表现在：一是为了监督、评估环保项目的实施和完成情况，巴西环境部专门设立"执行秘书长"一职，协助环境部长监控、协调、评估各秘书处的工作，并监督、协调和完善部门年度工作计划和预算，以促进环境部内部职能调整和公共政策实施。二是在环境管理和执法上，巴西组建"环境执法队"，统一着装，行使环境监督管理的职能，并将遥感卫星等高新技术应用于环境监督管理。三是根据巴西宪法规定，巴西联邦机构可介入环境执法行动，形成独特的"环境检察司法"，有力地增强了环境执法力度。四是巴西每家大中型企业中均有环保官员常驻，负责监督企业的环保行为，企业一旦被发现有破坏环境的行为，常驻官员则对企业的发展实施一票否决权。此外，针对亚马逊地区的环境治理，巴西政府专门成立了"亚马逊协调秘书会处"，重点负责该地区的自然保护和环境法规的执行情况，实施"亚马逊可持续发展计

划"，促进巴西热带雨林的生态保护。

（三）"多方联动，官民并举"治理环境

巴西不仅在政府管制层面出台严格法律规范公民的环保行为，而且在企业和公民社会的层面出台诸多措施，鼓励企业、公民参与环保，提升公民的环保热情和意识，形成政府、企业、公民"三体联动、官民并举，共同参与"的环保治理格局。在联动机制推动下，巴西一些地方政府出台互惠性法规，提升居民参与环保的积极性，在诸多民间与政府互动的创意中，"绿色交换"项目广受欢迎。该项目由市政府牵头，主要内容是：引导市民将生活垃圾，诸如纸类、金属类、塑料类、玻璃类、油污类等垃圾收集起来，送到附近的交换站，交换西红柿、土豆、香蕉等食品。"绿化换税收减免"项目也取得很好效果。如巴西南部的库里蒂巴市的法律规定，凡在各自庭院或者房屋周围植树种草、进行绿化的家庭，可根据绿化面积的大小减免房屋土地税和物业税；相反，如果私自毁坏甚至移栽树木植被，则可能面临牢狱之灾。对此，巴西环境署通过卫星实时监控，让人不敢有任何侥幸心理。在巴西，绿色已经成为公民居住和工作环境的主题，巴西全国上下形成了人人爱护自然，人人共享环境、人与自然和谐相处的良性互动态势。

（四）环保投入力度大、环境治理创意多

巴西政府高度重视环保投入，不惜投入巨资保护环境。尤以亚马逊地区生态保护的投入最为显著，仅在1991—2000年的十年间，巴西政府就投入近1000亿美元。此外，巴西政府几乎每年都向钢铁、造纸和纸浆等易造成污染的企业提供优惠环保贷款。以2013年为例，巴西在设备、工程、咨询服务、污染控制及清理项目投资金额将高达107亿美元，其中46亿美元投入水和废水处理，固体废物处理约为50亿美元，空气污染控制为11亿美元。

为从严治理环境，从20世纪70年代末起，巴西历届政府不断推出环境管理的新计划、新措施和新手段。如"消除破坏臭氧层计划""国家森林计划""亚马逊可持续发展计划""城市垃圾回收再利用网络""机动车尾气治理行动""环境监测第三方执行"等等，其中，治理汽车尾气污染取得瞩目成就。"机动车尾气治理行动"规定，新车必须安装尾气净化装置，汽车燃油必须添加25%的乙醇。目前，巴西绝大部分汽车均使用汽油与乙醇的混合燃料，成为世界上唯一不用纯汽油做汽车燃料的国家。巴西政府最近推出新规，从 2014 年 1 月 2 日起，开始全面销售新型环保汽油。巴西国家石油管理局表示，这种新型汽油可以减少 94% 的硫排放，不但有助于降低老旧车型废气排放的污染指数，而且有助于减少硫酸盐的形成，从而避免敏感人群因吸入过多汽车尾气而发生呼吸道和心血管疾病。在实施"环境监测第三方执行"进程中，巴西淡水河谷成为成功的典范。作为全球最大的铁矿企业，巴西淡水河谷所有的环境监测均由第三方完成，企业涉及环境的一举一动始终处于第三方监督控制之中。在外部监测机制的倒逼下，企业内部也自觉守法，狠抓环境管理，建立自己的自然保护区。经过多年的建设，淡水河谷已经建成了 4 种生态系统，有 2800 多种植物种类、数百种动物。淡水河谷的可持续发展在经济、社会以及环境方面的表现都符合全球报告倡议组织（GRI）的标准。此外，在诸多举措和创新手段中，巴西的"自然保护区制度"较为成功。为保护自然资源的可持续利用和生态维护，巴西推行自然保护区制度，如亚马逊热带雨林保护区、大西洋沿岸森林保护区、湿地保护区等等。巴西宪法规定，联邦政府、州、市必须承担保护区的设立和管理责任，确保自然公园和生物保护区的可持续发展。

（五）注重环保教育，根植环保理念

巴西政府将环保教育以立法形式加以确定，根据《环境基本法》，巴西全国中小学必须开设环保教育课程，因而从 20 世纪 70 年代起，环保课就成为巴西中小学生的必修课，旨在告知学生环境保护的权利和义务，教育学生从小认识环保的重要性及违法的危害性，以及在中小学普及如何进行垃圾分类、辨别生活用品是否环保等环保常识。1999 年 4 月，巴西正式出台《国家环境教育法》。该法明示，加强环保教育是政府带头、全社会共同参与的职责所在，各级教育机构责无旁贷，必须开展环保教育，各企事业单位、媒体等社会主体必须明确自身所承担的，并须积极履行的环保教育与宣传的责任。目前，环保教育氛围尤为浓厚，公众的环保意识已经成为自觉自愿的行为。在巴西，公民植树造林、种草栽花成为风气，爱护环境已经成为自觉习惯，这种现象与巴西在青少年中狠抓环保教育不无关联。

（六）巴西民间环保组织活跃

巴西环境治理取得良好业绩，既与政府人力治理环境相关，也与巴西民间环保组织的辛勤工作息息相关。在巴西，民间环保组织尤为活跃，他们忙碌于环境保护的各个领域，既有普及环保常识、动员参与环保活动、技术含量相对较低的民间组织，也有配合政府环境管理、向政府提供环保信息、参与环境法律诉讼的专业组织，更有运用环境保护和监测技术、改善环境质量和提高监督手段、具有高科技背景的民间组织。在众多民间环保组织中，"亚马逊人类与环境研究所"(IMAZON)最为著名，它为亚马逊地区自然保护作出了杰出的贡献。

经过多年不懈的努力，巴西环境保护取得积极成效。根据巴西科技和创新部公布的数据显示：2010 年，巴西温室气体排放量为 12.5 亿吨二氧化碳当量，较 2005 年减少 39%，已完成 2020 年减排目标的 65%。2012 年，巴西温室气体的排放量约 14.8 亿吨。数据分析指出，排放大幅降低的原因在于，巴西的森林砍伐量大幅降低，直接导致温室气体排放量减少 76%。

二、巴西环境治理面临的挑战与障碍

尽管巴西环境治理取得不俗成绩并赢得国际社会的肯定与赞许，但巴西环境治理所涉及经济社会等领域的深层次矛盾并未得到解决，利益纠葛和发展理念依然是诸多矛盾的焦点和症结的根源。

（一）环境保护与经济发展之间的矛盾难以消弭

巴西政府汲取既往的深刻教训，誓言不再以牺牲环境的代价换取经济的一时发展，但是在付诸实践时，尤其当政府部门在顶层设计和制定规划时，决策者经常在环境保护和经济发展的两难之间做出不利环境的抉择，特别是在一些经济相对不发达的地方州、市，环境治理往往让位于经济发展。一些州急于脱贫致富而将发展经济置于优先考虑的地位，如为了吸引外资而修建机场，当机场征地涉及环境问题时，州政府官员设法修改地方环境法规，为经济发展违规开"绿灯"。又如，为了经济发展，巴西政府对一些长期实行的环保政策也"开了口子"，在亚马逊地区放开伐木、放牧、开发等活动。由于这一环保政策的松动，亚马逊地区作为地球最大的雨林区正遭受日益扩大的农业、采矿、基础设施建设等项目的破坏。巴西官方公布的数据显示，2012年8月至2013年7月间，林区已有2766平方公里雨林消失，面积相当于两个洛杉矶大小。亚马逊森林监测机构IMAZON的数据也显示，2013年，亚马逊雨林退化率比2012年几乎上升一倍。科学家和环保工作者警告，如若政府不采取有效措施，有可能使巴西政府多年来在防治亚马逊森林退化方面取得的成绩功亏一篑。

（二）环境执法机制有待进一步完善

尽管巴西拥有相对完整的环境立法体系和执行机构，但是受巴西历史因素和制度性因素的影响，巴西行政部门官僚主义、贪腐成风的痼疾在自然保护和环境管理方面也有所体现。巴西未能形成统一、严格、高效的管理和执行体制，不但出现有法不依、执法不严、暴力违法、政治干预、司法透明度低、司法诉讼过程漫长等现象，而且执法部门之间、区域之间缺乏有效的协调机制，环境治理不仅在卫生、能源、司法等多个部门，而且在州、市、联邦政府之间，常引起管辖权的争端。"一政多门、一区多政"的现象凸现。巴西环境执法机制的提高有待于国家整个司法行政制度的改革和完善，完全排除行政干预的羁绊、实现真正意义上的司法独立尚需时日。

（三）既得利益集团与环保组织之间的矛盾难以化解

环保组织在巴西环境保护和治理环境过程中功不可没，但它们的行为严重冲击牧场主、农场主、矿主、森林采伐者的既得利益。一方面，这些既得利益集团拉拢腐蚀环境管理官员，进行利益交换，致使一些环保组织发起的环境诉讼受到干扰。另一方面，他们打击、迫害那些不愿与他们合作的环保组织和环保人士，一些著名环保人士甚至为此付出了生命代价。

（四）城市化进程加快与城市污染加重并存

巴西的城市化进程在发展中国家中名列前茅，早在2008年时，巴西的城市化率就已达到86%。然而，在城市化带来现代与繁荣的同时，城市治理的压力与日俱增，城市环境污染日趋严重。由于人员大量流入城市，并且主要集中在圣保罗、里约等特大城市，加之就业、住房、社会救助等配套措施的脱节，产生了大批城市失业者和无居者。这些人只得"靠山建房，山上建屋"，形成巴西"穷人上山"的景观。由丁穷人区地势较高且缺乏卫生设施，家庭污水直接流向低注处，污染街道与河流，使得污染更难治理。即使在山下的城市中心区，由于城市的急剧膨胀，造成工业垃圾、建筑垃圾、生活垃圾泛滥，以圣保罗为例，每年产生400多万吨垃圾，其中一半是家庭和商店排出的废弃物。此外，由于城市化进程带来的机动车数量迅速增加，进一步造成了城市污染程度不断加重。

三、巴西环境治理对中国的启示

巴西环境治理的成就可圈可点，其丰富的经验对中国环境治理和实现经济发展转型升级具有一定的借鉴作用。

首先，巴西的环境立法高度和执法力度值得借鉴。尽管大多数发展中国家认识到环境保护的重要意义并加以立法，但是，像巴西那样将环境立法提高到宪法高度，实属罕见；有法不依、执法不严是发展中国家的普遍现象，但巴西将破坏环境罪与"种族歧视罪"相提并论，加以严厉惩罚，有效地震慑了犯罪，收到良好的效果。在中国，政府对于企业和个人破坏环境的惩罚偏轻，不足以使全社会引以为戒，应借鉴巴西环境严格执法的机制，以达到破坏环境如同"触碰高压线"的社会效应。

其次，巴西的环保教育理念值得学习。巴西公民自觉、自愿的环保意识和行为与浓厚的环保教育氛围密切相关。巴西将环保教育纳入中小学必修课程，为全民从小树立环保意识打下良好基础，也为政府环境治理提供了良好的舆论氛围和思想支撑。在中国，环保知识的传授仅零散地见诸于小学课外阅读的一些文章中，将环保课纳入选修课的学校凤毛麟角，更遑论将其设为必修课。中国教育部门应借鉴巴西经验，组织环保专家和教育专家编写环保教材，可先在小学阶段开设环保选修课，开展课外环保实践活动。在中学阶段开设一学期的环保必修课，努力打造全民环保意识的思想基础。

再次，巴西的环保创意值得借鉴。巴西政府为了治理环境，可谓"点子出奇、创意不断"。其中"绿色交换""卫星摇杆监控""绿化换减税"等创意受到广泛欢迎，政府、企业、非政府组织、公民社会多方互动，多边受益，达到共赢的效果。中国在促进全民环保治理中，政府大包大揽，措施相对单一，创意不足，公民积极性尚未得到充分调动，可从巴西诸多创意中引进一二，择情加以推广。

最后，巴西的环保投入、科技创新值得中国反思。巴西在环保投入舍得下"血本"，尤其是在发展可再生能源领域，政府不惜投入巨资，换来的是环境的改善、环保产业的升级，可再生能源的开发走在世界前列。中国可借鉴巴西"甘蔗提炼乙醇"的成功案例，选择一个突破口，加大投入力度，加强科技研发，力争打造环保领域的"中国品牌"。

中巴两国应该加大在环境领域的合作与交流力度。中巴拓展环境合作的可行度较高，一方面，它们具有诸多利益契合点，如：两国在环境保护和气候变化上的基本原则一致；两国发展"绿色经济"的理念一致；两国发展转型的任务相似，国际合作的诉求相同。这些利益汇合点为中巴深化环境合作提供了坚实基础。另一方面，中巴拥有诸多环境合作的潜在领域，如：在环境立法和执法、环境管理模式、环境教育、工业污染源控制、发展绿色经济等，两国在这些领域各有所长，可通过合作，取长补短，共同提高环境治理能力。更为可行的是，中巴制定的《十年合作规划》已经为两国的环境合作制定了路线图和合作重点，该规划将指导两国未来十年在包括科技创新、新能源在内的诸多领域的合作。未来，中巴在气候变化、清洁和可再生能源、绿色经济等领域的合作将把两国的环境合作推向新阶段。

（《当代世界》2014年第9期）

南非建立健全生态环境保护机制

宋国君 任慕华 时 钰

南非全国设有 422 个大型生态环境保护区，面积总计 6.7 万多平方公里，无论从数量上还是占国土比例上，均为世界之最。南非的生态环境保护区大都是野生动植物比较集中的山坡草地、海滩海湾、风景名胜和文化古迹，这些保护区凸显了南非人对大自然的热爱和保护大自然的强烈意识。

除了大面积的自然保护区以外，南非一些大中城市还利用自身地理的特点，建设了大批形式各异的植物园。其中行政首都比勒陀利亚开设的植物园收集有近百万种非洲和世界其他地区的植物标本，数量之多为南半球同类植物园之冠。

生态环境保护一直伴随着南非的发展和建设，是政府审批国家工程项目设计中的重点内容。南非宪法规定，生态环境保护是各级政府的必尽职责。在南非，除环境和旅游部外，农业和土地事务部、水利和林业部、矿业和能源事务部以及卫生部也设有环保监督职能部门。这些部门在制定和执行国家环保标准方面协调行动，相互监督，形成了严密的环保机制。南非政府历来注重在青少年中培养环保意识。政府发表的《环境保护政策白皮书》特别要求各地教育部门把生态环境保护知识列入学校正式和非正式课程，务必使环保意识深入人心。在南非，保护大自然、保护动植物已形成一种可贵的社会风气。南非旅游城市开普敦两处著名景点企鹅滩和海豹岛的形成与当地居民的环保行动密不可分。

开普敦东海岸西蒙镇的企鹅滩原为一处普通的小海湾。1982 年，2 只非洲企鹅来到这里安家，当地居民自发地对它们进行保护，吸引了更多企鹅的到来。随着企鹅数量的增加，政府和动物保护组织将这里辟为自然保护区。经过 20 多年的繁衍，企鹅滩的企鹅数量现已超过 3000 只，成为各国游客的必到之地。海豹岛原是开普敦豪特湾海域的一个礁石岛。过往渔民发现常有海豹在礁石岛上晒太阳，就抛下捕获的小鱼喂养它们。这里的海豹因此越聚越多，现在已是成千上万。

南非政府在营造良好自然环境的同时还非常重视减少环境污染。比如，为保证农药的安全使用和减少其对环境的损害，南非严禁使用任何可能污染环境和损害人畜健康的农药。主管农业和卫生的部门还联合规定：凡投放南非国内市场的各种农药必须同时具有这两个部门颁发的产品合格证。

此外，废物回收和利用也是南非环保工作的重要组成部分。南非回收利用的废旧纸张占国内纸张总产量的37%，废旧塑料制品的回收率达到17%，高于美国和欧洲的一些发达国家。

（新华社 2008 年 12 月 16 日）

新加坡处理城市垃圾有看点

陶 杰

新加坡作为一个城市国家，人口密度大。城市化带来的所有问题，如水资源短缺、交通拥堵、城市垃圾等等，新加坡都遇到过，但是新加坡政府根据自己的国情，详细地制定了各种相应的策略和措施，使新加坡不仅变成了一个花园城市，更是亚洲首屈一指的宜居城市。而其中的城市垃圾处理，成为新加坡环境保护的最大亮点。

"把握绿色经济机会、尝试各种新的科研技术、努力推广绿色环保的商业模式和解决方案，力争把新加坡发展成为全球洁净科技中心"，这是新加坡政府近年来为打造一个新型的城市国家和国际性大都市而发出的行动口号。

一、焚化技术使 90% 被烧掉的垃圾转换成了电力

发展环保产业是一个现代化国家的首要标志，而首当其冲的就是垃圾处理问题。根据新加坡"环保绿化计划 2012"计划，新加坡目前已经达到 60% 的垃圾再循环利用率。为了减少垃圾的存储量，新加坡用焚化技术来减少垃圾体积。在焚化垃圾的过程中，90% 被烧掉的垃圾转换成了电力，只剩下 10% 的固体垃圾需要填埋。

目前，新加坡 3% 的电力是由垃圾焚烧产生的，大约是新加坡主岛上所有路灯用电量的 3 倍。如此一来，不仅大大延缓了垃圾填埋场被"填满"的进度，而且还能利用最新的科研成果把再循环的灰烬与淤泥，经过烘干颗粒化处理，转化成为有用的建筑材料。

二、使用混凝土再生材料，建筑垃圾再循环率已经达到98%

据新加坡国家建设局统计，新加坡每年大约有40个私人住宅、20个商业大厦、30个工业厂房以及40个杂项建筑的大型拆除项目，由此而产生出大约150多万吨的混凝土废料。以前这些废料大多被送往垃圾场填埋，少部分被用来当作铺建临时道路的材料。从2011年起，新加坡政府开始允许建筑开发商使用再生混凝土骨料来建造不超过20%的建筑物结构。据科学测试，再生的混凝土骨料可以直接取代普通石头，用在建筑结构中，即使建筑物百分之百使用再生混凝土骨料也没有任何问题。此举不仅可以让建筑过程更加环保，而且还提高了新加坡建筑材料的自给自足能力。与此同时，新加坡建设局还规定，任何一个建筑项目如果希望使用超出目前20%限额的混凝土再生材料，那么所使用的混凝土质量必须达到该局的要求标准。

根据新加坡国家环境局的最新数据显示，新加坡本地的建筑垃圾再循环率已经达到98%。有专家指出，再生混凝土材料在密度和强度方面都达到了标准，既减少了制造新混凝土时所产生的二氧化碳，同时也减少了对进口建材的依赖，可谓一举多得。

三、电子垃圾回收拆解再利用，成为城市垃圾处理的新产业

历经工业革命化300多年的掠夺式开采，目前全球80%以上可工业化利用的矿产资源已经从地下"转移"到了地上，并且以"垃圾"的形态堆积在我们周围，总量已达数千亿吨，并且还在以每年100多亿吨的数量在不断地增加。新技术的实用化不断推动全球消费电子市场的蓬勃发展，但同时也带来一个不可忽视的环境问题——电子垃圾，如何处理和回收这类难以自然降解的电子垃圾对许多国家来说都是一个难题。新加坡国土面积虽小，却是东南亚最大的电子垃圾回收市场之一，新加坡希世环保公司就是一家专门处理电子垃圾的公司。

据介绍，那些看似已经不能使用的电冰箱和洗衣机，其实全身都是宝。以一台55公斤重的电冰箱来说，其中63%的重量是铁皮外壳，17%的重量是外壳的塑料层，2%是玻璃隔板，而冰箱底部的压缩器占总重量的17%。拆解后的冰

箱铁皮和压缩器铁壳能被磁铁吸起来，而铜和铝的部分则受电磁波吸引，这些不同属性的金属经分门别类压成碎片后可以重新制成合金或金属块。至于塑料层和隔热泡沫，则可通过化学反应转化成工业燃料。据调查，新加坡目前大约有 114 万户家庭，假设每户家庭都有一台冰箱，而冰箱使用期为 10 年的话，那么每年将有十分之一的冰箱面临报废，这相当于每年大约有 10 多万台旧冰箱可供再循环拆解。由此可见，电子垃圾回收市场巨大，而作为一门产业，前景十分广阔。

四、开发洁净能源，以减少对传统能源的依赖

长期以来，新加坡政府一直认为，洁净能源的开发对新加坡具有战略意义，不仅可以减少对传统能源的依赖，而且有助于经济的进一步增长。

新加坡目前在西部地区的登格水库进行的水上太阳能光伏浮岛试点项目，就是出于洁净能源开发的考虑。据悉，这也是东南亚地区第一个太阳能浮岛项目，新加坡希望通过这个项目的试点，探讨水上太阳能浮岛能否在新加坡有限的国土上进一步开拓出新的能源渠道。据了解，太阳能浮岛不但能够合理利用土地资源，也能够减少水的蒸发。另外，它在水面上的遮蔽处可以减少水藻的生长，同时较低的水温也有助于提高浮岛产电的效率。若以每个月消耗 400 千瓦的能量来计算，登格太阳能浮岛可以为 450 个居住在四房式组屋的新加坡家庭提供一个月的电量。

新加坡的城市垃圾处理，其基础是新技术的开发和利用。新加坡国家科研调查报告认为，智力资本将是新加坡下一阶段经济发展的关键。一般来说，新加坡政府每投入 1 新元的研发资金，就可以带动 2.5 新元的私营企业资金，目前新加坡每年的研发经费约占国内生产总值的 3%。

（《决策探索》2013 年第 19 期）

英国治理伦敦大气污染的政策措施与经验启示

崔艳红

英国首都伦敦以往素有"雾都"之称，主要是由于煤炭的大量使用和人口的急剧增长而导致严重的雾霾。1952 年 12 月 5 日，一场前所未有的大雾弥漫整个伦敦城。据统计，毒雾发生的时候，空气里的二氧化硫含量增加了 7 倍，烟尘增加 3 倍，每天有 1000 吨烟尘粒子、2000 吨二氧化碳、140 吨盐酸和 14 吨氟化物以及 370 吨二氧化硫转换成 800 吨硫酸被排放到伦敦的空气里。空气中污染物数量是正常年份的 10 倍，浓度达到每立方米 4.46 毫克。随着空气中的有害物质不断增多，空气质量明显下降，室外能见度几乎为零。12 月 10 日，一股来自北大西洋的冷空气到达伦敦，这次历时 5 天的伦敦烟雾事件才算结束。在这次严重的空气污染事件中，整个英国有 12000 人因空气污染而死亡，伦敦则有 4000 余人丧生，有的是死于毒雾引起的气管炎、肺病和心脏病等，有的则是因为能见度低导致交通事故或掉入泰晤士河而死亡。

针对这次毒雾事件，英国政府大力采取措施进行雾霾治理，取得了显著效果。经过半个多世纪的铁腕治理，如今伦敦每年雾天不足 10 天，蓝天白云重现。目前，中国也面临大气污染问题的困扰，尤其是北京等一线大城市雾霾较为严重，而英国治理大气污染的有益经验值得借鉴。总体来看，英国政府主要从政策立法、清洁能源和城市建设三个方面对城市大气污染进行有效治理。

一、政策立法措施

政府是治理大气污染的主导性力量，而法律、法规和政策是政府开展治理的主要手段。面对严重的大气污染，英国政府迅速制定出台了一系列法律法规，其中具有代表性的是 1956 年的《清洁空气法》和 1974 年的《污染控制法》。

1952 年伦敦毒雾事件发生后，英国卫生部迅速反应，马上成立了一个内部的质询委员会，1953 年又成立了休·比弗（Hugh Beaver）主持的公共质询委员会。这一委员会工作效率极高，在 6 个月里就做出了中期报告，并在一年后提交了最终的报告。比弗委员会估算了这次空气污染造成的直接经济损失在 1.5 亿到 2.5 亿英镑之间，占英国国民收入的 1%—1.5%。这份报告肯定了一项原则："净化空气就像净化水源一样十分重要，认为恢复良好空气质量的成本比起继续污染要低得多。该委员会最终建议：所有人口稠密地区的烟尘应在未来 15 年内减少 80%"。1955 年 11 月，以比弗报告为基础的《清洁空气法》在下院二读通过，1956 年正式生效。这是一部将伦敦烟雾事件的教训具体化了的法律，它不仅规定具体，而且执行方法十分简便，同时也是一部控制空气污染的基本法，它第一次以立法的形式对家庭和工厂所产生的废气进行控制，包括了除《制碱法》控制对象以外的企事业单位、居住或非居住房屋、汽车等所排放的黑烟、灰尘和煤灰等等。1952 年伦敦毒雾事件的罪魁祸首之一就是企业和家庭的燃煤污染，因此，《清洁空气法》的主要内容就是关于燃煤排放的，具体内容包括：

第一，设立无烟区。无烟区是指全面禁止排放任何烟尘的地区。在无烟区内，任何企业、家庭和工厂都不得向大气中排放烟尘。企业必须使用清洁能源，使其排放符合政府的标准；居民必须使用无烟煤，或者必须使用电和煤气等，为此，必须改造旧炉灶。炉灶改造费的三成由居民本人负担，剩余的则由国家和地方公共团体予以补贴。地方公共团体还应调查研究炉灶和燃料，向居民推荐效果好的新设备和燃料，鼓励居民使用，并加以推广。对违法者要处以每天 10—100 英镑的罚款。

第二，确定烟尘控制区的标准。该法令对烟尘控制区居民使用炉灶的构造和燃料都做了详细的规定，除非是使用"批准的燃料"或"炉灶"引起的烟雾，否则从房主的烟囱排放烟雾是违法的。批准的燃料包括煤气、电、天然气或加工的固体无污染燃料。允许使用的炉灶通常为闭路型，能够烧煤而不产生烟雾。该法明确煤、油和木材在烟尘控制区内不可作燃料使用，除非使用法规允许的炉灶或不产生烟雾的排放，不能在烟尘控制区使用废物焚烧炉，甚至那种垃圾箱带有烟囱的简易焚烧炉也在禁止使用之列。禁止排放黑烟，其色度以林格曼 2 级为标准，超过这一浓度标准的黑烟排放，全面予以禁止。同时，政府通过补贴的办法帮助居民改造燃具。禁止市区和近郊区所有的工业企业使用煤和木柴等，产生的废气也必须用化学和物理方法加以净化，达标后方可排放。第三，对烟囱的高度和其他相关事项作出规定。有关研究表明，烟囱高度的提高有利于烟雾的减少，烟囱高度增加一倍，可使地面烟雾的浓度减少到原来的 1/4；当二氧化硫的排放总量与燃料用量成正比时，高烟囱可以使地面空气中的二氧化硫含量减少 30%。为此，政府根据《清洁空气法》发布了有关提高烟囱高度的通告。该通告规定，工厂烟囱的高度最低必须为建筑物的 2.5 倍。该法允许地方公共团体制定建筑条例，并从防止烟害出发，实施对建筑物的控制。地方公共团体在审核某项目的建筑申请时，如果发现建筑物的烟囱存在着因其排放的物质有害于人体健康而发生公害的情况，或者烟囱因不具备足够的高度，不能去除煤烟和有毒物质，就有权拒绝批准该项目。该法还要求具备一定规模以上的设备应安装除尘装置。1968 年 10 月 25 日，英国政府对 1956 年的《清洁空气法》做进一步完善，规定了烟尘污染控制区、烟囱和冶炼炉的高度，并授权国务大臣制定新冶炼炉在实际可能范围内无毒化的细则。

《清洁空气法》取得了良好的效果。该法案实施 10 年后，工厂烟尘排放量减少了 74%。此后，英国政府根据大气污染情况的具体变化，先后制定实施了 1968 年《清洁空气法修正案》、1974 年的《污染控制法》和 1993 年《清洁空气法案》等等。1968 年《清洁空气法修正案》专门增加规定，在烟尘控制区内销售和使用不合乎标准的燃料将被处以 20 英镑的罚金，同时，政府提供相应的补助费用，鼓励烟尘控制区的居民使用电、天然气等清洁燃料。1974 年的《污染控制法》中的第四章第 75 条至第 84 条关于防治大气污染的条款，规定国务大臣有权制定发布控制机动车燃料成分和石油燃料含硫量的规定；政府有权收集和发布辖区内大气污染的情报，排污者必须提供与其排放有关的资料，拒绝提供会被处以罚金。1993 年《清洁空气法案》则在 1956 年和 1968 年《清洁空气法》的基础上，根据具体情况的变化增加新的内容。2008年英国议会通过了《气候变化法案》，以法律形式规定了英国政府在降低能源消耗和减少二氧化碳排放等方面的具体目标和工作，政府承诺到2020年削减25%—32%的温室气体排放，到2050年实现温室气体排放降低60%的长期目标。此外，英国颁布的有关控制空气污染的法令还有《公共卫生法》《放射性物质法》《汽车使用条例》以及《各种能源法》等。健全的法律法规是政府治理伦敦的空气污染、保护城市环境的重要基础。

二、城市建设措施

为了防控大气污染，英国政府在城市建设方面采取了一系列措施，主要包括建设卫星城、工业搬迁、城市绿化等方面。

早在20世纪30年代，伦敦政府发现了城市密集的人口和过多的工业企业带来的污染问题，开始采取措施促进人口、工业分流，将一些污染严重的工业企业引向郊区，减轻中心城区的环境压力。1937年，英国政府为解决人口过于密集的问题，成立了"巴罗委员会"。该委员会于1940年提出"巴罗报告"，认为伦敦地区工业与人口不断聚集，是工业所起的吸引作用。据此，他们提出了疏散伦敦中心区工业和人口的建议。1943年，又公布了帕特里克·艾伯克龙比起草的《伦敦郡规划》，但是战争之中无法确保这些计划的有效实施。二战之后，政府根据《伦敦郡规划》，开始在伦敦的发展规划中保持较低的人口密度，放缓伦敦市内住宅建设，争取将人口密度保持在每英亩136人左右，市中心小部分地区可提高到200人。其他人口迁至距市中心20—35英里的新建和扩建的城镇中。

为此，政府在伦敦远郊新建了斯蒂夫尼奇、赫默尔亨普斯特德、克劳利、哈洛、哈特菲尔德、韦林、巴西尔登、布拉克内尔8个新城镇。20世纪60年代末，又在伦敦城市以北和西北地区兴建了彼得伯勒、米尔顿凯恩斯、北安普顿3座城镇。这些新城镇环境好，空气质量佳，生活费也比较低，因而吸引了大量市民迁入。20世纪60—70年代，伦敦以每年大约10万人的速率向外迁出人口。内伦敦的人口数量1961年为320万人，1983年降至235万；外伦敦1951年为500万人口，

1983年降至了440万。从1967年到1981年，伦敦中心区和内城区人口减少了25万，整个大伦敦地区人口下降了13%。

　　工业企业是伦敦大气污染的主要源头。1945年，政府通过了一项工业分布法案，这一法案成了后来所有地区规划的基础。1952年毒雾事件后，伦敦政府加速了工业搬迁的步伐。新建的卫星城企业税比较低，政府还给予了一定的补贴，因而吸引大批企业进驻。新城企业由原来的823家，增加到2588家。工业企业的迁出降低了大气污染，1952到1953年间，工业污染占污染负荷的9%，到1961年，这一比例降低到3%，并在此后的20年中继续保持了这一降低趋势。同时，伦敦的城市职能从原来的工业制造业中心逐渐转型为金融、商业和服务业中心，70年代中期，伦敦的70%工作岗位在服务业，在市中心则高达80%。到80年代，伦敦市区已不再是工业集中区，市区内主要是一批无污染的酒店、商店及文化娱乐场所，市中心的外围一般是住宅和职工宿舍，再外围是各种轻工业和服务行业。这些行业对环境污染较轻，又与市民生活关系密切。一些重型企业和航空、汽车等制造行业则设置在距市中心50公里的最外围。城市绿化对改善城市环境质量的作用很大，绿地在调节小气候湿度、温度和光照、杀菌和降低大气污染物二氧化硫、一氧化碳和二氧化氮等方面都有不可忽视的作用。早在1944年，政府就制订了《大伦敦规划》，提出了修建环城绿化带的计划，规定伦敦周围8个郡必须设立绿化带。1952年毒雾事件后，政府正式批准了这个计划并积极推动其实施。1954—1958年间，一条宽8—10英里的绿化带在伦敦外围地区建成。整个绿化带面积超过了9万英亩，占大伦敦面积的23%。绿化带内只准造林育草，不许修建房屋，不但美化环境、净化空气，还有效阻止了城市的过分扩张，这是伦敦城市绿化的重要特征。此后，政府一直不断扩大绿化面积，到了80年代，伦敦绿化带的面积扩展至4434平方公里，而城市面积为1580平方公里，绿化面积是城市面积的2.82倍。1991年伦敦市的公共绿地面积达17245平方公里，人均公共绿地面积为140.18平方米，绿地覆盖率达到了伦敦总面积的42%。伦敦绿地对城市空气质量的改善与提高起到了积极的作用，大面积的绿地促进了空气的流通、吸收分解空气中的污染物，有效抑制大气污染，还可以美化城市景观，提高人们生活质量，可谓一举多得。

三、清洁能源措施

这一时期伦敦雾霾的重要污染源头是企业排放、汽车尾气和家庭取暖的煤烟，其本质都是能源问题，因此英国政府采取措施，改善能源结构，鼓励使用电力、天然气等清洁能源，以此改善空气质量，取得显著效果。

20世纪50年代，伦敦有关部门经过研究，发现工业及家庭用煤是主要污染源。这一时期伦敦市区出现以燃煤发电厂为代表的一批工厂，它们的工业燃料和动力来源都是煤炭；另外，家庭取暖也主要使用煤，大量煤烟排放到大气中，成为伦敦雾霾的主要成因。除此之外，煤炭在燃烧时释放的二氧化碳、一氧化碳、二氧化硫、二氧化氮和碳氢化合物等物质排放到大气中后，会附着凝聚在雾气上，在城市上空形成"逆温层"，使空气中的烟尘无法消散，加剧了雾霾的严重程度。为此，政府采取了一系列措施以改变能源结构，加大清洁能源的比例，用天然气和电力等代替煤。1965年，英国北海发现了天然气，此后陆续发现了6个大气田，由此天然气逐步取代了煤。1965年，英国的天然气只相当于130万吨煤的能量，但到1980年就已达7110万吨，增长了53.7倍。煤的使用量则大为减少，其中家庭用煤由1954年的363.9万吨下降到1962年的144.5万吨。1965年，煤在燃料构成中的比例为27%，电和清洁气体燃料占至24.5%；1980年煤的构成比减少到5%，仅限于工厂使用，天然气和电力所占比重则提高到51%。到20世纪80年代前期，伦敦市区已经全部使用燃气和电力，在乡村地区也用经过低温干馏的低硫煤取代了原煤。

含硫量比较高的燃料油及其衍生产品如液化石油气等，也是造成空气污染的重要因素。由于这一时期英国开始采用含硫量高达3.5%的燃料油，加重了对空气的污染。鉴于此，伦敦市政府通过立法，规定其行政区和市中心商业区不得使用硫含量超过1%的燃料油。后来1974年《污染控制法》将伦敦市的这一政策吸收进去，在全英国执行，规定英国其他地方燃料油中硫的含量也不得超过1%。自20世纪70年代的石油危机以来，伦敦主要能源已从石油和固体燃料平稳地过渡到以电力和天然气为主，1999 年在能源结构中，天然气占一半以上，电力占到近 1/5。

近年来，英国政府还颁布了一系列推广清洁能源的方案措施，包括可再生能源战略、低碳工业战略和低碳交通战略等。政府积极支持绿色制造业，研发绿色技术，从政策和资金方面向低碳产业倾斜。2009 年英国向低碳经济新增投入 14 亿英镑，包括海上风力发电 5.25 亿英镑，企业、公共建筑和家庭提高能源、资源的使用率 3.75 亿，风力和海洋能源技术、可再生能源技术等低碳供应链产业 4.05 亿，碳捕捉项目 6000 万，小规模和社区低碳经济发展 7000 万。英国财政部还出台了气候税减征制度：根据自愿原则，企业主与财政部签订协议，核定每年污染物减排目标，如期完成任务就可以减免 80% 的气候税。气候税及其相关配套措施的实施取得了令人满意的效果，许多大企业纷纷与财政部签订协议，其中很多企业超额完成任务，为整个国家的减排行动带来了巨大的正面效应。这些措施都有效推动了清洁的可再生能源的使用，进一步降低了大气污染。

由于采取了多方面的治理措施，伦敦的大气污染得到了有效的控制。据统计，1952 年伦敦大气中每立方米含有高达 2700—3800 毫克的酸气，1962 年大雾发生的时候更是达到了 5660 毫克每立方米。到 1975 年的时候，污染明显减轻了，降至 1200 毫克每立方米的最低点。特别是烟尘和二氧化硫含量明显降低，二氧化硫浓度 1972 年为 135 微克每立方米，1980 年降至 85 微克每立方米。烟雾浓度大为降低。1967 年，即使是烟雾浓度最高的北肯恩斯顿地区，冬天的烟雾浓度已经低于 50 年代初的 1/3，到 1973 年，市中心的烟雾浓度已降至 20 年前的 1/5。经过多年的治理，到 20 世纪 70 年代中期，伦敦基本摘掉了"雾都"的帽子，此后，烟雾含量进一步减少，到 20 世纪 80 年代后期，伦敦的烟雾总量已降至大烟雾时期的 20%。空气质量和能见度大幅度提高。据测定，1976 年冬，伦敦的能见度比 1958 年增加了 3 倍，市区冬季的日照时间比 1958 年以前增加了 70%。1950 年以前，冬天每天的平均日照时间不到 1 小时，1977 年冬增加到 1.6 小时，冬天的平均可视距离，从 1.6 公里增加到 6.4 公里。过去由于污染而消失的 100 多种小鸟，重又飞回到伦敦上空，给旧日的"雾都"带来勃勃生机。至 20 世纪

90 年代初，伦敦空气中烟尘和铅的指标已基本达到国际组织和英国有关部门所规定的要求，特别是大气中二氧化硫含量基本上没有超过欧共体规定的标准 250 微克每立方米。1992 年 12 月 2 日，联合国环境规划署和世界卫生组织在一份联合调查报告中宣布，英国首都伦敦已成为世界上空气最清洁的都市之一。

四、对我国的经验启示

总体来看，英国伦敦像世界其他大城市的空气污染一样，经历了"煤烟型"污染、"石油型"（机动车）污染和区域性复合污染三个阶段。1952 年伦敦烟雾事件就是典型的煤烟型污染，代表性污染物是烟尘和二氧化硫，经过大力整治，清洁能源逐步替代煤炭，烟尘及二氧化硫排放量大为减少，英国成功解决了"煤烟型"污染问题。相比较而言，目前中国的空气污染虽然原因比较复杂，但总体上仍以"煤烟型"污染为主，中国的能源结构中煤炭仍占 70% 左右，大气污染物仍然以总悬浮颗粒物（TSP）和二氧化硫为主，因此，发达国家尤其是英国治理大气污染的成功经验具有较强的借鉴意义，主要表现在三个方面。

第一，建立完备明确的法律法规体系，为实施大气污染防控奠定基础。英国治理雾霾的经验表明，完备而明确的法律是防控的基础。1956 年英国制定颁布的《清洁空气法》是世界首部专门针对大气污染的法律，内容针对性强，主要整治造成 1952 年伦敦毒雾事件的罪魁祸首——煤烟，对象是企业排放和居民取暖，具体措施包括建立无烟区、确定无烟区之外的排放标准、规定烟囱高度、鼓励居民采用清洁能源取暖、重污染企业外迁等等，取得较为显著的成效。此后英国政府与时俱进，根据大气污染的具体变化不断修改相关法律法规，先后制定实施了 1968 年《清洁空气法修正案》、1974 年《污染控制法》、1993 年《清洁空气法案》，不断增加新的内容，如针对有的地方政府对雾霾治理态度消极的情况，1968 年《清洁空气法修正案》提高了住房和地方政府事务大臣的权限，使其有权强制要求地方政府设立烟尘控制区，有权扩大烟尘控制区的范围。1974 年《污染控制法》增加了针对机动车尾气排放的相关内容等。英国的大气污染防控法律法规还体现出采取多种手段、恩威并用的特点。如 1956 年《清洁空气法》既对违背法规者严厉处罚，处以 10—100 英镑的罚金，同时政府又对积极响应法律法规的企业和居民给予补贴，1968 年《清洁空气法修正案》进一步将针对个体违法行为的处罚规定不超过 20 英镑，等等。中国关于大气污染的法律《大气污染防治法》自制定颁布以来，虽然经过多次修订，但是与英国的相关法律法规相比，内容还不够明确详实，规定还不够细致，针对性也不是很强，还需不断修订、扩充、细化。除此之外，还应制定更为细致的专项法律，如《企业排放法》《机动车排放法》《能源法》《可吸入颗粒物防控法》等，以为各级政府开展防控雾霾行动提供坚实的基础和明确的规范。

第二，从根源上解决雾霾问题，大力推广清洁能源，逐步取代高污染的传统能源。无论是传统的"煤烟"型雾霾，还是现代的"复合型"雾霾，其主要根源都是煤、石油等传统能源及其衍生产品。因此，用电力、天然气取代这些传统能源，是防控雾霾的主要途径。1952 年伦敦毒雾事件后，英国政府迅速确定该事件的根源就是企业排放和居民取暖造成的煤烟，进而采取措施，在大力整治、严格防控的同时，不断加大力度推广使用清洁能源。这一时期英国根据城市和乡村的不同情况采取不同措施，在城市用天然气和电取代传统的煤和煤气、液化气等能源，在乡村则采用低硫煤取代原煤，从而达到降低空气污染的目的，使"煤烟"型雾霾得到有效控制。此后，英国政府还根据大气污染的变化，不断推出新举措，如制定对机动车排放的严格标准，投资发展新型节能、无污染公交车辆，鼓励市民转变出行方式，更多地使用公共交通、步行、自行车，实施气候税减征制度，等等。目前，中国仍以煤炭为主要能源，其比重在总体能源结构中占 70%，因此，中国应借鉴英国的有益经验，大力实施以清洁能源取代传统能源的政策，但中国的国情与英国有所不同，中国机动车排放标准、发展新型能源等问题的解决需要更长的时间和更有效的政策。

第三，制定合理的城市发展战略，遏制超级大城市的发展，积极发展中小城镇，加强城市绿化。英国政府在伦敦毒雾事件之后积极调整城市结构，在伦敦周边建设中小城镇，吸引城市居民搬迁到周边城镇，推动伦敦城市职能转型，将污染严重的工业企业外迁，使之从原来的加工制造业中心转变为以贸易、金融、服务业和旅游业为主的综合型中心城市，同时大力发展城市绿化，从而有效控制了大气污染，值得借鉴。目前北京已经成为超级大城市，这成为北京严重雾霾的主要原因之一。与北京相比较，伦敦周边的乡村面积广大，对城市废气的净化能力强，而北京城市化进程已经扩展到周边河北的农村地区，导致其周边农村的大气污染容积率越来越小，造成北京的雾霾难以扩散。由此可见，北京雾霾治理除了借鉴别国经验，严格各项法规外，最根本的就是限制其进一步扩展，保留政治文化中心功能，疏解非首都功能，目前正在积极实施的雄安新区建设计划就是为了实现这一目标。按照既定计划，到2020年建设国际一流的宜居之都，实现阶段性目标，疏解非首都功能取得明显成效，优化提升首都核心功能；到2030年，基本建成国际一流的和谐宜居之都，治理大城市病取得显著成效，首都核心功能更加优化；到2050年建成以首都为核心、生态环境良好、经济文化发展、社会和谐稳定的世界级城市群。打造绿色生态空间，形成一屏、三环、五河、九楔格局，到2020年全市森林覆盖率达到44%；开展京津冀水源涵养区生态补偿试点，增强北部和西部山区生态涵养功能；共同推动京东南大型生态林带、大外环城市森林圈和环首都国家公园建设；深入实施生态水源保护林、京津风沙源治理等区域生态保护项目，完善区域生态协同保护体系等。

综上所述，1952年伦敦毒雾事件后，英国政府采取了一系列措施，如建立健全大气污染防控法律法规、推广使用清洁能源和合理进行城市建设等，有效解决了"煤烟型"雾霾问题，此后，随着雾霾污染源和污染方式的变化，英国政府与时俱进，在原有法律法规、政策制度的基础上进一步调整，不断强化雾霾防控措施，有效解决了伦敦的大气污染问题。中国目前城市大气污染问题较为严重，英国的相关经验，可以为我们提供有益的借鉴，推动中国大城市雾霾问题的防控和治理。

（《区域与全球发展》2017年第2期）

欧盟如何应对水污染事件

游志斌

1986 年 11 月 1 日，位于莱茵河沿岸瑞士巴塞尔的山度士（Sandos）化工厂发生爆炸事故，在扑救过程中，至少 1 万吨含有机汞化合物、杀虫剂、除草剂等有毒物质的水进入了莱茵河，并沿莱茵河而下流经 6 个国家，约 900 公里后，最终进入了波罗的海。这次泄漏造成的经济损失约为 1 亿瑞士法郎，流经水域的鱼类和水鸟遭受了灭顶之灾。这起生态事故主要是由于在火灾中应对次生灾害风险考虑不足，特别是缺乏包括围堤、火灾报警器、消防水回收等阻止化学物质进入水体的系统性防护措施而造成的。相关国家在深刻总结此次教训的基础上，修订了《塞维索 II 法令》，签订了《巴塞尔公约》和《莱茵河保护公约》，这次事件成为欧洲地区水污染控制的重要分水岭。

一、建立水污染预防和控制的法律体系

此次事件后，建立控制水污染的管理制度体系在欧共体被提上日程。1988 年在法兰克福举行关于水安全部长级会议，检讨了当时的法令，并确认了改进水资源保护的优先性措施，使得欧共体在水资源方面的立法工作得到空前加强。1991 年出台《城市废水处理指令》，进一步明确了对废水处理的严格规定，同年出台《硝酸盐指令》，规定了要控制来自农业的硝酸盐对水体造成的污染。另外，1996 年通过的《综合污染预防和控制指令》（IPPC），旨在控制来自大型工业设施造成的水污染。1998 年 11 月出台《新的饮用水指令》，强化了饮用水标准。

世纪之交，欧盟强调，"要应对新千年最大的挑战之一——水的保护"。欧洲理事会和欧盟议会于 2000 年 10 月 23 日签署《欧盟水框架指令》（WFD），

该指令作为欧盟水环境保护与管理方面的基础性法规，整合了原有的相关法规，搭建了欧盟地区水资源管理的全新框架，是欧盟在水资源领域颁布的最重要指令。同时，指令规定了监督监测、运行监测和调查监测等监测模式，其中监督监测主要承担常规监测；运行监测主要针对不达标或存在环境风险的水体；调查监测主要根据某一特定需求而展开。

另外，欧盟建立了财政补偿、执法费用征收等一系列配套制度。欧盟在相关的法律法规中强化了污染者付费原则，即在事故发生时，污染者有责任承担清理和赔偿费用。比如，在英国，根据《重大事故危害控制法规》（COMAH），注册登记场所的经营者要支付管理机构（如环境署、卫生和安全执行局等）在事故现场工作的费用；除了实际清理费用外，检查人员用于评估申请或事故调查的费用也会要求企业支付。另外，欧盟范围内的企业一般都有涵盖环境、健康和安全事故的保险，并依据企业的危险性和风险管理水平来确定保险费数额，从而促进企业加强自身安全管理。

二、构建突发水污染事件预防和控制管理体系

为应对突发水污染事件，欧盟逐步建立了综合安全风险评估、应急规划、应急准备制度、信息管理系统等完整的预防和控制管理体系。

加强综合安全风险评估。加强综合安全风险评估能够促使企业和权威机构识别、消除或最大限度降低水污染事故风险。在欧盟范围内，企业按照其潜在的危险性进行分类，具有高危险性的企业在取得生产许可证之前必须制定重大事故及其预防对策（MAPP）和安全管理体系，识别对环境或人类安全可能造成影响的潜在的事故类型，并确定相应的应急措施。同时，开展风险评估也是制定公共安全规划和应急计划的前提。

制定专门的应急计划或方案。欧盟强调，"制定应急计划对于确保在突发事件发生时拥有适当的资源、技术和程序十分重要"。欧盟范围内的企业、地方政府、区域和国家层次都按规定编制和定期评估应急计划。企业在运行前应急计划必须获得批准，并定期对计划进行评估。一般来讲，至少每5年，或者一旦企

业情况发生变化时，必须对应急计划重新进行审查。相应地，促使企业的管理者制定并采取预防和控制突发水污染事故的措施。

加强应急准备工作。欧盟认为，通过加强应急准备来提升应急人员和组织机构应对水污染事故的能力非常重要，特别是专门的训练、装备器材的准备和定期演习，以及跨界的沟通交流，都是做好应急准备工作必不可少的因素。最近几年，欧盟专门建立了应对水污染的应急响应模块，以增强其响应的规范性和整体效率。

安全管理审查制度。欧盟环境管理部门等权威机构要审查应急计划是否适当，并确保当事件超出企业控制能力时有足够的资源用于应急。这些监管机构还要对企业进行定期检查，以确定情况是否已发生变化，以及有关安排是否仍然合理，并熟悉企业的有关情况。

建立化学品信息管理系统。欧盟通过化学品名录管理系统可追踪化学品（特别是有毒化学品）的制造和流通过程，同时清楚地标明化学品对人体和环境的影响。该系统还可为应急响应工作提供必要的信息。

三、构建水污染控制的协调机制

欧盟强调，"清晰的指挥和部门协作链是做出协调一致和层次分明的应急响应措施的基础，这样，在事故发生时可以迅速做出评估和响应，并适时将应对行动上升到区域和国家层次"。欧盟特别注意在以下方面的协调机制建设。

建立日常管理基础上的有效联动机制。欧盟认为，多部门和跨地区的合作是有效应对突发事件的重要组成部分。对突发水污染事件的有效应对关键在于通过众多职能部门的协调努力最大限度地采取预防措施，并在事故发生时做出及时响应。比如，欧盟内部，有的地方环境署以及卫生和安全执行局往往被指定为审批高危险场所应急计划的权威机构，以保证能识别、清除或最大限度减少所有健康、安全和环境方面的风险，并且拟订适当的计划来尽可能降低和缓解任何潜在事故所带来影响。在事故发生时，他们必须能随时向警察局和消防部门提供技术建议，以及监测排放造成的影响。除了根据当地情况开展的地方应急措施外，还有事故升级协调制度，以确保随着事故大小和影响的不同，能在区域和国家层次上对相应的水污染应急处置进行协调。

建立信息沟通机制。欧盟认为，"建立公共信息系统是应对突发水污染事件的关键机制"。比如，在公众参与领域，欧盟专门制定了《奥尔胡斯协定》和《关于公众获得环境信息的指导方针》文件。《奥尔胡斯协定》对公众参与作了界定，即"为了保证包括水用户在内的公众参与流域管理计划的制定和更新，有必要提供有关计划措施的适当信息，报告实施进度，以便在最终决定采取必要的措施之前使公众参与"。2003年制定《关于公众获得环境信息的指导方针》，进一步强化了欧盟有关环境信息公开的现有政策原则和信息沟通机制。

加强流域圈的一体化的协调管理。欧盟认为，"水管理的最佳模式是根据自然地理流域和水文单元，而不是根据行政或政治边界"。在欧洲，穿越多个国家的河流都成立了国际性流域委员会，通常有关国家都会参与到委员会里来，共同制定各种制度来防止河流污染，同时在突发事件发生时尽早向所有国家发出预警。比如，由法国、德国、卢森堡、荷兰、瑞士和欧盟共同签署的公约赋予了莱茵河委员会在监测和保护水质方面的实质性权力，避免、减少或消除污染排放以及预防工业事故，以维护和改善莱茵河水质，同时还要进行整体的、全程的、全方位的协调保护措施。

（《学习时报》2014年5月19日）

日本的土壤污染防治及其借鉴

付融冰

日本曾经是世界上重金属污染最严重的国家，经过几十年的努力现已成为世界上环境污染防治最先进的国家之一。在污染健康损害赔偿的推动下，日本逐步建立起了一套包括土壤污染防治在内的完善的污染防治管理体系。

一、日本建立起了一套完善的政府环境管理体系

日本的环境管理体系采用中央和地方二级管理模式。中央政府、地方政府、财团法人、企业以及民众之间形成了既灵活又高效的环境管理体系。

日本中央政府负责制定环境污染防治的相关政策、目标和计划，并对地方相关工作提供基础设施与财政支持。环境省作为牵头部门制定污染防治相关政策与行政管理制度。其他行政管理关联部门主要包括经济产业省、国土交通省、农林水产省等通过相关政策和行政管理对日本重金属污染防治进行通力配合。

地方政府根据中央的精神，因地制宜地制定地区基本政策与管理模式。地方政府（市、町、村）可进一步根据当地的具体情况制定并实施行动计划开展环境经营措施。非营利性机构包括财团、法人、社团，协助行政管理部门进行环境管理和实践工作，成为环境行政管理体系的有力补充。普通市民则自觉地将环境污染防治工作一点一滴地体现在日常生活中。

二、日本土壤污染防治的法规

日本关于污染场地、土壤相关立法也是经过了一系列健康安全事件后才引起了政府和公众的重视。日本土壤污染防治立法由两部分组成，一部分是专门性的立法，包括《农用地土壤污染防止法》（1970）与《土壤污染对策法》（2002），

以及和土壤污染防治相关的对策方针包括《市街地土壤污染暂定对策方针》（1986）、《与重金属有关的土壤污染调查对策方针》、《关于土壤地下水污染调查对策方针》（1999）。另一部分是与土壤污染防治相关的外围立法，包括大气、水质等污染防治立法。在土壤污染管理措施的立法方面，日本区分了农用地土壤污染和城市工厂迹地土壤污染两种情况，主要通过《农用地土壤污染防止法》和《土壤污染对策法》进行规制。

日本是世界上最早发现土壤污染的国家。这要追溯到1877年，日本栃木县发生了足尾铜矿山公害事件。采矿废水、废气、废渣大量倾入环境，使河流污染、山林荒秃、农田毁坏。1968年日本又发生了由慢性Cd中毒引起的骨痛病事件，于是农业用地的污染问题就引起了社会各方的广泛重视。为了防止因土地污染而影响居民的身体健康，1970年国会将"土壤污染"追加为《公害对策基本法》中的典型公害之一，并首次颁布了《农用地土壤污染防止法》，并于1993年进行了修订。该法侧重于农业用地土壤污染的预防，管理对象仅限于表层土壤。根据该法，将镉、铜、砷这三个元素指定为特定有害物质。该法以农用地为保护对象，对于依据此法指定为"农用地土壤污染对策的地域"，国家制定农用地土壤污染反应对策计划，在各个都道府县运用国家资金进行"农用地土壤污染防止对策细密调查"，并将调查结果公开发布。此后，日本又制定了一系列环境标准和法律法规，有效地遏制了农用地的土壤污染。为了防止土壤污染扩散到城市，1986年颁布了《市街地土壤污染暂定对策方针》。

随着日本工业化进程的加快，以及1975年东京都江东区六价铬污染事件的发生，城市型土壤污染不断涌现，城市用地的土壤重金属等污染问题变得突出起来。资料显示，从1974年到2003年的29年间，累计查明的土壤污染物超出环境省《土壤污染相关的环境基准》设置的标准的事例已经达到了1458件，其中2003年已经查明的污染物超标事例达349件。开展城市土壤污染防治已经成为全社会的迫切要求。

为了弥补市区土壤污染防治的立法缺陷，日本于1989年修改《水质污浊法》增加了对特定地下渗透水的禁止性规定，防止地下水的污染。其后，日本受美国、德国等土壤污染防治法的影响，开始考虑制定专门的土壤保全法，并最终于2002年制定了主要用于城市用地土壤污染防治的《土壤污染对策法》，该法于2003年由日本国会正式发布，2004年2月15日在全国实施，对日本产业界带来了显著的影响。该法以保护国民健康为目的，涵盖了土壤污染状况的评估制度、防止土壤污染对人体健康造成损害的措施和土壤污染防治措施的整体规划等内容。土地所有者对土壤污染治理由以前的被动转为之后的主动，而且形成了一条土壤污染评估、土壤污染保险、土壤污染治理的巨大产业，大量企业也都开始自愿采取土壤污染防治措施。借鉴美国的《超级基金法》，日本的《土壤污染对策法》也采用了严格责任、连带责任和追溯责任制度。

（一）农用地土壤污染防治。《农用地土壤污染防止法》是公害控制法，该法对农用地土壤污染管理的目的是通过防止和消除特定有害物质（在当时主要是重金属）对农用地土壤的污染，并合理利用受污染的农用地，防止农畜产品损害人体健康以及防止土壤重金属污染妨碍农作物的生长，从而保护国民健康和保护生活环境。其中，法律所指的农用地包括耕地、主要用于家畜放牧的土地或者为养殖家畜而用于采草的土地，法律所指的农作物包括农作物及其以外用作饲料的植物，而所谓的农用地土壤污染主要是特定有害物质包括重金属造成的污染。这些有害物质包括两类：一类是可以籍由农作物的传递，对人的健康产生影响的有害物质，如镉等；另一类是影响和阻碍农作物生长的有害物质，如铜等。

该法规定了立法的目的、污染农业用地及特别地区的指定和变更、污染对策计划、管制措施、土壤污染调查、行政机关的协助和援助以及罚则等内容。

（二）城市用地土壤污染防治。《土壤污染对策法》立法的目的是："通过制定措施确定特定有毒物质给土壤造成的污染的范围来保护公众健康，以及预防土壤污染给健康造成的损害。"与农用地的土壤污染规制目标不同的是，城市用地土壤特定污染物污染的管理限于对国民健康受损的情况。该法主要包含一般条款、土壤污染状况调查、划定污染区、土壤污染损害预防、委派调查机构、委派促进法律实体、责任条款等规定。

（三）日本土壤污染防治相关标准。日本土壤污染防治相关标准早在1967年制定的《公害对策基本法》中即已提出，但实际上直到1991年有关土壤染的环境基准才被制定出来，规定了25种有害物质的限值。《土壤污染对策法》根据土壤中含有量以及土壤溶出量两个因素来控制土壤重金属污染，前者主要通过直接摄取污染土壤的方式摄入重金属带来影响，后者主要通过人类的污染地下水暴露风险带来影响；对挥发性有机物和农药只限定了溶出量基准。《农用地土壤污染防止法》指定了 Cd、As 和 Cu 是有害物质。Cd 的最大允许限值根据 Cd 在米粒里面的浓度设定，而不是土壤中 Cd 的浓度。这是考虑到土壤中影响生物有效的 Cd 的因素很多（例如稻株栽培的水管理措施），设定土壤 Cd 含量不符合实际情况。土壤环境标准适用于各种类型的土地，但是由于自然原因导致污染的土地以及原材料的堆积场、废弃物的填埋场和其他以利用或处置为目的的场地不适用该环境标准。

三、日本土壤污染防治管理的特点与启示

日本在土壤污染防治管理方面开展工作比较早，通过多年的实践，形成了一些先进的制度和措施，这些制度和措施在我国土壤污染防治方面是值得借鉴和采纳的。

（一）形成了政府—企业—民众高效灵活的环境污染防治体系。日本土壤污染防治工作得益于其高效灵活的环境污染防治体系。在中央政府的法律、行政指导下，地方政府在其实施中发挥了灵活的、突出的作用，企业、财团和民众都发挥了积极的作用。

（二）公害赔偿制度独具特色。日本的环境污染防治法律法规（包括土壤）是在遭受到污染之痛后，在污染健康损害赔偿推动下逐步建立起来的。其公害补偿制度独具特色。

（三）对不同的污染土壤类型采用分别立法的方式。日本将土壤污染区分为农用地土壤污染和工业迹地土壤污染两种分别进行立法，这既是日本首先遭受农田重金属污染的原因，也是农用地土壤污染和工业迹地土壤污染具有不同所致。鉴于农用地安全的重要性，日本对农用地土壤污染采取了由政府直接实施的模式，

即由政府监视农用地的土壤污染状况、划定污染对策区域、制定对策计划及组织实施等，实施费用由污染者负担。对城市工业迹地，以污染者负担原则为指导，采取了由土地所有者，包括土地的管理者、占有者和污染者具体实施的方式。两部法律及其配套法规在实施过程中相互结合，相互促进，共同构成了日本的土壤污染防止法律体系。

（四）在土壤污染防治上注重事前预防和事后整治结合原则。日本在土壤污防治方面比较注重"预防为主、防治结合"的原则，如为弥补市区土壤污染防治的立法缺陷，日本于1989年修改《水质污浊法》增加了对特定地下渗透水的禁止性规定，以防止地下水污染。

（五）法律责任严格明确。日本土壤法的责任主体范围广泛。一般情况下土壤的所有人或使用人都是土壤污染的责任主体，在归责原则上也多采严格责任制，在追究责任上具有追溯性，在有多个责任人时责任具有连带性，即任何一个责任人都应先承担和履行责任，然后向其他责任人追偿。最后，责任的代位性，即环境保护主管机关可以先为责任人履行责任，然后向具体责任人追讨。

（六）制度较为先进且可操作性强。日本土壤污染防治的某些制度较为先进，例如土壤污染区域指定及管制制度。此外，日本土壤污染管理制度相关条目还包含了大量程序性规范，便于具体管理措施的实施，具有很强的可操作性。

（七）注重信息公开和公众参与。日本土壤污染防治法规中明确规定了污染信息的公开和汇报制度，对策法中规定了公众有权查阅污染土壤登记薄，对于推进土壤污染防治具有重要作用。

（八）日本土壤重金属污染管理体系的局限性。日本土壤污染管理体系总体上比较先进，但是也存在一定的局限性和不足。其一是分别立法的方式对土壤污染防治的整体性和一般性规定有所欠缺，应注意两部法律的衔接性；其二是《土壤污染对策法》将城市用地土壤污染管理的目标限于对健康的影响情况，而未包括对生活环境的影响，防治目标单一，忽视了土壤污染的生态风险，使得防治法的作用受到了限制。

（中国生态修复网 2017 年 11 月 7 日）

出版说明

为深入学习贯彻习近平新时代中国特色社会主义思想和党的十九大精神，促进广大党政干部对高质量发展、乡村振兴、精准扶贫、防范化解重大风险、美丽中国、健康中国、自由贸易区建设、"一带一路"建设、长江经济带建设等新时代发展方略的理解和落实，我们编辑出版了《新时代发展方略党政干部参考读本》丛书。书中选用了一些中央和地方知名媒体的相关文章，在本丛书出版之际，我们谨向有关媒体和作者表示衷心感谢！由于各种原因，我们没能与部分作者取得联系，敬请谅解。请这些作者速与我们联系，以便奉上稿酬、赠送样书。

本书编辑组

2019 年 12 月